Software Design [別冊]

Docker + Kubernetes ステップアップ入門

コンテナのしくみ、使い方から、
今どきのプラクティス、セキュリティまで

技術評論社

《免責》

●本書をお読みになる前に

• 本書に記載された内容は、情報の提供のみを目的としています。したがって、本書を用いた開発、製作、運用は、必ずお客様自身の責任と判断に
よって行ってください。これらの情報による開発、製作、運用の結果について、技術評論社および著者はいかなる責任も負いません。

• 本書記載の情報は各記事の執筆時(再編集時の修正も含む)のものですので、ご利用時には変更されている場合もあります。

• また、ソフトウェアに関する記述は、各記事に記載されているバージョンをもとにしています。ソフトウェアはバージョンアップされる場合があり、本
書での説明とは機能内容や画面図などが異なってしまうこともあり得ます。ご購入の前に、必ずバージョン番号をご確認ください。

以上の注意事項をご承諾いただいたうえで、本書をご利用ください。これらの注意事項をお読みいただかずにお問い合わせいただいても、技術評論
社および著者は対処しかねます。あらかじめ、ご承知おきください。

●商標、登録商標について

本書に登場する製品名などは、一般に各社の商標または登録商標です。なお、本書中に™、©、®などのマークは記載しておりません。

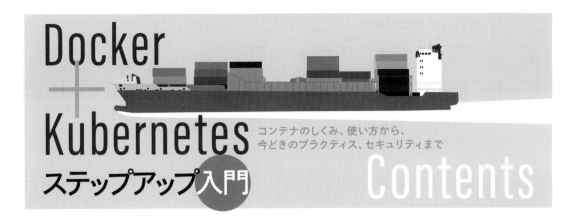

Docker + Kubernetes ステップアップ入門

コンテナのしくみ、使い方から、今どきのプラクティス、セキュリティまで

Contents

第1章 コンテナ技術を極めろ！
IT業界ビギナーのためのDocker + k8s入門講座 [Docker編] ……007
図解で深く理解して最先端にキャッチアップ！

- **1-1** コンテナ技術とは何か、仮想化とは何が異なるのか ……008
  仮想マシン、コンテナ技術、そしてDockerへ

- **1-2** コンテナをしくみから理解しよう ……019
  namespace、cgroup、overlayfs

第2章 コンテナ技術を極めろ！
IT業界ビギナーのためのDocker + k8s入門講座 [Kubernetes編] ……031
図解で深く理解して最先端にキャッチアップ！

- **2-1** DockerからKubernetesへ ……032
  大規模なコンテナ実行基盤を管理する技術

- **2-2** コンテナ群を管理する機能を知る ……038
  基本のPod、Service、ConfigMapとSecret、そしてVolumeまで

- **2-3** 知っておきたい定番デプロイ形式と内部ネットワークのしくみ ……044

当社も移行すべき？

第3章 なぜコンテナ・Dockerを使うのか？ 051
使いどころや導入方法に関する10の疑問

Introduction
コンテナにまつわる10の疑問 052

3-1 なぜコンテナを使うのか？ 053
コンテナ普及の背景

3-2 なぜDockerを使うのか？ 064
Docker、Kubernetesとランタイムの話

3-3 当社もコンテナ移行するべき？ 075
移行の判断基準＆AWSコンテナサービスの選定基準

3-4 コンテナ移行でどんな対応が必要か？ 087
本番運用に向けて考慮すべきこと

Dockerコンテナだけで大丈夫？

第4章 なぜ、Kubernetesを使うのか？ 097
一から学ぶコンテナ・オーケストレーション

序節
Kubernetesにまつわる疑問 098

4-1 コンテナが抱える課題とは？ 099
コンテナ活用に潜む落とし穴

4-2 Kubernetesは何を解決するのか？ 108
基本機能と動作イメージをつかもう

4-3 Kubernetesでコンテナをデプロイするには？ 119
マニフェストファイルベースのコンテナ実行を体験

4-4 Kubernetesでコンテナ間を連携する方法としくみ 130
整合性を担保するServiceリソースを押さえよう

とりあえずで済ませない

第 **5** 章 **理想のコンテナイメージを作る**　145
Dockerfile のベストプラクティス

5-1 理想のコンテナを目指す基礎知識　146
3 つの視点と Dockerfile の基本を押さえる

5-2 Dockerfile のベストプラクティス　153
公式ドキュメントのガイドラインをひも解く

5-3 ベースイメージの選び方　167
セキュリティと効率のために意識したいポイント

5-4 コンテナイメージ作成に役立つツール　171
Docker Desktop や VS Code を活用しよう

5-5 コンテナイメージのセキュリティ　179
フェース別セキュリティリスクと対策方法

初出一覧

第1章	IT業界ビギナーのためのDocker＋k8s入門講座 ［Docker編］	Software Design 2019年6月号 第2特集 ※再録にあたり大幅に加筆・修正
第2章	IT業界ビギナーのためのDocker＋k8s入門講座 ［Kubernetes編］	Software Design 2019年7月号 第2特集 ※再録にあたり大幅に加筆・修正
第3章	なぜコンテナ・Dockerを使うのか？	Software Design 2022年11月号 第1特集
第4章	なぜ、Kubernetesを使うのか？	Software Design 2023年3月号 第1特集
第5章	理想のコンテナイメージを作る	Software Design 2023年11月号 第1特集

本書のサポートページ

　本書に関する補足情報、訂正情報、サンプルファイルのダウンロードは、下記のWebサイトで提供いたします。なお、サンプルファイルの提供先につきましては各記事をご参照ください。

https://gihyo.jp/book/2025/978-4-297-14746-4

第1章 IT業界ビギナーのためのDocker+k8s入門講座

コンテナ技術を極めろ！
図解で深く理解して最先端にキャッチアップ！
Docker編

Author
徳永 航平
（とくなが こうへい）
日本電信電話株式会社
ソフトウェアイノベーションセンタ
Twitter@TokunagaKohei

1-1 コンテナ技術とは何か、仮想化とは何が異なるのか
P.8　仮想マシン、コンテナ技術、そしてDockerへ

1-2 コンテナをしくみから理解しよう
P.19　namespace、cgroup、overlayfs

IT業界に入ってしまった新入社員のみなさん、業界用語に戸惑っていませんか？　いきなり、「コンテナ」とか「クーバーネティス」とか先輩に言われても、「？」ばかりです。しかし、今IT業界で一番注目されているのが「コンテナ技術」です。Googleでは20億個のコンテナが稼動して、同社のサービスを運用していると言われます。コンピュータ資源を有効活用し、ビジネスで成功を収めるために、多くのIT企業がコンテナ技術をベースに鎬を削っています。頭の中にコンテナ技術の知識をインストールして、エンジニアライフをスタートダッシュしましょう！

第1章 コンテナ技術を極めろ！ IT業界ビギナーのための Docker＋k8s入門講座 Docker編
図解で深く理解して最先端にキャッチアップ！

1-1 コンテナ技術とは何か、仮想化とは何が異なるのか

仮想マシン、コンテナ技術、そしてDockerへ

はじめに

コンテナ技術はWebサービスをはじめさまざまな用途で活用されています。本稿では、おもに新しくコンテナ技術に触れる方を対象として、コンテナ技術の基礎を紹介します。とくに、コンテナ管理に広く用いられるツールであるDockerとKubernetesの概要や、コンテナのしくみに注目します。

本章ではDockerの概要と、コンテナを作るために使われるLinuxの機能など要素技術を紹介し、続く章では分散基盤上でのコンテナ群管理に広く用いられる、Kubernetesを紹介します。なお、本稿ではLinux環境のコンテナを前提とします。

コンテナという実行単位

コンテナは、1つの共有されたOS（ホストOS）上で、独立したアプリケーション実行環境を作成する技術です（図1）。実行環境のルートファイルシステムやプロセスなどはホストOSとは隔離されており、一見すると仮想マシンのように、各コンテナ内からはあたかもOS環境を占有しているように見えます。コンテナはホストOS上で複数作成することができます。

コンテナの実行

まずはコンテナがどのようなものなのかを感覚的にとらえるため、実際にDockerを用いてコンテナを1つ実行してみます。

図2は、DockerのCLIコマンドであるdockerコマンドを用いて、コンテナを作成しその中で

シェルを実行しています。コンテナは「コンテナイメージ」と呼ばれるコンテナの素から作成します。この例では、Ubuntu環境を提供するubuntu:24.04というイメージから、コンテナを1つ実行しています。

2行目には、コンテナ内で実行されているシェルのプロンプトが表示されています。このシェルから実行するコマンドもコンテナ内で実行されます。実際にいくつかのコマンドを実行してみると、コンテナ内の環境が、その外の環境つまりホスト環境とは隔離されていることが体感できます。

たとえば、lsコマンドを用いてコンテナ内のルートファイルシステムを見てみると、それがホストOSのものとは異なることや、Ubuntu環境であることが確認できます。psコマンドを用いてコンテナ内で実行されるプロセスを見てみると、psコマンド自身とシェルプロセスだけが表示され、ホストOS環境にあるプロセス群はコンテナ内から見えないことが確認できます。

コンテナイメージとレジストリ

▼図1 コンテナの概要

リソースが隔離された実行環境
他のコンテナやホストのプロセスなどが見えない

プロセス
複数のプロセスを実行できるが、1コンテナ1プロセスなど小さく作られることが多い

アプリケーション実行に必要なファイル群
他のコンテナやホストから隔離されたルートファイルシステムを持つ

8 - Software Design

コンテナ技術とは何か、仮想化とは何が異なるのか 1-1

▼図2 Dockerでコンテナを1つ起動した例

```
$ docker run -it ubuntu:24.04 /bin/bash
root@fbd8bacd5c04:/# ls /
bin   dev   home  lib64  mnt   proc  run   srv   tmp   var
boot  etc   lib   media  opt   root  sbin  sys   usr
root@fbd8bacd5c04:/# ps ax
    PID TTY      STAT   TIME COMMAND
      1 pts/0    Ss     0:00 /bin/bash
     10 pts/0    R+     0:00 ps ax
```

「コンテナイメージ」(あるいは単に「イメージ」)は、コンテナ実行の「素」となるデータです。イメージには、コンテナ内で実行されるアプリケーションを含むルートファイルシステムや、コンテナの実行に必要な設定情報(環境変数など)が含まれます。DockerやKubernetesは、このコンテナイメージを素としてコンテナを実行します。

コンテナイメージはマシンを超えて、複数のチーム・組織へ配布・共有できます(図3)。このときに用いられるのが、「レジストリ」と呼ばれるイメージ配布用のサーバです。あるマシンでイメージを作成したら、レジストリへそれをアップロードし、別のマシンからそれをダウンロードすることで、レジストリを経由してイメージをさまざまなマシンへ配布できます。

イメージは、配布されたさまざまなマシン上で同じように実行することができます。

このようなコンテナの使われ方を示す象徴的なフレーズに、Docker社が提唱する「Build, Ship, Run」があります。Buildはコンテナイメージの作成(ビルド)、Shipはコンテナイメージの複数マシン間での共有、Runはコンテナの実行を意味します。一般的なコンテナの使われ方が、キャッチーなフレーズにまとめられています。

コンテナの軽量さと仮想マシンとの違い

コンテナは、「実行環境を作成する」という点においては仮想マシンと似ています。しかし、コンテナは仮想マシンとは異なる点として、「軽

▼図3 レジストリ

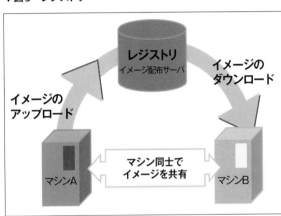

量である」という特徴を持ちます。

本項では、コンテナを仮想マシンとのしくみの比較を通じて、コンテナ持つ軽量さを紹介します。なお、仮想マシンやコンテナにはさまざまな実現方法がありますが、わかりやすさのためにコンテナの指す範囲を次のとおりに限定します。

- 仮想マシン：Linux KVMなどのハイパーバイザを用いた仮想化技術
- コンテナ：Dockerなどを用いた、Linux上でnamespaceなどの隔離機能により実装されるアプリケーションコンテナ

仮想マシン

仮想マシンは、インフラ分野では今や定番のアプリケーション管理技術です。Amazon Web Services、Microsoft Azure、Google Cloudなどさまざまなクラウドサービスで、主要な実行

第1章 IT業界ビギナーのためのDocker+k8s入門講座
コンテナ技術を極めろ！
図解で深く理解して最先端にキャッチアップ！ Docker編

環境の1つとして提供されています。

仮想マシンは、ハードウェアとOSの間に設けられた「ハイパーバイザ」が提供する仮想的なハードウェア上でOSを実行することで、1つの物理マシン上で複数のOSを同時に動作できるようにする技術です。こうして作られた各OS実行環境は仮想マシンと呼ばれます。この技術により、サーバなどのアプリケーションを実行する仮想マシン群を、1つの物理マシン上に集約するなど、柔軟な計算資源の管理が可能です。

コンテナ

コンテナ技術も、実行環境を作成するという点で仮想マシンと似ています。冒頭で紹介したとおり、各コンテナは、仮想マシン同様、それぞれ独立したOS環境として動作します。しかしハードウェアを仮想化する仮想マシンとは異なり、コンテナの場合はホストとなるOSカーネル上で、そのOSカーネルの提供する環境隔離機能を使って、独立の実行環境を作成します。

つまり、コンテナ自体にOSカーネルは含まれていません。これだけを聞くと、コンテナはまるで普通のプロセスと同じもののように聞こえます。なぜならば、プロセスもOSカーネルの機能を用いて作り出され、かつ利用可能なメモリアドレス空間などの点で、ほかのプロセスとはある程度独立した実行環境を持つからです。実はそのとおりで、コンテナもその実態はプロセスです。異なるのは、OSカーネルの機能を用いて通常のプロセスより強く環境が隔離されている点です。

これによりコンテナは、さながら仮想マシンのように、ホストから隔離されたルートファイルシステムやプロセス群などを持ちつつも、「プロセス並に粒度を小さくできる実行環境」として扱うことができます。DockerとKubernetesのようなコンテナ管理ツールでは、この特徴を活かし、各コンテナには単一あるいは少数のアプリケーションだけを含め、コンテナを小さい粒度で扱うことが一般的です。

また、コンテナ実行と同様に、コンテナイメージも軽量に作ることができます。GB（ギガバイト）級のサイズになることも珍しくない仮想マシンイメージに対し、コンテナイメージは多くの場合数十MB〜数百MBと軽量に作られます。これにより、コンテナイメージを異なる環境間でネットワーク経由で共有する際にも、それを迅速に行えるというメリットがあります。

コンテナのポータビリティ

もう一つのコンテナの特徴には、高いポータビリティがあります。

コンテナイメージには、アプリケーションとそれが依存するコンポーネントすべてを詰め込みます。これにより、コンテナを複数環境で実行する際にも、挙動の再現性を高めることができます。たとえば、コンテナイメージにアプリケーションとそれが依存する共有ライブラリもまとめることで、それを別のマシンに配布して実行するときにも、ライブラリのバージョン差異などに起因する挙動の差異を避けられます。

さらに、イメージの構成やレジストリAPIなど、コンテナの要素技術には業界で標準仕様が定められています。これにより、同一のコンテナを、Docker、Kubernetesに限らず、CI/CDやFaaS、エッジコンピューティングなど、さまざまな環境で活用できます。

コンテナ管理ツールの筆頭「Docker」

Dockerは、マシン上でのコンテナ群の管理や、コンテナイメージの作成、そしてレジストリを用いたイメージのチーム・組織間での共有など、コンテナの基本的なワークフローをサポートするツールです。その利便性だけでなく、コンテナへの基本的な操作を「Build, Ship, Run」というシンプルなワークフローとして業界へ広め、コンテナ技術普及の礎となった点にも貢献があります。

Dockerは、アプリケーションをホストから隔

10 - Software Design

コンテナ技術とは何か、仮想化とは何が異なるのか 1-1

離された実行環境で、コンテナとして実行します。また、コンテナをマシンを超えて共有するためのデータ形式である「コンテナイメージ」、それらイメージを共有する場としての「レジストリ」など、コンテナを扱うために必要な基本的な機能をひととおり提供します。本項では、実行例を交えながら、Dockerの持つ基本的な機能の概要を紹介します。

Dockerの概要

Docker[注1]はコンテナにまつわる基本的なワークフローをサポートするツールです。Dockerは2013年3月にdotCloud社（現Docker社）からリリースされました。Dockerを使うことで、誰でも簡単にコンテナを作ったり、別のマシンに送信したり、実行したりできます。

Dockerはコンテナの基本的な操作を「Build, Ship, Run」というシンプルなワークフローにまとめます（図4）。まず、コンテナの実行にはその素となるデータであるコンテナイメージが必要であり、これを作成しなければなりません。「Build」は、その機能を提供します。この機能を用いることで任意のコンテナイメージを作成できます。コンテナイメージができたら、次はそのイメージを実行用のホストに共有する場合もあるでしょう。これを実現するのが「Ship」で、コンテナイメージを別のホストとの共有のために、文字どおり「運ぶ」ことができます。最後に、コンテナイメージを取得したホストはそれをDockerの「Run」機能を用いて実行します。以上のようなDockerの機能により、コンテナのライフサイクルが一通りサポートされています。

Dockerのアーキテクチャ

Dockerはそのアーキテクチャにサーバクライアント形式を採用しています（図5）。ホスト上ではDockerのデーモンプロセス（dockerd）が常駐し、Dockerの機能を使う際にはCLIクライア

[注1] https://www.docker.com/

▼図4　コンテナのライフサイクル

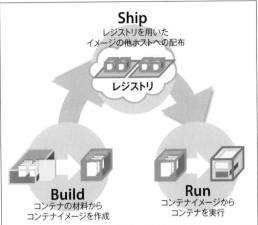

ントからdockerdに要求を発行し、dockerdはそれに従って適切な処理を行います。dockerdは、そのホスト上で実行するコンテナ群、イメージ群、ネットワークやストレージなどを管理する役割を持っています。

また、コンテナイメージには、それを複数のホスト間で共有するための共通の格納場所が存在します。それはレジストリと呼ばれます。Dockerをはじめ複数の組織からレジストリがサービスとして提供されています。たとえば、Dockerは公式のレジストリサービスとして「Docker Hub」を運営しており、これは通常のレジストリの用途に加え、作成したコンテナを世界中の開発者に公開するプラットフォームとしての役割も果たしています。

このアーキテクチャをふまえ、ここからは、Dockerの持つBuild、Ship、Runそれぞれの機能を詳しく見ていきましょう。

Dockerのインストール

Dockerはさまざまなプラットフォームに対応しており、インストール手順も公式ページに記載されています。本稿を手元で試す際はぜひ公式ページに沿ってDockerをインストールし、セットアップしてください。

また、Dockerは執筆時点で最新の27.2.1を使

第1章 コンテナ技術を極めろ！ IT業界ビギナーのための Docker+k8s入門講座 Docker編

用しています。

Docker build

コンテナを実行するにはまずそのもとになるコンテナイメージが必要です。buildはそれを実現する機能です。コンテナの材料をDockerに与えると、Dockerは実行可能なコンテナイメージを作成してくれます（図6）。

コンテナの材料は次のものから成ります。

・コンテナの作成手順書
・コンテナに格納するプログラムなどのファイル群

コンテナの作成手順書は「Dockerfile」と呼ばれます。DockerはDockerfileに記述された手順に沿って、与えられたファイル群を1つのイメージにまとめあげます。作成されたコンテナイメージはレイヤ構造をしており、各レイヤはDockerfileの1手順ごとに加えられる変更差分に対応します。

コンテナイメージの作り方

さっそく、実際にコンテナイメージを作って

▼図5　Dockerのアーキテクチャ

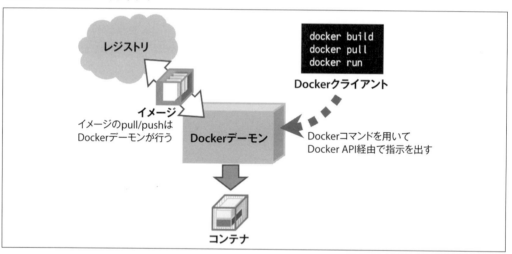

▼図6　Dockerにおけるbuild

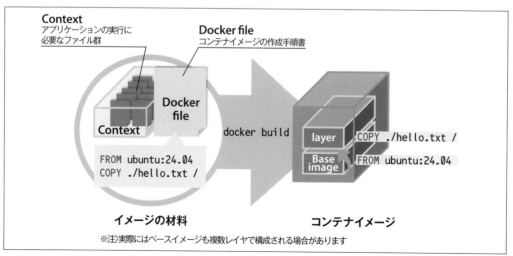

※注）実際にはベースイメージも複数レイヤで構成される場合があります

12 - Software Design

コンテナ技術とは何か、仮想化とは何が異なるのか　1-1

みましょう。このチュートリアルでは、Docker Hub上で公式に配布されているUbuntuイメージに、Dockerfileを使ってファイルを1つ追加した、新たなイメージを作成します。なお前述したように、このUbuntuイメージにはLinuxカーネルは含まれていません。あくまで、Linuxカーネル上でUbuntuを構成しているファイル群だけが含まれています。

Ubuntuイメージに、新たに1つのファイルを追加した新しいイメージを作成してみましょう。まず、コンテナイメージに格納するファイル群は1つのディレクトリにまとめる必要があります。このファイル群はコンテキストと呼ばれます。

```
$ mkdir myimage
$ echo "My first image!" > ./myimage/hello.txt
```

これでイメージに追加するファイルができました。それでは、同じディレクトリにイメージ作成手順書、つまりDockerfileを作成しましょう（リスト1）。

1行目のFROM命令では、元になるイメージを指定します。今回はUbuntuイメージを指定しました。2行目のCOPY命令を使うことで、任意のファイルをコンテナイメージ内の特定のディレクトリに格納できます。今回はコンテキストのhello.txtファイルをコンテナ内の「/」に配置します。

この時点でコンテキストには次のファイルが格納されています。

```
$ ls ./myimage
Dockerfile  hello.txt
```

このディレクトリで図7のコマンドを実行すれば、イメージの完成です。

ここで実行しているプログラムはDockerのCLIクライアントです。buildサブコマンドを指定することで、Dockerのbuild機能を利用できます。-tオプションでイメージにタグ（名前）を付与できます。最後の「.」で、コンテキストを指定します。今回はカレントディレクトリです。それでは、図8のコマンドを実行して、先ほどのイメージがきちんと作成されたことを確認します。

さらに、いったんイメージを作ってしまえば、

▼リスト1　はじめてのDockerfile

```
FROM ubuntu:24.04
COPY ./hello.txt /
```

▼図7　dockerコマンドを実行しイメージを作成する

```
$ docker build -t myimage:v1 ./myimage
[+] Building 8.2s (8/8) FINISHED                                    docker:default
 => [internal] load build definition from Dockerfile                0.1s
 => => transferring dockerfile: 74B                                 0.0s
 => [internal] load metadata for docker.io/library/ubuntu:24.04     2.5s
 => [auth] library/ubuntu:pull token for registry-1.docker.io       0.0s
 => [internal] load .dockerignore                                   0.1s
 => => transferring context: 2B                                     0.0s
 => [internal] load build context                                   0.2s
 => => transferring context: 52B                                    0.0s
 => [1/2] FROM docker.io/library/ubuntu:24.04@sha256:dfc10878be8d8  5.0s
 => => resolve docker.io/library/ubuntu:24.04@sha256:dfc10878be8d8  0.1s
 => => sha256:dfc10878be8d8fc9c61cbff33166cb1d1fe4 1.34kB / 1.34kB  0.0s
 => => sha256:77d57fd89366f7d16615794a5b53e124d742404e 424B / 424B  0.0s
 => => sha256:b1e9cef3f2977f8bdd19eb9ae04f83b315f8 2.30kB / 2.30kB  0.0s
 => => sha256:dafa2b0c44d2cfb0be6721f079092ddf15 29.75MB / 29.75MB  3.4s
 => => extracting sha256:dafa2b0c44d2cfb0be6721f079092ddf15dc8bc53  1.2s
 => [2/2] COPY ./hello.txt /                                        0.2s
 => exporting to image                                              0.2s
 => => exporting layers                                             0.1s
 => => writing image sha256:57a6a735ef2e7371968fc6cbbcf6cf594970c4  0.0s
 => => naming to docker.io/library/myimage:v1                       0.0s
```

第1章 IT業界ビギナーのための Docker+k8s入門講座 Docker編

コンテナ技術を極めろ！ 図解で深く理解して最先端にキャッチアップ！

▼図8　Docker本体のイメージの確認

```
$ docker image ls myimage:v1
REPOSITORY   TAG      IMAGE ID       CREATED          SIZE
myimage      v1       57a6a735ef2e   27 seconds ago   78.1MB
```

▼図9　mycontainerという名のコンテナを実行

```
$ docker run --rm -it --name mycontainer myimage:v1
root@c5b48ce8a5e7:/#
```

▼図10　lsコマンドでコンテナの中身を見る

```
root@c5b48ce8a5e7:/# ls /
bin   dev   hello.txt   lib     media   opt    root   sbin   sys   usr
boot  etc   home        lib64   mnt     proc   run    srv    tmp   var
```

後ほど紹介するship機能を用いることで、マシン間で共有できます。

Docker run

さっそく、先ほど作成したイメージを実行してみましょう。

コンテナには任意の名前を付けることができますが、今回はmycontainerと名前を付けて、docker runコマンドを用いてコンテナを実行します（図9）。

コンテナを実行するとプロンプトが表示されますので、コンテナの中を見てみましょう（図10）。

lsコマンドを実行してみるとルートファイルシステムが見えます。しかし何度も強調しておきますが、これは仮想マシンではありません。カーネルはホストと共有されており、環境の隔離だけが施されています。したがってコンテナの起動過程にはOSカーネルの起動は含まれません[注2]。先ほどのbuildの際にDockerfileを用いて追加したファイルも見えます。

```
root@c5b48ce8a5e7:/# cat /hello.txt
My first image!
```

Dockerは指定されたイメージを展開したうえでルートファイルシステムを構築し、その中で環境隔離を施したプロセスを起動します。先ほど、イメージはレイヤ構造をしていると述べましたが、コンテナの実行時にもそのレイヤ構造はホスト上で保持されています（図11）。

また、もともとイメージに格納されていたこれらレイヤは読み取り専用（Read Only：RO）で、変更を施すことはできません。しかし図12のように実際には変更を施せるように見えます。

実はこのとき、元のイメージには変更は施されていません。その代わりに、コンテナの起動時に、元のイメージレイヤの一番上に読み書き可能（Read/Write：RW）な「コンテナレイヤ」というレイヤが追加されています（図11）。これに対してもともとイメージ内にあったレイヤは「イメージレイヤ」と呼ばれます。そしてコンテナ内で行った書き込みは、すべてこのコンテナレイヤに記録されます。最初のコマンドで/hello.txtに変更を加えたとき、実際にはDockerによってイメージレイヤ内の/hello.txtがコピーされ、コンテナレイヤに追加されます。そして、変更がそのコンテナレイヤ内の（コピーされた）/hello.txtに対して適用されます。このように、コピーしたうえで書き込みによる変更を適用するしくみはコピーオンライト（Copy-on-Write、CoW）と呼ばれます。さらに、2つ目のコマンドで追加した

注2) 本稿では扱いませんが、コンテナユースケース向けにチューニングされた軽量な仮想マシンをコンテナとして実行する技術として、Kata ContainersやAWS Firecrackerなどもあります。

コンテナ技術とは何か、仮想化とは何が異なるのか 1-1

▼図11　Dockerにおけるrun

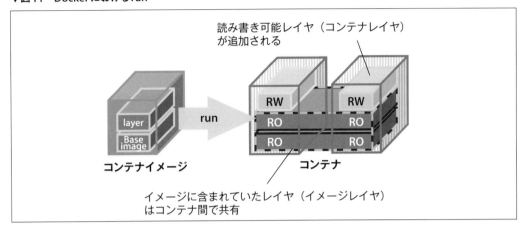

/newfile.txtはコンテナレイヤだけに追加され、イメージレイヤには含まれません。

コンテナへのデータ永続化

コンテナはホストから隔離されたルートファイルシステムを持ちます。ホスト上のファイルはコンテナには共有されず、コンテナ内のファイルも、コンテナを終了すると破棄され、変更は保存されません。ここで、Dockerはホストとコンテナ間でファイルを共有したり、データを永続化したりする方法として、bind mountとボリュームを提供します。

bind mountは、ホストのファイルやディレクトリをコンテナにマウントできる機能です。docker runの-vフラグから利用できます（図13）。

このフラグは引数として、ホストのファイルあるいはディレクトリ、コンテナ内のマウントポイント、マウントオプションを受けとります。図13の-v /tmp/greeting/:/mnt/フラグでは、ホストのディレクトリ「/tmp/greeting/」をコンテナの「/mnt/」へマウントします。このディレクトリに書き込んだ内容はホストの/tmp/greeting/にて保持されるため、図14に

▼図12　コンテナイメージの修正

```
root@c5b48ce8a5e7:/# echo "Hi!" > /hello.txt
root@c5b48ce8a5e7:/# echo "New File" > /newfile.txt
root@c5b48ce8a5e7:/# cat /hello.txt
Hi!
root@c5b48ce8a5e7:/# cat /newfile.txt
New File
```

▼図13　bind mountの使用例

```
$ mkdir /tmp/greeting
$ echo "Hello!" > /tmp/greeting/from-host
$ docker run -it --name test-bind-mount -v /tmp/greeting/:/mnt/ ubuntu:24.04 /bin/bash
root@4a1675e9fda1:/# cat /mnt/from-host
Hello!
root@4a1675e9fda1:/# echo "Hi" > /mnt/from-container
```

▼図14　コンテナ内で書き込んだファイルがホストからも見える

```
$ cat /tmp/greeting/from-container
Hi
```

▼図15　volumeの使用例

```
$ docker run -it --name test-vol -v shared-vol:/mnt/ ubuntu:24.04 /bin/bash
root@71d8fa755e21:/# echo "Hello!" > /mnt/hello
root@71d8fa755e21:/# echo "test" > /test
```

▼図16　別コンテナとvolumeの共有

```
$ docker run -it --name test-vol-2 -v shared-vol:/mnt/ ubuntu:24.04 /bin/bash
root@32a4d8f5fc6d:/# cat /mnt/hello
Hello!
root@32a4d8f5fc6d:/# cat /test    ←ボリューム外のファイルは共有されない
cat: /test: No such file or directory
```

▼図17　volume一覧の取得

```
$ docker volume ls
DRIVER      VOLUME NAME
local       shared-vol
```

示すように、コンテナを終了してもホスト上で残ったファイルにアクセスできます。

また、もう一つの機能であるボリューム機能を使うと、コンテナ同士でファイルやディレクトリを共有したり、書き込んだ内容をコンテナ削除後も保持できるようになります。ボリュームもbind mountも実質的には同様で、ホストのストレージをコンテナから利用可能にします。ボリュームを利用する場合、それらに名前を付けてdocker volumeコマンドで管理することができます。

ボリュームも-vフラグから利用できます（図15）。

ボリュームの場合は、ホストのディレクトリの代わりに、使用するボリュームの名前を引数として指定します。-v shared-vol:/mnt/フラグにより、shared-volと名付けたボリュームを作成し、コンテナ内の「/mnt/」に読み書き可能な状態でマウントします。このボリュームはほかのコンテナからも-vフラグを通じて利用可能で、これによりボリュームを複数コンテナ間で共有することができます（図16）。

また、ボリュームへ書き込んだ内容はDockerにより保持され、コンテナを終了しても残ります。再度コンテナを作成するときに-vフラグを

同様のボリュームに対して指定すれば、以前書き込んだ内容をそのまま得られます。

作成したボリュームはdocker volumeコマンドを通じて管理できます。たとえば、docker volume lsコマンドにより、Dockerが管理するボリュームの一覧が得られます（図17）。今回の例では、shared-volがその一覧に含まれます。

Docker ship

Dockerは作成したイメージを複数のホスト間で共有するためのship機能を提供しています（図18）。

イメージを格納する場所は「レジストリ」と呼ばれます。たとえば、代表的なレジストリサービスにはDocker Hubがあり、Docker Hubに登録したユーザーは自身のイメージをDocker Hub上に格納できるようになります。レジストリ上には、各イメージの格納領域として、「リポジトリ」を作成することができます。イメージには複数のバージョンを付与することが可能で、バージョンを区別するための識別子は「タグ」と呼ばれ、各タグに対応して異なるイメージを格納できます。つまり、1つのイメージ名に対して異なる複数のバージョンを一まとめに管理できます。

イメージレジストリはDocker Hubだけでなく、各パブリッククラウドベンダなどからサービスが出ています。また、レジストリ自体がコンテナとして提供されているため、手元のホストで構築することもできます。

コンテナ技術とは何か、仮想化とは何が異なるのか　1-1

▼図18　Dockerにおけるship

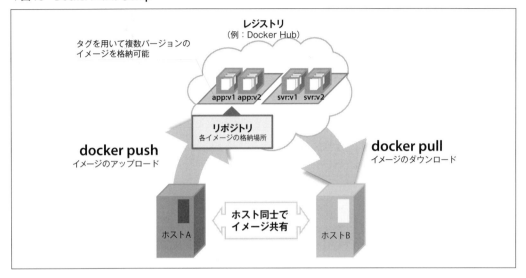

　Docker Hubにアカウントを持っていれば、Docker Hub上にイメージを格納するのは簡単です。

　ここで例として、前項で作成したイメージ「myimage:v1」をDocker Hubに格納するために、イメージ名に変更を加えます。具体的には、イメージ名の決められた位置に、Docker Hubアカウントのユーザー名をスラッシュ区切りで含める必要があります。たとえば、筆者のDocker Hubアカウントは「ktokunaga」のため、イメージをDocker Hub上に格納するには、ktokunaga/myimageというイメージ名にする必要があります。こうすることで、「ktokunagaユーザーが持つmyimageリポジトリのv1タグが付与されたイメージ」という具合に、さまざまなユーザーからのイメージが格納されているDocker Hub上で、自身のイメージを特定できるようになります。

　イメージに新たな名前を付与するには、図19に示すようにdocker tagコマンドを用います。

▼図19　イメージの名前変更

```
$ docker tag myimage:v1 ktokunaga/myimage:v1
```

　引数として元のイメージ名（myimage:v1）と新たなイメージ名（ktokunaga/myimage:v1）を指定しコマンドを実行すると、イメージにその新たな名前が付与されます。docker image lsコマンドを使って、名前が正しく付与されていることを確認できます。

　なお、イメージの細かい命名規則は各レジストリサービスによっても異なりますので、利用するレジストリサービスに応じて適宜適切なイメージ名を用いてください。

　それでは、このイメージをDocker Hubにアップロードします。ここで、コンテナ技術を扱う際は一般的に、レジストリへの「アップロード」「ダウンロード」にはそれぞれ「push」「pull」という用語が用いられます。本章でも以降はpush、pullという言葉を用います。レジストリへのイメージのpushは図20のようにdocker pushコマンドで行います。

　pushした後に、Docker Hub上で自身が管理するリポジトリの管理画面にアクセスしてみると、図21のようにpushしたイメージが格納されていることがわかります。

　レジストリに格納したイメージは、ほかのホストからpullできるようになります。イメージ

Special Issue - 17

をpullするには、図22で示すようにdocker pullコマンドを使用します。こうしてpullしたイメージは、前項と同様にdocker runコマンドで実行でき、コンテナの挙動も先ほどと同じ になります。このようにして、一度作成したイメージmyimage:v1は、レジストリにpushしたり、それを別のホストからpullすることで、さまざまな環境で共有可能になります。 SD

▼図20　Docker Hubからpushコマンドでイメージをレジストリに格納

```
$ docker push ktokunaga/myimage:v1
The push refers to repository [docker.io/ktokunaga/myimage]
b84f688522b4: Pushed
b15b682e901d: Mounted from library/ubuntu
v1: digest: sha256:a030f5cd2c3cf5a2da71e2c1fe692a3530393440071851c8d379cf9241040b98 size: 736
```

▼図21　Docker Hub上に格納されたイメージ

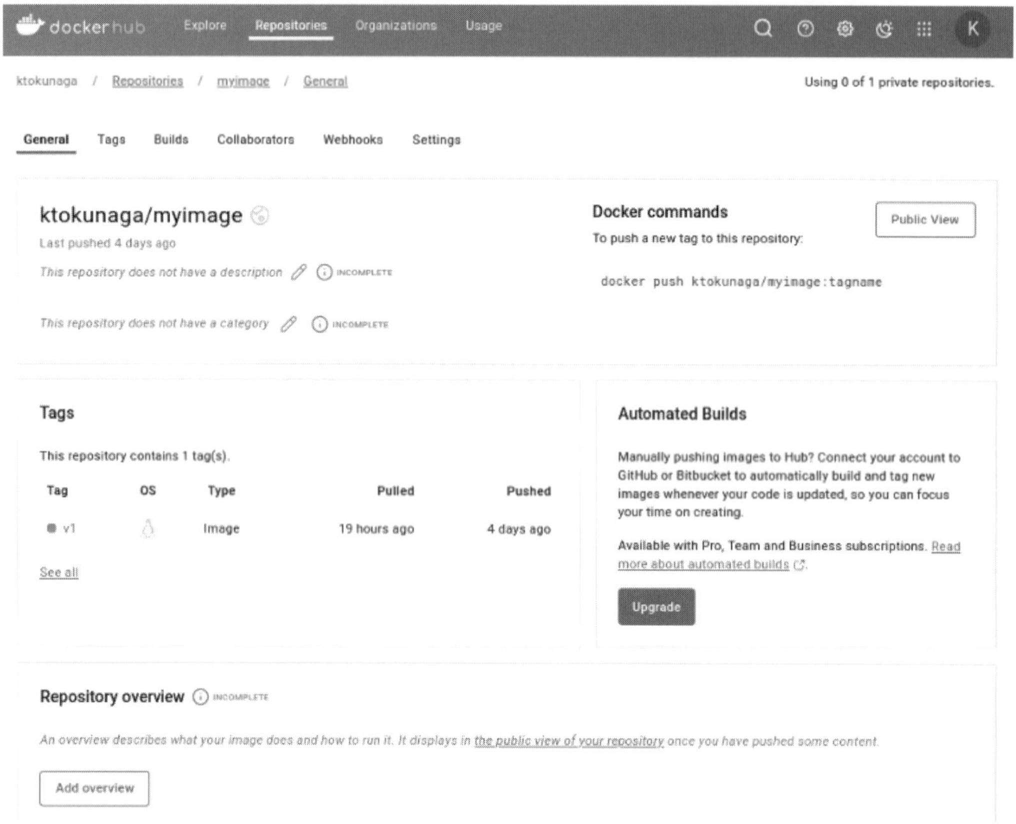

▼図22　Docker Hubからイメージをダウンロード

```
$ docker pull ktokunaga/myimage:v1
v1: Pulling from ktokunaga/myimage
dafa2b0c44d2: Pull complete
090dfbc82ed5: Pull complete
Digest: sha256:a030f5cd2c3cf5a2da71e2c1fe692a3530393440071851c8d379cf9241040b98
Status: Downloaded newer image for ktokunaga/myimage:v1
docker.io/ktokunaga/myimage:v1
```

18 - Software Design

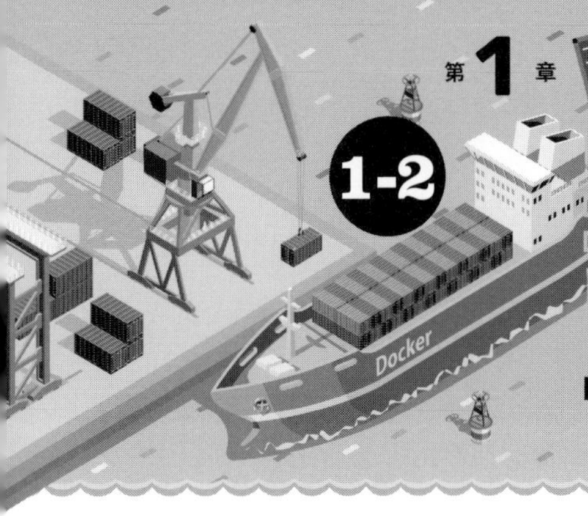

第1章 コンテナ技術を極めろ！
IT業界ビギナーのためのDocker+k8s入門講座 Docker編
図解で深く理解して最先端にキャッチアップ！

1-2 コンテナをしくみから理解しよう
namespace、cgroup、overlayfs

コンテナをささえる要素技術

ここまででコンテナの基本的な扱い方を見てきました。ここで、コンテナを使いこなすために、その裏側のしくみを知っておくことは有用です。実はLinux自体に、「コンテナ」という機能はありません。Linuxの持つ環境隔離機能を組み合わせることで、あたかも仮想マシンのような独立した実行環境を作り出しています。本節では、主流なコンテナ管理ツールがどのような技術を用いてコンテナを作成しているのか、その概要を俯瞰します。デバッグの際にも、これら要素技術の知識はおおいに役に立つことでしょう。なお、本節ではLinux（Ubuntu 24.04.1 LTS）をベースにコマンド実行例やその要素技術を紹介します。

コンテナをコンテナたらしめる3つの技術

本稿では、コンテナを構成する特徴的な要素技術を次の3つの側面から紹介していきます（図1）。

・隔離された実行環境をどのように作り出しているのか
・レイヤ構造のイメージからどうやってルートファイルシステムが構築されるのか
・コンテナ間はどうやって通信しているのか

本稿ではこれらのうち、実行環境の隔離と、ルートファイルシステム構築のしくみに着目します。コンテナ間の通信については、よりたくさんのコンテナを扱う予定の第2章、Kubernetes編で扱います。

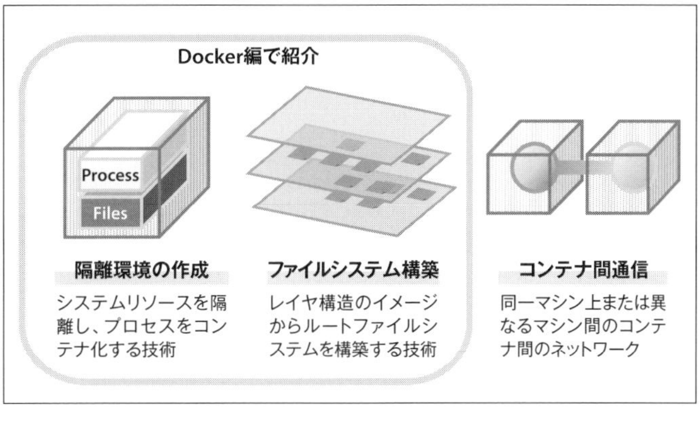

隔離された実行環境の構築

冒頭でも述べたように、コンテナはプロセスにLinuxの持つ環境隔離機能を適用したものです。隔離された環境の中には、まるで1つの仮想マシンの中にいるかのような、独立した環境が広がっています。コンテナの中からホストのシステムやほかのコンテナは見えません。また、使用できるデバイスも限られています。Linux上でコンテナを実行する際に用いられる環境隔離機能のうち、主要なものは次の2つです。

・namespace
・cgroup

ここではこれら機能の概要をそれぞれ見ていきます。なお、本節では例の多くがrootユーザーでの実行となることに留意してください。

システム上の資源を隔離するnamespace

namespaceは、あるプロセスから操作可能な

▼図1 コンテナの要素技術

Docker編で紹介

隔離環境の作成	ファイルシステム構築	コンテナ間通信
システムリソースを隔離し、プロセスをコンテナ化する技術	レイヤ構造のイメージからルートファイルシステムを構築する技術	同一マシン上または異なるマシン間のコンテナ間のネットワーク

Special Issue - 19

第1章 コンテナ技術を極めろ！ IT業界ビギナーのためのDocker+k8s入門講座

図解で深く理解して最先端にキャッチアップ！ Docker編

リソースを、ほかのプロセスから隔離できる機能です。これにより、プロセス単位で、ほかのプロセスから隔離された実行環境を作成できます。

namespaceで隔離できるシステム上のリソースには次のようなものがあり、コンテナを作成する際は、これらのうち複数のnamespaceを組み合わせます（図2）。

- PID namespace：プロセス群の隔離
- Mount namespace：マウントポイントリストの隔離
- Network namespace：ネットワーク関連のリソースの隔離
- UTS namespace：ホスト名などの隔離
- IPC namespace：プロセス間通信に関するリソースの隔離
- User namespace：ユーザー／グループや権限などの隔離

より具体的なイメージをつかむために、このnamespace機能を使ってホストと隔離されたコンテナ風の実行環境を作ってみます。

前準備として、その実行環境で使うルートファイルシステムを用意します。Dockerには、既存のコンテナのルートファイルシステムを取得するコマンドとしてdocker exportが用意されています。今回はこれを用いてAlpine Linuxコンテナのルートファイルシステムを取得します。

図3のように、まずコンテナを作成し、次にそのコンテナのルートファイルシステムをdocker exportコマンドで取得し、適当なディレクトリに展開します。

この時点で、rootfsというディレクトリ内にはAlpine Linuxコンテナのルートファイルシステムを構成するファイル群が配置されています。

それでは、namespaceを使ってコンテナ風の実行環境を作成してみます。Linuxにはnamespaceをシェルから作成・操作できるコマンドとしてunshareというコマンドがあります（図4）。

作成したnamespace内で実行するコマンドとしてchrootコマンドを指定しています。これにより、先ほど取得したrootfsディレクトリをルートファイルシステムとして使用し、シェルを実行しています。psコマンドやlsコマンドを実行してみると、まるでコンテナのように隔離された実行環境ができていることが確認できます。

unshareコマンドには、フラグにより作成するnamespaceを指定することができます。ここではフラグを用いて、次のnamespaceを作成しています。

- pフラグ：PID namespace
- mフラグ：Mount namespace

▼図2　namespaceによるリソース隔離

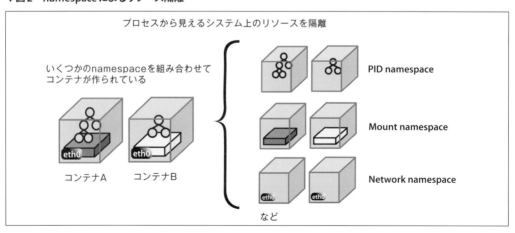

20 - Software Design

コンテナをしくみから理解しよう 1-2

・nフラグ：Network namespace

ここからは、この例で実際に使用した各namespaceについて、具体的に紹介します。

🛟 PID namespace

PID namespaceをpフラグを使って作成しました。さらにfフラグを使って/bin/shをそのPID namespace内で新たなプロセスとして作成・実行しました。

作成したPID namespace内では、ホスト側のプロセスは見えず、PIDも1から振りなおされます。

ここでは実際に、作成した実行環境内でprocfsをマウントし、そのnamepaceで実行されているプロセスの一覧を見てみます（図5）。筆者のホスト上では数百のプロセスが実行されていますが、作成したnamespace内からは、2つのプロセスだけが見えます。unshareコマンドの引数に指定した/bin/shが、作成したnamespace内ではPID=1のプロセスとして実行されています。

また、作成したnamespace内のプロセスには、このnamespace内から見たPIDと、ホスト側から見たPID、少なくとも2つのPIDが付与されています。たとえば、作成したnamespace内で図5のようにsleepコマンドを実行するとそのPIDは6になっていますが、これを図6のようにホスト側から見ると、PIDは4990と異なる番号が割り当てられています。

🛟 Mount namespace

Mount namespaceをmフラグで作成しました。これにより、作成したnamespace内での新たにマウントやアンマウントを行った場合でも、それら変更がホストに見えなくなります。たとえば、先ほどnamespace内で/procにマウントしたprocfsは、このnamespace内のシェルからは見えますが（図7）、ホスト側からは見ることができません（図8）。ただし、ここでは詳しく紹介しませんが、namespace間でマウント、アンマウントのイベントを共有できるshared subtreeと呼ばれる機能もあります。

▼図3　alpineコンテナのルートファイルシステムの取得

```
# mkdir -p bundle/rootfs
# docker pull alpine:3.20
# docker run --rm --name tmp -d alpine:3.20 sleep infinity
# docker export tmp | tar -xC bundle/rootfs
# ls bundle/rootfs
bin   etc   lib    mnt   proc  run   srv   tmp   var
dev   home  media  opt   root  sbin  sys   usr
```

▼図4　unshareで隔離された実行環境の作成

```
# unshare -fpmn chroot bundle/rootfs /bin/sh
/ # cat /etc/os-release
NAME="Alpine Linux"
ID=alpine
VERSION_ID=3.20.3
PRETTY_NAME="Alpine Linux v3.20"
HOME_URL="https://alpinelinux.org/"
BUG_REPORT_URL="https://gitlab.alpinelinux.org/alpine/aports/-/issues"
/ # ls
bin   etc   lib    mnt   proc  run   srv   tmp   var
dev   home  media  opt   root  sbin  sys   usr
```

▼図5　隔離環境内でプロセスの実行

```
/ # mount -t proc proc /proc
/ # ps -Ao pid,args
PID   COMMAND
    1 /bin/sh
    5 ps -Ao pid,args
/ # sleep 12345 &
/ # ps -Ao pid,args | grep "sleep 12345" | grep -v grep
    6 sleep 12345
```

▼図6　ホスト側から見たプロセス

```
# ps -Ao pid,cmd | grep "sleep 12345" | grep -v grep
 4990 sleep 12345
```

Network namespace

Network namespace をnフラグで作成しました。これにより、ネットワークインターフェースなど、ネットワーク関連のリソースがホストから隔離されます。たとえば、図9、図10のようにipコマンドを実行してみると、ホスト側から利用可能なネットワークインターフェースは、作成したnamespaceからは利用できないことがわかります。DockerやKubernetesは、この作成されたnetwork namespaceに、新たにネットワークインターフェースを作成することでコンテナへ通信機能を与えます。

システム資源の利用を制限するcgroup

Dockerは、コンテナ内からアクセス可能なリソースを制限しています。たとえば、コンテナ内で操作できるデバイスは限られており、CPUやメモリ使用量にも制限を施すことができます。

これを実現するためにはLinuxのcgroup[注1]という機能が使われます。これは、プロセスから利用可能なリソースについて、さまざまな設定を施せる機能です。設定項目には、たとえば次のようなものが含まれます。

・デバイスファイルへのアクセス権限

注1) https://man7.org/linux/man-pages/man7/cgroups.7.html

▼図7　隔離環境内でマウントされたprocfs

```
/ # cat /proc/$$/mounts | grep proc
proc /proc proc rw,relatime 0 0
```

▼図8　ホストからはマウントが見えない

```
# cat /proc/$$/mounts | grep bundle/rootfs/proc
（出力なし）
# ls bundle/rootfs/proc/
（出力なし）
```

・プロセスから利用可能なCPUの制限
・プロセスが利用可能なメモリ使用量の制限

設定対象となるリソースは「サブシステム」または「リソースコントローラ」（あるいは単純に「コントローラ」）と呼ばれるカーネルのコンポーネントで管理され、それらコントローラへの設定は「cgroup」ファイルシステムを通じて行います。cgroupには現在も広く使われる「v1」と、すでにいくつかのディストリビューションで使われ始めており今後主流になる「v2」と2つのバージョンがあるため、ここではそれぞれについて簡単に紹介します。

cgroup v1

cgroup v1では、コントローラごとにcgroupファイルシステムが分かれています。たとえばUbuntu 20.04（cgroup v1が有効）では /sys/fs/cgroup配下に、各コントローラのcgroupfsがマウントされています。図11に示すように、

▼図9　隔離環境内のネットワークインターフェース

```
/ # ip a
1: lo: <LOOPBACK> mtu 65536 qdisc noop state DOWN qlen 1000
    link/loopback 00:00:00:00:00:00 brd 00:00:00:00:00:00
```

▼図10　ホストのネットワークインターフェース

```
# ip a
1: lo: <LOOPBACK,UP,LOWER_UP> mtu 65536 qdisc noqueue state UNKNOWN group default qlen 1000
    link/loopback 00:00:00:00:00:00 brd 00:00:00:00:00:00
    inet 127.0.0.1/8 scope host lo
       valid_lft forever preferred_lft forever
    inet6 ::1/128 scope host noprefixroute
       valid_lft forever preferred_lft forever
（...ホストのインタフェースが出力される...）
```

コンテナをしくみから理解しよう 1-2

▼図11　cgroupファイルシステム

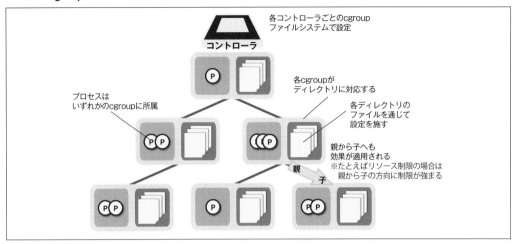

　cgroupファイルシステムはディレクトリに沿った階層構造をしており、各ディレクトリが1つの「cgroup」と呼ばれるプロセスの集まりを表します。

　プロセスはこれらcgroup（ディレクトリ）のいずれかに所属し、ディレクトリごとに、それに所属するプロセス群へのリソース設定が行われます。あるcgroupに施した設定はその下位のcgroupにも効果が適用されるので、たとえばリソースの利用制限を施す場合には階層構造の根から葉に沿って制限が強まるような構造になります。

　ここでは、コンテナからアクセス可能なデバイスを制限する例として、先ほどunshareコマンドで実行したシェルから、ディスクデバイス/dev/sda（ブロックデバイス、メジャー番号：マイナー番号＝8：0）の操作を拒否するよう設定

を施します。この例はcgroup v1が有効なUbuntu 20.04（Linux 5.4.0-196-generic）での動作を確認しています。

　設定をする前は、図12に示すように、/dev/sdaのダンプ（例では先頭4バイト）ができます。

　デバイスアクセスに関する設定は「devices」コントローラ（/sys/fs/cgroup/devices）から行います。図13に示すように、まず根っこのcgroup（root cgroup）の直下に、新たなcgroupとしてunshare_demoという名前のディレクトリを作成し、この中に設定を記述していきます。この時点ではunshare_demoにデバイスアクセスの制限は施されていません[注2]。

　次に、同じく図13に示すように、cgroup内のdevices.denyファイルへ設定を書き込みます。このファイルには、そのcgroup内のプロセスからのアクセスを拒否したいデバイスを設定します。ここでは/dev/sdaの操作を拒否する設定としてb 8:0 rw（b＝ブロックデバイス、8:0＝メ

▼図12　/dev/sdaがダンプできる

```
/ # mknod /dev/sda b 8 0
/ # hexdump -n 4 /dev/sda
0000000 63eb 0090
0000004
```

[注2] なお、この例ではroot cgroupにはデバイスアクセスの制限が設定されていないものとします。

▼図13　cgroupの設定例

```
# mkdir /sys/fs/cgroup/devices/unshare_demo
# echo "b 8:0 rw" > /sys/fs/cgroup/devices/unshare_demo/devices.deny
# echo 4650 > /sys/fs/cgroup/devices/unshare_demo/cgroup.procs
```

第1章 IT業界ビギナーのための Docker+k8s入門講座 Docker編

ジャー番号：マイナー番号、rw＝読み込み・書き込み）を設定します。最後に、unshareで作成した実行環境で実行されているシェル（/dev/sh、この例の場合はホストから見たPID=4650）をこのcgroupに所属させるために、cgroup.procsファイルにそのPIDを書き込みます。シェルからフォーク、実行されるプロセスも同様に制限を受けます。

以上の設定を施すと、図14に示すようにunshare内のシェルから/dev/sdaがダンプできなくなっていることが確認できます。

Dockerが作成するコンテナにも、devicesコントローラを用いた制限が施されています。図14に示すように、Dockerで作成したコンテナからdevicesコントローラ（/sys/fs/cgroup/devices）をのぞいてみると、デバイスアクセスについて設定が施されていることがわかります（図15）。

🛟 cgroup v2

いくつかのLinuxディストリビューションではcgroup v2がデフォルトで使用されます。

▼図14　/dev/sdaがダンプできなくなっている

```
/ # hexdump -n 4 /dev/sda
hexdump: /dev/sda: Operation not permitted
```

▼図15　Dockerで設定されているcgroup

```
$ docker run -it --rm busybox:1.31 /bin/sh
/ # echo $$
1
/ # cat /sys/fs/cgroup/devices/cgroup.procs
1
6
/ # cat /sys/fs/cgroup/devices/devices.list
b *:* m
c *:* m
c 1:3 rwm
c 1:5 rwm
c 1:7 rwm
c 1:8 rwm
c 1:9 rwm
c 5:0 rwm
c 5:1 rwm
c 5:2 rwm
c 10:200 rwm
c 136:* rwm
```

Docker（20.10以降）もcgroup v2環境での動作をサポートします。

v2もディレクトリによる階層構造なファイルシステムで管理されます。しかしv1と異なり、v2ではコントローラごとのファイルシステムには分かれておらず、すべてのコントローラを単一のcgroupファイルシステムで管理します（図16）。また、プロセスは階層構造のうち基本的に根か末端のcgroupに所属します。cgroup v1は柔軟性のある設計を持ち、各コントローラの階層構造が独立だったり、プロセスが中間のcgroupに所属できたりしましたが、v2では上記のようにその構造が単純化されました。

ここでも、先ほどunshareコマンドで作成した実行環境内のシェルから、ディスクデバイス/dev/sda（ブロックデバイス、メジャー番号：マイナー番号＝ 8:0）の操作を拒否するよう設定を施します。なお、Ubuntu 24.04（Linux 6.8.0-45-generic）での動作を確認しています。

ここで、v2の特徴の1つとして、デバイスアクセスを管理するdevicesコントローラの操作には、v1のようなファイルの読み書きではなく、Linuxの「eBPF」という機能を用いることに注意します。eBPFは、Linuxの持つプログラム実行環境で、システムコールのトレーシングやネットワークパケット処理などさまざまな用途に使われますが、cgroup v2のデバイス制御もその用途の1つです。本稿ではeBPFの詳細には立ち入らず、ターミナルで試しやすい例として、systemd[注3]経由でのcgroup v2操作を行います。

まず、デバイスアクセスの設定をする前は、unshareコマンドで/dev/sdaのダンプができます（図17）。

図18では、ホスト上でsystemd-runコマンド[注4]を使い、あらためてunshareコマンドを実行して実行環境を作り、その中でシェルプロセスを実行しています。--scopeフラグにより、

注3）https://systemd.io/
注4）https://www.freedesktop.org/software/systemd/man/latest/systemd-run.html

24 - Software Design

コンテナをしくみから理解しよう 1-2

▼図16 cgroup v2

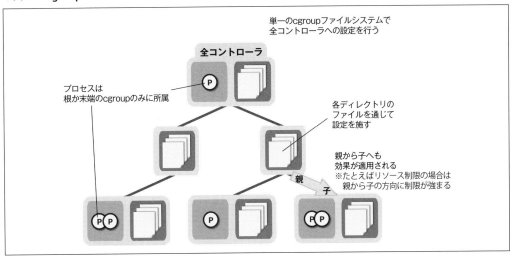

　systemd-runはunshareコマンドを同期的に実行します。unshareプロセスやそこから実行されるシェルは、systemdによって新たに作成されたcgroupに所属します。cgroupからの/dev/sdaデバイスの操作を拒否する設定として、-pフラグでDeviceAllow=/dev/sda m（/dev/sda＝sdaデバイスのパス、m＝デバイスファイル作成だけ許可し読み書きは許可しない）をsystemdに与えています注5。シェルからフォーク、実行されるプロセスも同様の制限を受けます。

　図19のように、プロンプトからシェルを実際に操作してみると、/dev/sdaが読めないことがわかります。

　ここで作成されたcgroupのパスはsystemd-cglsコマンドで確認できます（図20）。そのディレクトリ（例では/sys/fs/cgroup/system.slice/unshare_demo.scope/）をのぞいてみると、所属プロセスの一覧が記載されるcgroup.procsファイルに、unshareやシェルが含まれることが確認できます。

　Dockerはv20.10以降、cgroup v2を用いたコンテナ実行をサポートしています。図21に示すように、cgroup v2を有効化した環境でDockerを使ってコンテナを起動してみると、実際にcgroupをのぞくことができます。

　cgroup v1、v2両方に関連するLinux機能として、プロセスへのcgroup階層構造の限定的な範

注5）https://www.freedesktop.org/software/systemd/man/latest/systemd.resource-control.html#DeviceAllow=

▼図17　/dev/sdaがダンプできる

```
/ # mknod /dev/sda b 8 0
/ # hexdump -n 4 /dev/sda
0000000 63eb 0090
0000004
```

▼図19　/dev/sdaがダンプできなくなっている

```
/ # hexdump -n 4 /dev/sda
hexdump: /dev/sda: Operation not permitted
```

▼図18　systemdでデバイス利用制限を適用

```
# systemd-run -p "DeviceAllow=/dev/sda m" --unit=unshare_demo --scope unshare -fpmn chroot ⏎
bundle/rootfs /bin/sh
Running as unit: unshare_demo.scope; invocation ID: f128869e92d047078ead460f88659b2a
/ #
```

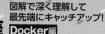

▼図20　作成されたcgroupの確認

```
# systemd-cgls -u unshare_demo.scope
Unit unshare_demo.scope (/system.slice/unshare_demo.scope):
├─5077 /usr/bin/unshare -fpmn chroot bundle/rootfs /bin/sh
└─5078 /bin/sh
# cat /sys/fs/cgroup/system.slice/unshare_demo.scope/cgroup.procs
5077
5078
# ps -o pid,args -p "5077 5078"
    PID COMMAND
   5077 /usr/bin/unshare -fpmn chroot bundle/rootfs /bin/sh
   5078 /bin/sh
```

▼図21　Dockerで設定されているcgroup

```
$ docker run -it --rm busybox:1.31 /bin/sh
/ # echo $$
1
/ # cat /sys/fs/cgroup/cgroup.procs
1
7
/ # ls /sys/fs/cgroup/
cgroup.controllers              io.max
cgroup.events                   io.pressure
cgroup.freeze                   io.prio.class
cgroup.kill                     io.stat
cgroup.max.depth                io.weight
cgroup.max.descendants          memory.current
cgroup.pressure                 memory.events
cgroup.procs                    memory.events.local
cgroup.stat                     memory.high
cgroup.subtree_control          memory.low
cgroup.threads                  memory.max
cgroup.type                     memory.min
cpu.idle                        memory.numa_stat
cpu.max                         memory.oom.group
cpu.max.burst                   memory.peak
cpu.pressure                    memory.pressure
cpu.stat                        memory.reclaim
cpu.stat.local                  memory.stat
cpu.uclamp.max                  memory.swap.current
cpu.uclamp.min                  memory.swap.events
cpu.weight                      memory.swap.high
cpu.weight.nice                 memory.swap.max
cpuset.cpus                     memory.swap.peak
cpuset.cpus.effective           memory.zswap.current
cpuset.cpus.exclusive           memory.zswap.max
cpuset.cpus.exclusive.effective memory.zswap.writeback
cpuset.cpus.partition           misc.current
cpuset.mems                     misc.events
cpuset.mems.effective           misc.max
hugetlb.2MB.current             pids.current
hugetlb.2MB.events              pids.events
hugetlb.2MB.events.local        pids.max
hugetlb.2MB.max                 pids.peak
hugetlb.2MB.numa_stat           rdma.current
hugetlb.2MB.rsvd.current        rdma.max
hugetlb.2MB.rsvd.max
```

コンテナをしくみから理解しよう 1-2

囲を見せることができる「cgroup namespace」という機能があります。ここにcgroup v2ではnsdelegateという機能が導入され、これによりcgroup namespace内でのプロセスをその外のcgroupに移動できないようにしたり、設定ファイルへの書き込みを制限するなど、さらなる保護が加わりました。このようにcgroup v2では非特権ユーザーからの操作に関する機能も拡充されています。

 ### レイヤ構造イメージからのルートファイルシステム構築

Dockerのbuildおよびrun機能の解説の際、コンテナのイメージはレイヤ構造をしており、実行時にもそれが保持されていると述べました。これにより異なるコンテナ同士でも共通のレイヤが存在する場合にはそれがホスト上で共有されます。コンテナイメージの、このような重複排除の性質により、たとえノード上でたくさんのコンテナが起動してもストレージが必要以上に逼迫されないようになっています。これを実現する重要な工夫のひとつが、先ほど述べたイメージのレイヤ構造と、実行時のレイヤ単位での共有機能です。

 ### コンテナイメージのレイヤ構造

それでは実際に、イメージをのぞいてみましょう。先ほどビルドしたmyimage:v1イメージを使います。

まず、図22に示すように、docker saveコマンドを用いてイメージ取得し、それをディレクトリに展開します[注6]。treeコマンドでその中をのぞいてみると、./blobs/sha256/ディレクトリの中にレイヤデータや、実行環境情報など、イメージを構成するさまざまなデータが格納されています[注7]。レイヤデータは、tarファイルにまとめられています。ここでfileコマンドを使って各ファイルのデータ形式を確認してみると、実際にtarファイルが含まれていることが確認

注6) Docker v25よりも前のバージョンではイメージの構造が異なります。
注7) イメージの構造の詳細は、OCIによる標準仕様も参照ください https://github.com/opencontainers/image-spec/

▼図22 イメージの展開

```
$ docker save myimage:v1 > image.tar
$ mkdir image
$ tar xf image.tar -C image
$ tree image
image
├── blobs
│   └── sha256
│       ├── 1e36ee2a1e3e33354dfc79b204213e6ff95281614a868aa5fcdc8befc4106896
│       ├── 3d6f43af0c408d40eba61760718f595ba28bf4c271ddaf789ce3ce2405fe939b
│       ├── 4c4e9fb09a7632de46e74ad4508ce8a18d6f872f2a2052429ab7de04731abac5
│       ├── 57a6a735ef2e7371968fc6cbbcf6cf594970c4ac13c879edb5fb48ee1d7c768d
│       ├── b15b682e901dd27efdf436ce837a94c729c0b78c44431d5b5ca3ccca1bed40da
│       └── b84f688522b4c4a14c9ca9cd4f1246e34bbd2a292a31fb9ad32ea5524c99b953
├── index.json
├── manifest.json
├── oci-layout
└── repositories

3 directories, 10 files
$ (cd ./image/blobs/sha256/ ; file *)
1e36ee2a1e3e33354dfc79b204213e6ff95281614a868aa5fcdc8befc4106896: JSON text data
3d6f43af0c408d40eba61760718f595ba28bf4c271ddaf789ce3ce2405fe939b: JSON text data
4c4e9fb09a7632de46e74ad4508ce8a18d6f872f2a2052429ab7de04731abac5: JSON text data
57a6a735ef2e7371968fc6cbbcf6cf594970c4ac13c879edb5fb48ee1d7c768d: JSON text data
b15b682e901dd27efdf436ce837a94c729c0b78c44431d5b5ca3ccca1bed40da: POSIX tar archive
b84f688522b4c4a14c9ca9cd4f1246e34bbd2a292a31fb9ad32ea5524c99b953: POSIX tar archive
```

第 1 章 コンテナ技術を極めろ! IT業界ビギナーのための **Docker+k8s入門講座** Docker編

▼図23　ubuntu:24.04のレイヤをのぞく

```
$ tar --list -f ./image/blobs/sha256/b15⏎
b682e901dd27efdf436ce837a94c729c0b78c444⏎
31d5b5ca3ccca1bed40da | head -n 10
bin
boot/
dev/
etc/
etc/.pwd.lock
etc/alternatives/
etc/alternatives/README
etc/alternatives/awk
etc/alternatives/nawk
etc/alternatives/pager
```

▼図24　docker build で追加したレイヤをのぞく

```
$ tar --list -f ./image/blobs/sha256/b84⏎
f688522b4c4a14c9ca9cd4f1246e34bbd2a292a3⏎
1fb9ad32ea5524c99b953 | head -n 10
hello.txt
```

できます。

　tarファイルの内の1つについて、実際に中身をリストしてみると、ルートファイルシステムを構成するファイル群が得られます（図23）。これは、前節でイメージをビルドする際、ベースイメージとして用いたubuntu:24.04に含まれていたレイヤです。

　また、ほかのファイルをのぞくと、hello.txtが含まれるtarファイルが確認できます（図24）。これは、前節でイメージをビルドする際、ubuntu:24.04に対して、hello.txtを追加した変更差分です。

　このように、レイヤの正体がコンテナのルートファイルシステムに適用される変更差分であることが確認できます。

　コンテナの実行時には、これら変更差分であるレイヤ群から、ルートファイルシステム作ります。ここで、それを実現するために、単にこれらレイヤ群を1つのディレクトリにコピーしてくるという方法がとれそうです。しかしコンテナを複数個実行した場合、この方法ではコンテナの数だけレイヤデータのコピーが作られ、ストレージが効率的に利用されません。

　ここで、Linuxは、変更差分からファイルシステムを効率良く作成するのにうってつけのファイルシステム「overlayfs」を備えています。

⊙ overlayfs

　overlayfsは複数のディレクトリを重ね合わせ、1つにまとめて見せてくれるファイルシステムです。ディレクトリ群は層状、つまりレイヤ状に重ね合わさります。重ね合わせの際に同じ（重なる）ファイルが存在するときは、より上の層にあるファイルが優先して見えます（図25）。

　さっそくどのように重ね合わされるのか見てみましょう。まず各レイヤのディレクトリを用意します。

```
$ mkdir upper lower
$ echo "upper A" > ./upper/a
$ echo "lower A" > ./lower/a
$ echo "lower B" > ./lower/b
```

　ここで、lowerディレクトリを下層、upperディレクトリを上層のレイヤにして重ね合わせます。ここで、ファイル「a」は下層にも上層にも存在しています。

　mountコマンドに、-tオプションとしてoverlayを指定し、-oオプションとして各レイヤに対応させるディレクトリ（例ではlower、upper）とLinuxが作業用に用いるディレクトリ（例ではwork）を指定し、引数としてそれらが重ね合わされた結果を反映するディレクトリ（例ではmerged）を指定して実行し、overlayfsをマウントします。

```
$ mkdir work merged
$ sudo mount -t overlay overlay -olowerdir⏎
=lower,upperdir=upper,workdir=work merged
```

　これでmergedディレクトリに重ね合わされた結果がマウントされました。重ね合わされた結果を見てみましょう。

```
$ tree merged
merged
├── a
└── b

0 directories, 2 files
```

28 - *Software Design*

コンテナをしくみから理解しよう 1-2

▼図25 overlayfsの概要

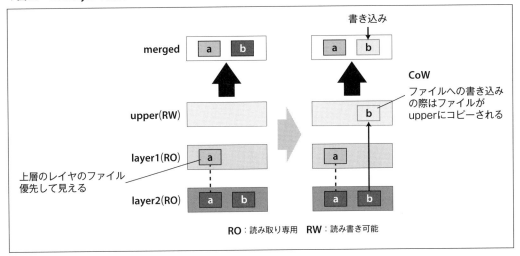

先ほど作成したファイル「a」、「b」が見えます。同一名で重なっているファイルaについては、上層のファイルが優先して見えることが確認できると思います。

```
$ cat merged/a
upper A
$ cat merged/b
lower B
```

重要なことに、これらのファイルはコピーされて配置されているわけではありません。つまり重ね合わせの際、必要以上に追加でストレージを逼迫することはありません。

今回は2層の例でしたが、overlayfsではより多くのレイヤを重ね合わせることができます。イメージ作成の際は、Dockerfileでルートファイルシステムに変更を加える各手順ごとにレイヤが生成され、イメージとして記録されていきます。コンテナ実行の際にはそれらレイヤがoverlayfsなど（使用できるファイルシステムはほかにもいくつかあります）によって重ね合わされ、1つのルートファイルシステムが見えるようになります。

DockerのrunにおけるCoWはこれを用いて実現されています。まずはCoWについておさらいをしておきましょう。コンテナの実行時、あるファイルの作成や変更を行った場合、下層のレイヤに位置するイメージには変更は加えられません。その代わりに、書き込み差分は、最上位に新しく追加された読み書き可能なレイヤに記録されます。ファイル追加の際には最上位レイヤにファイルが追加され、ファイル変更の際には下位レイヤの対象のファイルが上位レイヤにコピーされ、そのファイルに変更が記録されます。

overlayfsはまさにこのCoWをサポートしています。先ほどの例を使うと、もともとlowerに格納されていたファイルbに対して書き込みを行った場合、そのファイルがupperにコピーされ、変更が記録されます。

```
$ echo "Write to merged" > merged/b
$ cat upper/b
Write to merged
```

upperディレクトリにファイルbがコピーされ、変更が記録されていることがわかります。このように、overlayfsでは、オプションでlowerdirとして指定したディレクトリ（今回はディレクトリlower）は読み込み専用として扱われ、変更はupperdirで指定したディレクトリに記録されます。

以上のように、Linuxのファイルシステム機

第1章 IT業界ビギナーのためのDocker+k8s入門講座 Docker編

能を活用することで、「イメージを細切れにして部分的に共有できるようにしたい」、一方で「それら全体をコピーすることなく1つのルートファイルシステムを復元したい」という要求が満たされています。

カーネル機能とコンテナ

ここまで見てきたように、さまざまなLinuxの機能を駆使することで、コンテナの擬似的な隔離環境が実現されています。本稿で紹介したカーネル機能はごく一部です。ツールによっても、隔離環境の作成のアプローチや、使用しているカーネル機能は異なります。気になる方は、ぜひさまざまなコンテナランタイムを触ってみることをおすすめします。

まとめ

本章では、Dockerを中心にコンテナ技術の概要やそのしくみを俯瞰しました。

まず、コンテナ技術を使うことで仮想マシンのように隔離されたアプリケーション実行環境を作成できます。また、仮想マシンよりも軽量であるという特徴を持ちます。

Dockerは、そのようなコンテナ技術の基本的なライフサイクルである、「Build, Ship, Run」をサポートするツールです。その利便性だけでなく、コンテナへの基本的な操作をシンプルなワークフローとして業界へ広め、コンテナ技術普及の礎となった点にも貢献があります。

さらにコンテナ技術は、その要素技術としてnamespaceやcgroupなどのLinuxカーネルの機能を用いて、プロセスをホスト環境から隔離することで実行環境を作成します。加えて、レイヤ構造構造のイメージやoverlayfsにより、複数のコンテナ間でコンテナイメージの重複部分が共有できるようになっており、ストレージを効率的に利用しています。

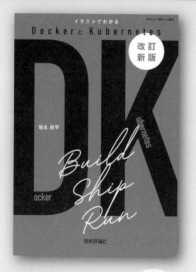

第**2**章

コンテナ技術を極めろ！

図解で深く理解して最先端にキャッチアップ！

IT業界ビギナーのための
Docker＋k8s
Kubernetes編 入門講座

第1章では、Dockerの概念・しくみ・機能を基礎から学ぶことに注力しました。実際にシステムを構築するとコンテナがどんどん増えていきます。今度はそれを管理する技術が必要になります。これにGoogleは早くから取り組み「Borg」を開発し、さらにオープンソースプロジェクト化したものが、Kubernetesです。莫大なコンテナ群を管理するのは、非常に困難です。Docker＋Kubernetesの組み合わせは、まさに車輪の両輪です。本章では、より便利なサービスを作りあげるKubernetesを図示しながら解説します。システム構築・開発の主流となる考えをぜひ習得してください。

2-1 ## Dockerから
Kubernetesへ

P.32 **大規模なコンテナ実行基盤を管理する技術**

Author 徳永 航平(とくなが こうへい)
日本電信電話株式会社ソフトウェア
イノベーションセンタ
Twitter@TokunagaKohei

2-2 ## コンテナ群を管理する
機能を知る

P.38 **基本のPod、Service、ConfigMapとSecret、そしてVolumeまで**

2-3 ## 知っておきたい
定番デプロイ形式と
内部ネットワークのしくみ

P.44

第2章 コンテナ技術を極めろ！ IT業界ビギナーのためのDocker+k8s入門講座 図解で深く理解して最先端にキャッチアップ！ Kubernetes編

2-1 Dockerから Kubernetesへ

大規模なコンテナ実行基盤を管理する技術

はじめに

　Webサービスをはじめさまざまな用途で使われるコンテナ技術。前章から引き続きその基礎を紹介します。前章ではDockerと、カーネルレベルの要素技術についてその概要を俯瞰しました。前章で紹介したDockerは、コンテナの基本的なライフサイクルを一通り管理できるツールであり、コンテナを1台のマシン上で実行するのに有用なものです。しかしサービスが大きくなれば、それを複数のマシンを使用して運用する必要も出てくるでしょう。そこで用いられるのが、このような複数マシンからなる環境でコンテナ群を管理できるツールである「コンテナオーケストレーションツール」です。

　本章では、おもにコンテナ技術に新しく触れる方を対象として、主流のコンテナオーケストレーションツールである「Kubernetes」（以降k8s）を紹介します。

　本稿ではk8sの概要と基本的な機能、そしてそのネットワークの概要を紹介します。なお、k8sはマイクロサービスやCI/CDをはじめとするモダンな開発手法と相性の良いツールですが、本稿ではk8sそのものの機能やそのしくみに着目し、それら開発方法論の詳細には立ち入りません。

コンテナオーケストレーションツールの筆頭「Kubernetes」の概要

　Kubernetesは、複数のマシンで構成される環境でのコンテナ管理に用いられるオーケストレーションツールです。コンテナの持つ軽量さや実行の再現性の高さなどの特徴を活かし、ノード（コンテナが稼動するマシン）の障害時には、コンテナをほかのノードで自動的に再稼動させるセルフヒーリングの機能や、負荷などの条件に応じて自動的にコンテナ数を増減させるオートスケーリングなど、高い回復性や管理の自動化などを提供する機能が盛り込まれています。この節では、まずk8sの全体像の俯瞰として、k8sの特徴とそのアーキテクチャを紹介します。なお、本稿で登場するコマンド例では、Google Kubernetes Engine（1.30.3-gke.1969001）にて、3ノード構成のk8sクラスタで動作を確認しています。

k8sのもたらしたもの

　上述したように、k8sは複数マシンからなる分散環境でのコンテナ管理を可能にします。では、具体的にk8sの持つどのような特徴が、コンテナ群の管理に有用なのでしょうか。それにはさまざまなものがあると考えられますが、ここでは、k8sによってもたらされたコンテナ管理における恩恵のうち、とくに特徴的な3つを見てみましょう。

宣言的アーキテクチャ

　k8sが持つ特徴の1つに「宣言的」なアプリケーションの管理ができるということが挙げられます（図1）。これは、k8sに対して「アプリケーションやそれを構成するコンテナ群はこういう状態にあるべき」など理想状態を宣言すると、それを実現・維持するための具体的な作業をk8sがよしなに行ってくれるという管理スタイルです。

　理想状態はYAMLやJSON形式の「マニフェスト」と呼ばれる設定ファイルに記述します。マニフェストには、k8s環境で稼動すべきコンテ

Docker から Kubernetes へ 2-1

ナの数やそのデプロイ形式、コンテナから認識すべきストレージ、コンテナが持つべき通信エンドポイントなど、アプリケーションの理想状態を表すさまざまな設定が含まれます。

このようなファイルを用いた管理の利点としては、マニフェスト群をGitなどで管理で

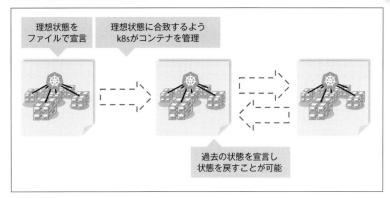

▼図1　k8sによる宣言的管理

きる点や、K8s環境を過去の状態に戻しやすい（つまり単に以前の状態を表すマニフェスト群を宣言すればよい）などの点が挙げられます。

広範なデプロイ形式のサポート

k8sのもう1つの特長として「コンテナにまつわる広範なデプロイ形式をサポートしている」という点が挙げられます。一口にコンテナといっても、そのデプロイの方法はさまざまあります。一般にコンテナは、それ自体に永続データを含めず長期的な状態を持たせない「ステートレス」な方針で作られることが多いですが、ユースケースによってはコンテナにデータベースなど永続的なデータを管理させるような「ステートフル」な使い方が必要な場合もあるでしょう。それ以外にも、コンテナをマシン上でデーモン風に稼動させたり、バッチジョブ風に実行させたりする必要も出てくるかもしれません。のちほど紹介するように、k8sはこれらデプロイ形式をサポートしています。また、それらデプロイ形式において、コンテナ群の自動復旧やスケーリング、アップデートなど一部の管理作業もk8sが肩代わりすることで、ユーザーがコンテナ群を管理しやすくなっています。

拡張性の高いアーキテクチャと巨大なコミュニティ

最後に紹介する特徴は、k8sの持つ拡張性の

▼図2　コントローラとk8s API

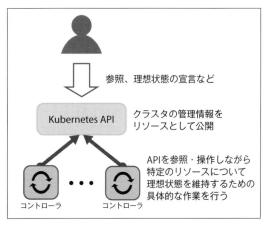

高いアーキテクチャとそれを支えるコミュニティです。

k8s自体は優れたコンテナオーケストレーションツールですが、ユースケースによってはk8sをカスタマイズしたり、機能を追加したりする必要も出てくるでしょう。その場合に有用な特徴として、k8sは拡張性の高いアーキテクチャを持ちます。k8sはさまざまな拡張方法をサポートしています注1が、ここではそのいくつかを紹介します。

後の節でも述べるように、k8sはその管理情報をHTTP APIで公開します（図2）。ユーザーは、このAPIを操作することで、理想状態の宣

注1） https://kubernetes.io/docs/concepts/extend-kubernetes/

言やアプリケーションの状態の確認などを行います。また、このAPIを参照・操作しながら、ユーザーが宣言した理想状態を維持するために、実行されているコンテナの数を維持するなどの具体的な管理作業を行うコンポーネントは「コントローラ」と呼ばれます[注2]。

k8sは基本的な機能を提供するためのコントローラをもともと持っていますが、ユースケースに応じて新たにコントローラをプラグインすることで、機能拡張や外部プラットフォームとの統合ができます。たとえば、後述するサービス群へのロードバランシングを実現するIngressという機能について、GKEなどクラウドプロバイダは自らのロードバランサとk8sのIngress機能とを統合するためのコントローラを提供します。

さらにk8sはクライアントコマンド（後述のkubectl）、ネットワークやストレージ関連のコンポーネント、ノード上でコンテナ作成を担う「コンテナランタイム」などさまざまな箇所がプラガブル、つまり交換可能になっています。

このような拡張性を活かし、k8sをとりまくコミュニティではさまざまなコンポーネントやツールが開発されています。まずk8s自体が、第1章で紹介したCloud Native Computing Foundation（CNCF）の中心的なOSSプロジェクトであり、コミュニティベースで開発が進められています。そのほかにも周辺プロジェクトは多岐にわたり、プラグインだけでなく、k8sをベースにしたサーバレス基盤やエッジコンピューティング基盤、そしてk8sの構築自体を自動化するツールなど、さまざまなものがあります。それらプロジェクトの一部は、CNCFによる「Cloud Native Landscape」というページにも紹介されています[注3]。

k8sのアーキテクチャ

k8sの主要な特長を押さえたところで、それを実現するアーキテクチャを俯瞰してみましょう（図3）。

コンテナ群を実行するマシンの集合は「クラスタ」と呼ばれ、実際に各コンテナが実行されるマシンは「ノード」と呼ばれます。また、クラスタ上で動作する、k8sの各コンポーネントが持つ役割は「コントロールプレーンコンポーネント」と「ノードコンポーネント」の2種類に分かれま

注2）https://kubernetes.io/docs/concepts/architecture/controller/

注3）https://landscape.cncf.io/

▼図3　k8sのアーキテクチャ

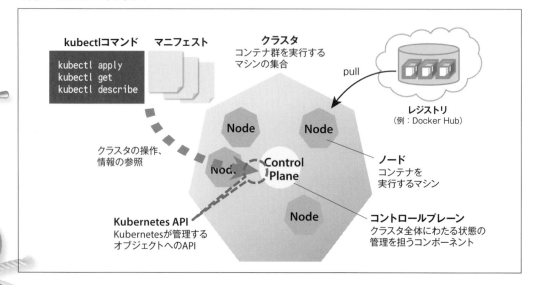

▼図4　Podのデプロイ

```
$ kubectl create deployment nginx-deployment --image=nginx:1.27   ←コンテナのデプロイ
deployment.apps/nginx-deployment created
$ kubectl get deployments   ←Deploymentが作られていることの確認
NAME               READY   UP-TO-DATE   AVAILABLE   AGE
nginx-deployment   1/1     1            1           13s
$ kubectl get pods   ←コンテナ（Pod）が作られていることの確認
NAME                                READY   STATUS    RESTARTS   AGE
nginx-deployment-9798c8d58-qbvd7    1/1     Running   0          20s
$ kubectl delete deployment nginx-deployment   ←Deploymentの削除
deployment.apps "nginx-deployment" deleted
```

す。コントロールプレーンコンポーネントは、マシン群やコンテナ群全体について、実行されている数などの状態管理やスケジューリングなどを担います。ノードコンポーネントはクラスタ内の各マシン上で動作し、コンテナの実行管理や通信の管理を担います。後の節でそれぞれをより詳しく紹介します。

先ほども述べたように、k8sのユーザーは「クラスタやコンテナ群はこういう状態であるべき」というような理想状態をコントロールプレーンに宣言することで、クラスタ全体を操作します。それを実現するためにコントロールプレーンは、クラスタ全体の管理情報をユーザーや各コンポーネントに公開し、それら管理情報への変更要求を受けるためのAPIサーバを持っています。ユーザーや各コンポーネントはそのAPIサーバが公開するAPIを叩くことで理想状態を宣言し、クラスタを操作できます。しかし生のAPIを直接扱うのは煩雑です。そこでAPI操作をわかりや

すくコマンド化したものである「kubectl」コマンドを用いることができます。たとえば、図4のkubectl createコマンドは、nginxをk8sクラスタにデプロイします。本節では、コンテナ群をデプロイ・管理する機能の1つであるDeploymentという機能を用いています。Deploymentの詳細は後の節であらためて紹介します。

アプリケーションがデプロイされている様子はkubectl getコマンドで確認できます（図4）。この例では、Deploymentがnginx-deploymentという名前で作成されており、また、nginxコンテナ（正確には後述するPod）がnginx-deployment-9798c8d58-qbvd7という名前で1つ実行されている状態が示されています（図5）。また、kubectl deleteコマンドを用いて、Deploymentを削除できます。

DeploymentやPodについては後の節であらためて紹介しますが、ここでは、kubectlコマンド

▼図5　Podがデプロイされる様子

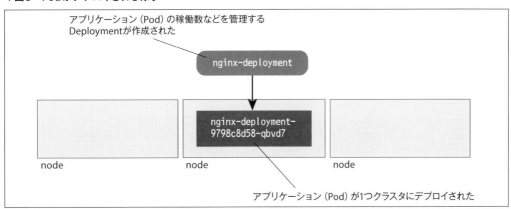

を用いることで、コンテナを実行したり、その様子を確認するなど、k8sに対する操作ができるという点を押さえてください。

先ほどの例（図4）ではkubectlコマンドだけでアプリケーションをデプロイしましたが、これと同様の設定をリスト1に示すようなマニフェストとして記述し、これをk8sクラスタに宣言（適用）することもできます。

作成したマニフェストをk8sクラスタに宣言するには、図6に示すようにkubectl applyコマンドを-fフラグ付きで適用します。その後、実際にkubectl getコマンドを用いてデプロイ状況を確認してみると、先ほどの例と同様にnginx-deploymentというDeploymentが作成されており、またコンテナ（Pod）が1つ、今回はnginx-deployment-77778dc6b9-jprcrという名前で実行されている様子が確認できます。

以上のように、kubectlやマニフェストを用いてk8sを操作できます。k8sはこれらの方法で適用された設定に従い、たとえばノード障害発生時にコンテナが終了してしまったときなどにも、別の健康なノード上での自動復旧を試みるなど、クラスタの状態を維持するためのさまざまな管理を肩代わりしてくれます。

● コントロールプレーンコンポーネント

コントロールプレーンコンポーネントは、クラスタ全体の管理を担います。先ほども述べたように、k8sのユーザーはクラスタ上で実行するアプリケーションの理想状態を宣言したり、それら状態を確認したりするなどの操作を行うことができます。それを実現するために、クラスタ全体の管理情報を公開し、それら管理情報の照会や変更要求を受ける「kube-apiserver」と呼ばれるAPIサーバがコントロールプレーンに含まれます。

そのほかのコントロールプレーンコンポーネントの中には、次のようにクラスタ全体の管理に関わるものが含まれます[注4]。

- kube-scheduler：コンテナをどのノードで実行するかのスケジューリングを行う
- kube-controller-manager：コンテナの実行数維持はじめ基本的な管理を担う

● ノードコンポーネント

図7に示すとおり、クラスタ内の各マシンで

▼リスト1　nginx-deployment.yaml

```
apiVersion: apps/v1
kind: Deployment
metadata:
  name: nginx-deployment
spec:
  replicas: 1
  selector:
    matchLabels:
      app: nginx
  template:
    metadata:
      labels:
        app: nginx
    spec:
      containers:
      - name: nginx
        image: nginx:1.25
        # ↑nginxイメージをコンテナとして実行
        ports:
        - containerPort: 80
```

注4）https://kubernetes.io/docs/concepts/overview/components/#control-plane-components

▼図6　マニフェストを使ったPodのデプロイ

```
$ kubectl apply -f nginx-deployment.yaml
deployment.apps/nginx-deployment created
$ kubectl get deploy,pods
NAME                               READY   UP-TO-DATE   AVAILABLE   AGE
deployment.apps/nginx-deployment   1/1     1            1           11s

NAME                                          READY   STATUS    RESTARTS   AGE
pod/nginx-deployment-77778dc6b9-jprcr         1/1     Running   0          11s
```

Docker から Kubernetes へ 2-1

▼図7　ノードコンポーネントとAPIサーバ

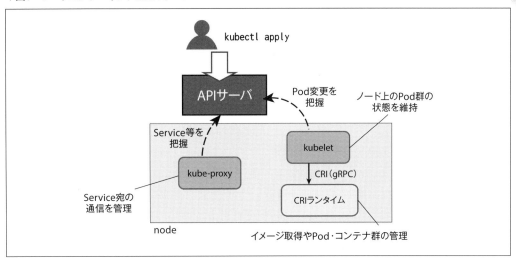

は、コンテナを実行管理するためのコンポーネントである「CRIランタイム」が稼動しています。CRIランタイムにはさまざまな選択肢がありますが、このうち最もポピュラーなものの1つが、CNCFで開発が進められるcontainerdです注5。同じくノードコンポーネントである「kubelet」がCRIランタイムを操作し、自ノードにスケジューリングされたコンテナを作成・削除・管理します。

　また、クラスタ上でのコンテナ群の管理において、考えなければならないことにネットワークがあります。とくに、同一ノード上または複数ノード上に分散して実行されているコンテナ同士をどのように通信させるかという点は重要です。コンテナ間通信をサポートするために使われるコンポーネントが「CNIプラグイン」と「kube-proxy」です。このコンポーネントは、ノード上でコンテナ群が送受信するパケットの流れを管理しています。これについては後述します。

k8s概要のまとめ

　ここまでで、k8sの概要を俯瞰しました。k8sはコンテナ群を複数ノードからなる分散環境で

管理するのに有用なコンテナオーケストレーションツールです。k8sの持つ宣言的なアーキテクチャや広範なデプロイ機能は、煩雑なコンテナ管理の一部を肩代わりしてくれ、その管理をより見通しの良いものにしてくれます。また、k8sは拡張性の高いアーキテクチャを採用しており、そのアーキテクチャを活かしてさまざまなOSSプロジェクトが存在し、k8sのまわりには、それをとりまく巨大なコミュニティが形成されています。

　k8s基盤において、コンテナ群を実行するマシンはノードと呼ばれ、それらノード集合はクラスタと呼ばれます。また、k8sを構成するコンポーネントはコントロールプレーンコンポーネント、ノードコンポーネントに分かれます。クラスタの管理情報はコントロールプレーンコンポーネントであるkube-apiserverによって各コンポーネントへ公開され、それを中心として、ノード群やコンテナ群の全体的な管理を担うほかのコンポーネント群が稼動しています。ノード上では、CRIランタイムやkubeletによってコンテナ群が管理されています。これらコンポーネントがクラスタに宣言された理想状態を把握し、現状のクラスタがその理想状態に一致するよう、それぞれが仕事をします。**SD**

注5） https://github.com/containerd/containerd

第2章 コンテナ技術を極めろ！ IT業界ビギナーのための Docker＋k8s入門講座 Kubernetes編

図解で深く理解して最先端にキャッチアップ！

2-2 コンテナ群を管理する機能を知る

基本のPod、Service、ConfigMapとSecret、そしてVolumeまで

Kubernetesの基本的な概念

Kubernetes（以降、k8s）の全体像を概観したところで、ここからはk8s上でコンテナ群を管理するための基本的な概念を見ていきましょう。

Podとコンテナ、そしてラベル付け

k8sクラスタ上ではコンテナ群が実行されます。k8sにおけるコンテナ群管理の基本単位は、1つ以上のコンテナをひとまとめにした「Pod」です（図1）。また、大量のPod群などk8sの管理対象を見通しよくグルーピングし、扱いやすくするためにラベル付けする機能も用意されています。

Podとコンテナ

1つのPodに含まれるコンテナ群はひとまとめで扱われ、それを構成するコンテナ群は同一のノード上にデプロイされ、ネットワークスタックやストレージ割り当てなどを共有します。通常、1つのコンテナには1つのプロセスのみを含めることが一般的ですが、Podを用いることでそれを保ちつつ関係の深い複数のアプリケーションをひとまとめにして扱うことができます。仮想的なネットワークインターフェースは、それぞれPodごとに割り当てられ、k8sはPod起動の際、クラスタ内で有効なIPアドレスをPod単位で払い出します。そのPod内の各コンテナは、その仮想的なネットワークインターフェースを共有し、localhostで通信できます。このように、Podはk8sにおけるデプロイの最小単位になっています。

ラベルとアノテーション

大規模なシステムになれば、Pod（コンテナ）の数も膨大になり、それらを別個に管理するのは骨が折れるでしょう。k8sには、それらPodをグルーピングするためのラベリング機能が備わっています。それが「ラベル」と「アノテーション」と呼ばれるキーバリューペアであり、Podだけでなく、後述するようなさまざまな管理対象に付与できます。

ラベルが付与された管理対象に対しては「セレクタ」を使うことで絞り込みができます。k8s管理においては、特定のPod集合を対象に何かをk8sに指示したい場合が多々あります。一例として、後述する「Service」の機能を用いるとき、「ある特定のPod集合を対象に仮想的なIPアドレスを付与する」というようなPod集合の絞り込み指定をk8sに伝えてあげる必要があります。そのようなとき、セレクタを用いて、特定のラベルを持つPodを絞り込むことができます。たとえば、冒頭で作成した「app: nginx」というラベルを持つPodを用いてServiceを作るようなマニ

▼図1　Podの概要

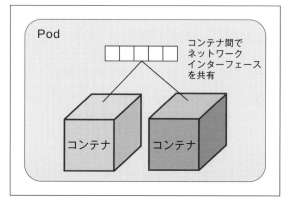

38 - Software Design

2-2 コンテナ群を管理する機能を知る

フェストには、次のようにセレクタが記述されます。

```
kind: Service
  (..略..)
spec:
  selector:
    app: nginx    # 「app: nginx」ラベルを持つPodに
  (..略..)        対してService定義
```

アノテーションはラベルと同じように、オブジェクトに付与できるメタデータですが、これに対してセレクタを指定することはできず、k8s自身や周辺ツールなどで使われます。

Serviceを使ってPodにアクセスしやすくする

k8sクラスタ上でPodを連携させるうえで重要な機能の1つがServiceです（図2）。これを用いることで、複数のPodをひとまとめにしてアクセス可能にし、まさに1つのサービスのように見せることができるようになります。

Pod自体に通信の機能があるにもかかわらず、なぜこのような機能が必要なのでしょうか？ その理由の1つに、k8sクラスタ上ではPodのIPアドレスが頻繁に変わってしまう、という点が挙げられます。k8sにおいてPodは柔軟に作成・破棄され、スケーリングや障害発生などのタイミングでPodが再起動するたびに、それには毎回異なるIPアドレスが払い出されます。したがって、あるPodに対して通信しようとしたときに、「アクセスしたいPodに今割り当てられているIPアドレス」が何かわからないという問題があります。

そこで有用なのがこのServiceです。Serviceを用いることで、あるPod集合に対して「ClusterIP」という1つの共通なIPアドレスを付与できます。さらにk8sは、Serviceへのアクセスを、そのServiceを構成するPodの1つへロードバランスしてくれます。つまり、ServiceのIPアドレスへアクセスが発生すると、k8sによってそのServiceに含まれるPodのうちの1つに通信がロードバランスされます。これにより、Pod同士は、たとえ再起動が発生しても継続的に通信できます。

リスト1はServiceのマニフェスト例です。このマニフェストは、クラスタ上で稼動するPodのうち「app: nginx」というラベルが付与されたものから、Serviceを作成します。ServiceにはIP

▼リスト1　nginx-service.yaml

```
apiVersion: v1
kind: Service
metadata:
  name: nginx-service
spec:
  selector:
    app: nginx    # 「app: nginx」ラベルを持つPodに対してService定義
  ports:
  - protocol: TCP
    port: 8080    # Serviceがリスンするポート
    targetPort: 80    # Podがリスンするポート
```

▼図2　ServiceによるPodの管理

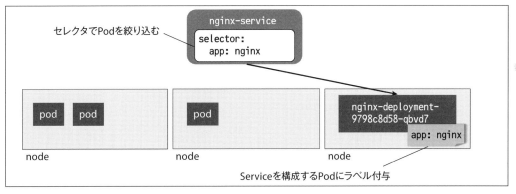

アドレスが払い出され、その8080番ポートへの通信が各Podの80番ポート（nginxがlistenしているポート）にマッピングされます。

図3では、そのマニフェストを用いて実際にServiceを作成する例を示しています。ここでは、前節で使用した、DeploymentによりPodをデプロイするマニフェストを再度使い、クラスタへnginx Podが「app: nginx」というラベル付きでデプロイされている前提とします。ここで、リスト1のServiceのマニフェストを宣言することで、そのラベルを持つPodからServiceを作成できます。

kubectl get serviceコマンドを使ってその作成の様子を確認してみると、nginx-serviceという名前でServiceが作成されており、クラ

スタ内でアクセス可能なIPアドレスとして34.118.232.200が払い出されていることがわかります。

また、Serviceには名前を使ってアクセスできます。図4では、このnginx Podに対するクライアントとして動作するPod（alpine:3.20）を、kubectl runコマンドで実行しています。そして、その中からService名（nginx-service）を使ってwgetコマンドでnginxサーバにアクセスしています。

以上のように、Serviceを用いることで、Pod同士がServiceのIPアドレスを用いて通信でき、それらPodへのロードバランシングもk8sに任せられます。

k8sは、Podに与えられたIPアドレスにより

▼図3　Serviceの作成

```
$ kubectl apply -f nginx-service.yaml
service/nginx-service created
$ kubectl get service nginx-service
NAME            TYPE        CLUSTER-IP       EXTERNAL-IP   PORT(S)    AGE
nginx-service   ClusterIP   34.118.232.200   <none>        8080/TCP   25s
```

▼図4　Serviceの作成

```
$ kubectl run --rm -it sc-client --image=alpine:3.20 --restart=Never -- wget -qO - ↵
http://nginx-service:8080
<!DOCTYPE html>
<html>
<head>
<title>Welcome to nginx!</title>
<style>
html { color-scheme: light dark; }
body { width: 35em; margin: 0 auto;
font-family: Tahoma, Verdana, Arial, sans-serif; }
</style>
</head>
<body>
<h1>Welcome to nginx!</h1>
<p>If you see this page, the nginx web server is successfully installed and
working. Further configuration is required.</p>

<p>For online documentation and support please refer to
<a href="http://nginx.org/">nginx.org</a>.<br/>
Commercial support is available at
<a href="http://nginx.com/">nginx.com</a>.</p>

<p><em>Thank you for using nginx.</em></p>
</body>
</html>
pod "sc-client" deleted
```

結ばれたPod間ネットワークを土台として、その上にServiceごとのClusterIPで結ばれた仮想的なネットワークを構築します。このようなServiceを形づくるネットワークの裏側では、k8sのコンポーネントの1つとして上述したkube-proxyが活躍しています。これについては2-3節で述べます。

Serviceを外部公開する

Serviceを使うことで、Pod群にServiceのIPアドレスを与えられることがわかりました。しかし、上記でPodやServiceに割り当てたIPアドレスであるClusterIPは、k8sクラスタ内でのみ有効です。そこでk8sは、Pod群をクラスタ外部に公開するための機能を持っています。本稿では3つの公開用機能を紹介します（図5）。

NodePort Service

NodePortはServiceの一種です。NodePort Serviceは、その名のとおりクラスタ内の各ノード上の特定のポートを経由して公開されます。このポートは「NodePort」と呼ばれ、マニフェスト上で設定できます。クラスタ外からは、クラスタ上のノードのNodePortへアクセスすることで、そのNodePortに対応付けられたNodePort Serviceにアクセスできます。そのNodePort Serviceに含まれるPodへのフォワーディングは、k8sが行います。ただし、ノード自体のクラスタ外部への公開や、ノードが複数ある場合のそれらノード群に対するロードバランサのセットアップなどは、ユーザー側で作業が必要です。

LoadBalancer Serviceでロードバランサを利用して公開

LoadBalancer ServiceはServiceの一種であり、GKE（Google Kubernetes Engine）など、k8s用にロードバランサ機能を提供しているプラットフォーム上で使用できます。NodePortにおいてはロードバランサのセットアップはユーザーの役目でしたが、LoadBalancer Serviceを用いることで、k8s上でPod群に対するロードバランサとして、そのプラットフォームが提供するものを利用できます。LoadBalancerにはクラスタ外からアクセス可能なIPが割り当てられ、そのIPアドレスへの通信はLoadBalancerServiceで指定されたPod集合の1つに送られます。

Ingressでルールベースの公開

Ingressは複数のServiceへのアクセスを管理

▼図5　3つのService公開手段

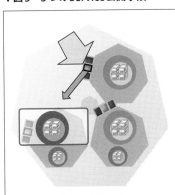

NodePort Service
各ノードの特定ポートへのアクセスをServiceに含まれるPodへロードバランス

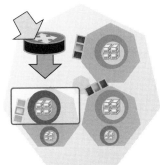

LoadBalancer Service
ロードバランサへのアクセスをServiceに含まれるPodに送る

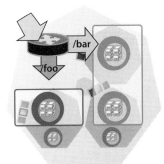

Ingress
URLルールベースでバックエンドとするServiceを指定することなどができる

できる機能です。たとえば、1つのHTTPベースのアプリケーションを複数のServiceを用いて構成し、URLのホスト名やパスのルールベースで、実際にアクセス先として用いる（つまりバックエンドとなる）Serviceをマニフェスト上で指定できるなど、ロードバランシング機能が充実しています。Kubernetes自体にIngressを管理するコンポーネント（コントローラ）は含まれていないため、Ingressを利用するにはユーザーが導入するか、クラウドプロバイダなどKuberentesが稼動しているプラットフォームにより提供されるものを利用します。

Ingressコントローラの実装にはさまざまなものがあります[注1]。本稿で利用してきたGKEは、GKE Ingress[注2]と呼ばれるIngressコントローラを提供しており、これはGoogle Cloudのロードバランサを用いてHTTP(S)通信をロードバランシングしています。

これ以外にもコミュニティではさまざまなIngressコントローラが実装が開発されています。詳しくはKubernetesのドキュメントをご覧ください。

ConfigMapとSecretで環境依存情報を独立に管理する

k8sでは、環境依存情報をPodとは分けて独立に管理するための機能を提供しています。それが「ConfigMap」と「Secret」です（図6）。

ConfigMapもSecretも任意の情報をキーバリューペアとして定義したものです。コンテナからこの情報を利用するには、次の方法があります。

注1） https://kubernetes.io/docs/concepts/services-networking/ingress-controllers/
注2） https://cloud.google.com/kubernetes-engine/docs/concepts/ingress?hl=ja

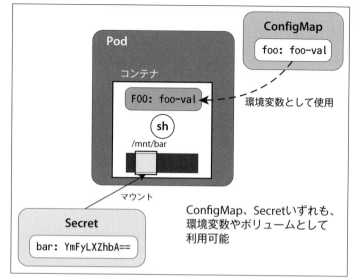

▼図6 ConfigMapとSecret

・ファイルとしてコンテナ内のファイルシステムにマウントする
・コンテナ内の環境変数として見せる

ConfigMapもSecretも、基本的な役割は同じです。しかし、ConfigMapは平文で扱われるのに対し、Secretは認証情報などのより機密性の高い設定情報を保持するのに使われます。SecretはBase64エンコードされて扱われ、コンテナから参照する際にもメモリ上にのみ展開されています。

Volumeでデータを保存する

コンテナはエフェメラルな実行単位であり、コンテナ内のファイルに書き込まれた内容はコンテナの終了とともに破棄されます。そこでk8sは、より長いライフタイムを持つことが可能な追加のデータ格納領域として、「Volume」（ボリューム）機能をサポートしています（図7）。

k8s上にはさまざまな種類のVolumeがあり、それらを利用して、メモリ、ノードのディレクトリ、ストレージサービスなど、さまざまなストレージを管理できます。

2-2 コンテナ群を管理する機能を知る

Volumeには、k8sが直接管理するものや、外部プラグインによって管理されるものもあります。とくに外部プラグイン仕様はContainer Storage Interface(CSI)としてk8sコミュニティで標準化され、その実装はCSIドライバと呼ばれます。

k8sはおもに次の種類のVolumeを持ちます。

- Persistent Volumes：Podとは独立のライフタイムを持ち、Podのライフタイムを超えてデータが永続化されるボリューム[注3]
- Ephemeral Volumes：Podと同じライフタイムを持ち、Podの再起動でデータが保持されないエフェメラル(揮発性)ボリューム[注4]

Ephemeral Volumeを利用する場合、Podが終了するとそれに割り当てられたEphemeral Volumeも削除されます。Persistent Volumeの場合は、Podが終了してもボリュームが残り、そのPersistent Volumeを新たに作成した別のPodから参照することも可能です。このように、Persistent VolumeはPodのライフタイムを超えた使い方をするボリュームとして有用です。

ボリュームには具体的にさまざまなものがあります。たとえば、GKEはCSIドライバを通じて、Persistent VolumeとしてGoogle Cloudの永続ディスクを利用できるようにしています[注5]。また、k8sはEphemeral Volumeの1つとして、ノードの空ディレクトリやメモリ(tmpfs)をボリュームとして利用可能なemptyDir機能を提供しています[注6]。

▼図7 Volume

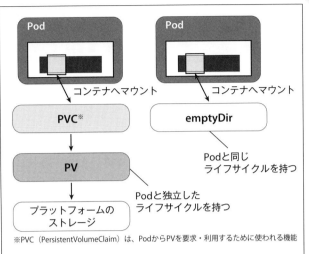

※PVC (PersistentVolumeClaim) は、PodからPVを要求・利用するために使われる機能

注3) https://kubernetes.io/docs/concepts/storage/persistent-volumes/
注4) https://kubernetes.io/docs/concepts/storage/ephemeral-volumes/
注5) https://cloud.google.com/kubernetes-engine/docs/how-to/persistent-volumes/gce-pd-csi-driver?hl=ja
注6) https://kubernetes.io/docs/concepts/storage/volumes/#emptydir

Kubernetesの基本概念のまとめ

ここまでで、k8sを触るうえで最低限必要になると考えられる基本的な概念に触れてきました。k8sにおける最も基本的なデプロイ単位は、1つ以上のコンテナからなるPodであり、それらPod群にアクセスするためのエンドポイントになる概念がServiceです。そのServiceをクラスタ外部に公開する方法として、ノード上のポートをそのままServiceにつなげるNodePort、プラットフォーム上のロードバランサ機能を使うLoadBalancer、URLルールベースなどよりリッチなロードバランシングを提供するIngressを紹介しました。設定項目をPodとは切り離して独立に管理できるようにする機能としてConfigMapとSecretがあります。最後に、コンテナからストレージを使う際に有用な機能としてVolumeを紹介しました。

引き続き2-3節では、コンテナ群のデプロイ形式を紹介し、さらにServiceを実現するネットワークの実装を俯瞰します。

2-3 知っておきたい定番デプロイ形式と内部ネットワークのしくみ

Kubernetesがサポートするデプロイ形式

ここまで、Kubernetes（以降、k8s）の基本的な管理対象を一通り見てきました。しかし、2-2節で述べた機能だけでは、k8sの恩恵を十分に受けているとは言えないでしょう。本章の冒頭で、k8sは広範なデプロイパターンをサポートしていると述べました。それらデプロイ形式にはステートレスなコンテナ群はもちろん、ステートフルなコンテナやデーモン風のコンテナ、さらにバッチジョブ風のコンテナもあります。また、これらデプロイ機能を活用することで、自動復旧やスケーリング、アップデートなどデプロイに関する作業をk8sに一部肩代わりさせることもできます。このようなk8sの恩恵を最大限享受するために、これらデプロイ機能を使うことは有用です。2-3節前半の本項では図1に挙げた、k8sの提供する4つのデプロイパターンを概観します。

Deploymentでコンテナをコンテナらしく扱う

Deploymentはよく使われるデプロイ機能の1つで、一定数のPodをクラスタ上に展開します。実は冒頭の例でPodをデプロイする際にも、Deploymentを使用していました。後述するデプロイ形式にも共通しますが、具体的にはデプロイに関する次のような機能を利用できます。

▼図1　Podのさまざまなデプロイ方法

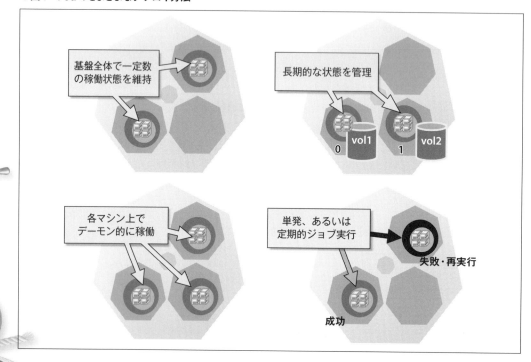

知っておきたい定番デプロイ形式と内部ネットワークのしくみ 2-3

セルフヒーリング

k8sの持つ特徴的な機能の1つに「セルフヒーリング」という障害復旧機能があります（図2）。これは、障害の発生などによりクラスタ全体で宣言された数のPodが稼動していない場合に、自動的に新たなPodを起動し復旧を試みる機能です。

たとえばクラスタ上でノードが故障した際、その故障ノード上で動作していたPod群もダウンしてしまいます。すると、クラスタ全体としては起動しているPod数が理想状態よりも少ない数になってしまいます。そこで、起動しているPodの数が理想状態に近づくよう、新たなPodが別の健康なノード上で再起動されます。これにより、クラスタ上で常に指定数のPodが起動している状態を保つことができます。

スケーリング

k8sにおいては、実行されているPod群の数を変更できます。たとえば2-1節で作成した Deploymentのマニフェストに対し、リスト1に示すようにPodの数を変更します。それを図3に示すようにkubectl applyコマンドを用いて再度k8sクラスタに宣言します。するとk8sはそれに応じて新たなPodをノードへスケジュー

▼リスト1　nginx-deployment.yaml

```
apiVersion: apps/v1
kind: Deployment
metadata:
  name: nginx-deployment
spec:
  replicas: 3    # 稼動させるPodの数を1→3に変更
  selector:
    matchLabels:
      app: nginx
  template:
    metadata:
      labels:
        app: nginx
    spec:
      containers:
      - name: nginx
        image: nginx:1.25
        ports:
        - containerPort: 80
```

▼図2　セルフヒーリング

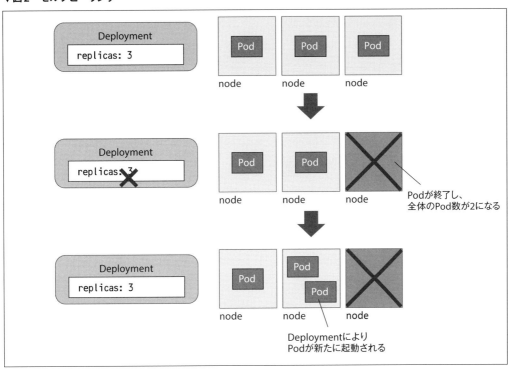

第2章 コンテナ技術を極めろ！ IT業界ビギナーのための Docker+k8s入門講座 Kubernetes編

▼図3　Podのスケーリング

```
$ kubectl apply -f nginx-deployment-3.yaml
deployment.apps/nginx-deployment configured
$ kubectl get deploy,pods
NAME                                   READY   UP-TO-DATE   AVAILABLE   AGE
deployment.apps/nginx-deployment       3/3     3            3           12m

NAME                                        READY   STATUS    RESTARTS   AGE
pod/nginx-deployment-77778dc6b9-jprcr       1/1     Running   0          12m
pod/nginx-deployment-77778dc6b9-mvttg       1/1     Running   0          15s
pod/nginx-deployment-77778dc6b9-xgqgp       1/1     Running   0          15s
```

リングし実行します。

ここで、同じく図3に示すようにkubectl getコマンドを確認してみると、稼動しているPodの数が3つに増えていることがわかります。

🛟 ローリングアップデートとロールバック

さらに、アップデートやロールバックについても便利な機能を提供します。最も単純なアップデートやロールバックは、現在起動している全Podを削除し、新たなバージョンのPodを再デプロイする方式でしょう。k8sはこのやり方もサポートしていますが、クラスタ全体で一定のPod数が起動されている状態を保ちながら、Pod群を徐々にアップデートしたりロールバックしたりすることもできます（図4）。具体的には、k8sはPodのアップデート時、一部のPodを終了させ、それと同程度の数の新バージョンのPodを起動する、というようなことを繰り返し、徐々に全Podを新バージョンにしていきます（ローリングアップデート）。

StatefulSetでコンテナに長期的な状態を持たせる

Podやコンテナは、長期的な状態を持たないステートレス、またはエフェメラル（揮発性の）実行単位と言われます。Podには永続データは保持されず、Podが終了するとそのファイルシステムに書き込まれていた内容も削除されます。

しかし、永続的なデータなしにサービスを実現するのは難しく、データベースなど長期的な状態を持つアプリケーションのコンテナ化が必要な場合もあるでしょう。Kubernetesは、このようなユースケース向けに「ステートフル」なコンテナの実行もサポートしています。

StatefulSetは、ステートフルなPod管理に有用な機能です。Deploymentでは、管理されるPod群は画一的に扱われる一方で、StatefulSetでは管理対象のPod群に含まれる各Podを区別して扱います。

まず、各Podにはそれぞれ一意のインデックス（番号）が付与され、それぞれ固有のホスト名を与えられます。これを使って各Podを独立に扱ったり、協調動作させたりすることができます。スケー

▼図4　Deploymentによるローリングアップデートの例

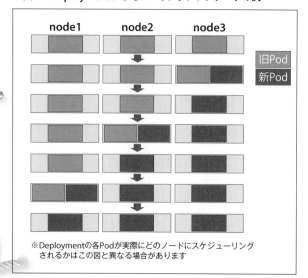

※Deploymentの各Podが実際にどのノードにスケジューリングされるかはこの図と異なる場合があります

知っておきたい定番デプロイ形式と内部ネットワークのしくみ 2-3

リングなどによる各Podの作成や削除は、そのインデックス順に行われます。たとえば、インデックス0番のPodとして、他インデックスのPodから依存されるアプリケーション（データベースのマスターなど）を稼動させる場合、必ずそれが最初に起動し、最後に削除されるよう管理できます。

また、各Podにはそれぞれ固有のボリューム（永続的なデータ格納領域）を割り当てられます。ボリュームとして、前述したPersisitent Volumeを利用することができます。

図5には、StatefulSetを用いてPodがデプロイされる様子を示しています。インデックス「0」のPodにはそれに対応するボリューム「0」が割り当てられています。Podは小さいインデックスから順に作成されていき、大きいインデックスから順に削除されます。そのPodを終了し、同じインデックスで再び起動する場合は、前回の実行時に割り当てられていたボリュームを同じデータを格納した状態で再び利用できます。

これによりそのPodは、その終了前と再実行後で一貫したインデックスやデータを持つことになり、それを引き継ぐようにして動作を長期的に継続できます。

このように、StatefulSetを用いることで、Podの生存期間を超えた長期的な状態を管理することができます。

DaemonSetでコンテナをデーモンのように扱う

Deploymentなどのデプロイ形式では、Podはノードにしばられず、「クラスタ全体でPodが何台稼動している」というような管理をされます。しかし、ログコレクタなど、アプリケーションによってはノードと密接に関係し、各ノード上でデーモンのように1台ずつ動作するデプロイ形式が適するものもあるでしょう。このようなデプロイ形式はDaemonSetを使うことで実現できます。これは各ノードにPodが1つずつ実行されている状態を維持する機能です。クラスタにノードが追加されたり、DaemonSetのPodが

▼図5　StatefulSetを用いてPodがデプロイされるイメージ

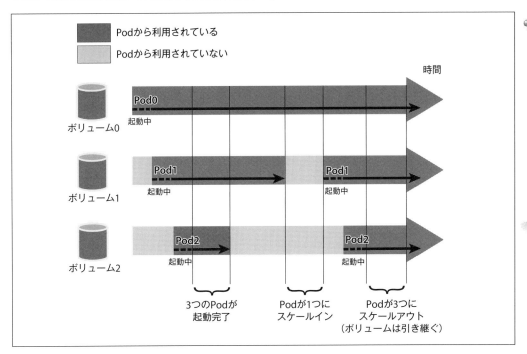

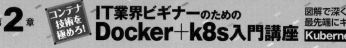

起動しているべきノードでそのPodが起動していなければ、Podが作成されます。また、Deployment同様にローリングアップデートもできます。

Job/CronJobでコンテナでジョブ実行をする

最後に紹介するデプロイ形式として、アプリケーションをバッチジョブ的に実行するパターンが考えられるでしょう。また、それにはワンショットで実行するものや定期的に実行するようなものもあるでしょう。Podをこのような目的でデプロイするのに有用なデプロイパターンはJob、CronJobです。並列して実行するPodの数、最低限成功する必要のあるJob数、タイムアウトする時間、失敗時の再実行ポリシー、許容される失敗回数など実行したいジョブの設定をk8sに宣言すると、k8sはそれに従ってPodをデプロイして実行し、Podの終了ステータスからそのジョブの成否を判定して再実行などの処理を自動的に行ってくれます。Jobはワンショットのジョブ実行に使い、CronJobは定期的なジョブ実行に用います。

Kubernetesがサポートするデプロイ形式のまとめ

本節の前半ではk8sのサポートする4つのデプロイ形式を紹介しました。それらには、Deployment、コンテナをステートフルに使うStatefulSet、コンテナをデーモンのように使うDaemonSet、バッチジョブ的にコンテナを使うJob/CronJobがありました。これらのデプロイ形式を活用することで、k8sがその管理の一部を肩代わりし、セルフヒーリング、スケーリング、アップデート／ロールバックなどの恩恵を受けることができます。

Serviceを実現するネットワークの概要

ここまで見てきたように、k8sは異なるノード上に展開されるPodやService同士の通信をよしなに管理し、ユーザーにはその詳細を隠蔽し、PodとServiceというわかりやすいインターフェースを提供しています。しかしその裏側では、k8sがネットワークを管理してくれており、設定時やトラブルシューティングなどのためにそのしくみの基本的な概要を押さえておくことは有用でしょう。2-3節後半では、まずコンテナやPod間の通信を概観し、そのうえでServiceを実現するしくみについて、その概要を紹介します。

Podのしくみと Pod内のコンテナ間通信

2-2節で述べたように、Podは1つ以上のコンテナから構成されます。しかし、このコンテナはDockerコンテナとは異なる興味深い特徴を持ちます。

第1章でも述べましたが、Linux上でDockerを用いてコンテナを作成する場合、それらコンテナはnamespaceと呼ばれるLinuxの機能によって、システムの資源が隔離されたプロセスとして動作します。しかし、k8sのPodはDockerのコンテナとは違い、ネットワークスタックなどを隔離するnetwork namespaceを同一Pod内のコンテナ同士で共有します。したがって、同一Pod内のコンテナ群からは共通のネットワークインターフェースが見え、互いにlocalhostで通信可能であり、k8sからPodに払い出されたIPアドレスもその中のコンテナで共有されます（**図6**）。

Pod間の通信

前述のとおり、k8sにおいては、各PodはそれぞれにIPアドレスを付与され、互いにIPアドレスを用いて通信できます。k8s上では、このようなネットワークを構築するための具体的な実装はプラグイン化されており、さまざまなものが開発されています。

PodにIPアドレスを払い出し、ネットワークインターフェースをPodに付与する具体的な作業を行うプラグインは「CNIプラグイン」と呼ばれます。その仕様はCNCFプロジェクトとして、

▼図6　Pod内通信

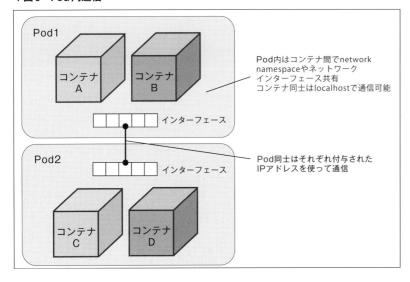

「Container Network Interface Specification」に定められています注1。

k8sで広く使われるCNIプラグイン実装にはさまざまなものがあります。flannel注2はオープンソースで開発が進められるCNIプラグインで、各ノード上のPod同士を通信させるしくみとしてVXLANを用いるものなどいくつかの方式をサポートしています。Calico注3はTigera社を中心にオープンソースで開発が進められるCNIプラグインで、Pod間通信に加え、k8sの「NetworkPolicy」という機能をサポートしており、ポリシーによる通信の制御ができます。

各ノード上で稼動するCRIランタイムはPodを作成する際、そのPodに関する情報をCNIの標準に定められた形式でCNIプラグインに与えて実行することで、そのPodに通信機能を与えます。

Service単位の通信

前述したService機能は、起動のたびに異なるIPアドレスが払い出されるPod群に対し、それらをまとめて共通なIPアドレスを割り当てるのに有用な機能です。このService機能を実現するため、各ノード上で通信を管理するのがkube-proxyというコンポーネントです。

kube-proxy注4は、各Service宛ての通信がどのPodのIPアドレスに届くべきかを、コントロールプレーンコンポーネントであるAPIサーバを通じて把握しています（図7）。ノード上で稼動するPodから、あるService（ClusterIP）への通信が行われるとき、kube-proxyはその通信を、Serviceに含まれるPodへと転送する役目を担います。kube-proxyは、この転送処理を、Linuxノードの場合はiptablesやipvsなどのカーネルの機能を利用して実装しています注5。

Serviceを実現するネットワークのまとめ

この項では、PodとServiceに注目し、k8sクラスタ内でのそれらの通信を実現するノードコンポーネントを紹介しました。各Podを互いに通信可能にし、それらにIPアドレスを払い出すのはCNIプラグインが担います。CNIプラグインの実装にはさまざまなものがありますが、本項ではそのうちflannelとCalicoを紹介しました。Serviceを実現するkube-proxyは、ServiceとPodの対応を把握しており、iptablesなどカーネルの機能を利用して、Service宛ての通信を適切なPodへ転送します。

注1）　https://github.com/containernetworking/cni
注2）　https://github.com/flannel-io/flannel
注3）　https://www.tigera.io/project-calico/
注4）　https://kubernetes.io/docs/reference/command-line-tools-reference/kube-proxy/
注5）　https://kubernetes.io/docs/reference/networking/virtual-ips/

▼図7 kube-proxy

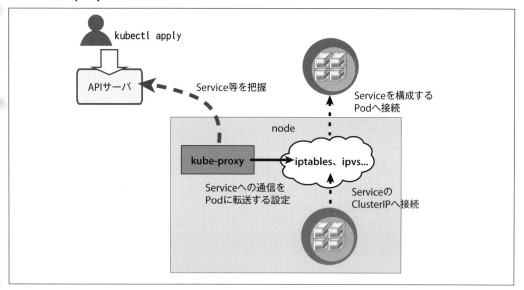

第1章のDocker編に引き続き、第2章ではコンテナオーケストレーションツールの筆頭であるk8sの概要や機能、ネットワークについて俯瞰しました。最後に、前章を含めて一通り振り返ります。

コンテナは、1つの共有されたOS（ホストOS）上で、独立したアプリケーション実行環境を作成する技術です。コンテナの持つ特徴として、「軽量である」という特徴を持ちます。また、依存関係をすべてコンテナに含めることで、さまざまなマシンで実行するときにも挙動の再現性を高められるという利点もあります。DockerやKubernetesを用いることで、これら特徴を活用しながらコンテナを管理可能です。

Dockerはそのようなコンテナの一通りのライフサイクルをサポートするツールです。おもに単一マシン上でのコンテナ管理に広く使われます。本稿では、コンテナイメージを作成するbuild機能、それを別のマシンと共有するship機能、さらにそのイメージをコンテナとして実行するrun機能を紹介しました。

Kubernetes（k8s）は、複数マシンからなる分散環境でコンテナ群を管理するオーケストレーションツールとして広く利用されます。特徴としては、k8sは宣言的なアーキテクチャや、広範なデプロイパターンのサポート、そして拡張性の高さと広大なコミュニティを挙げました。k8sはコンテナの軽量さや挙動再現性の高さを活用し、障害時にコンテナを自動的に再稼動させるセルフヒーリングの機能や、負荷などの条件に応じて自動的にコンテナ数を増減させるオートスケーリングなど、高い回復性や柔軟な管理を自動化する機能が盛り込まれています。

コンテナの実現にはさまざまな要素技術が用いられており、本稿ではその中でもとくに、操作可能なリソースをプロセスごとに隔離するnamespace、利用可能デバイスへの制限などが可能なcgroup、レイヤ構造のイメージからそのレイヤ構造を維持したままルートファイルシステムを構築するoverlayfsを紹介しました。また、k8sにおいてPodやServiceの通信を実現するノードコンポーネントを紹介しました。 **SD**

第3章 なぜコンテナ・Dockerを使うのか？

当社も移行すべき？

使いどころや導入方法に関する **10**の疑問

イラスト：松原 涼香

Webサービスなどのシステムをコンテナ仮想化技術を使って構築／運用する例が増えてきました。サーバ仮想化技術（仮想マシン）でも、従来の物理サーバに比べれば運用負担やコストの軽減、高い拡張性や可用性を実現できるはずですが、なぜコンテナに移行する必要があったのでしょうか？
本章では、このようなコンテナ初心者の素朴な疑問から、システムのコンテナ移行を検討している人の具体的な疑問まで幅広く答えを示します。きっと、みなさんの悩みを解消するヒントが見つかります。

Introduction
コンテナにまつわる10の疑問 —— P.52
こんな疑問、ありませんか？
本章に答えや手がかりがあります！

3-1 なぜコンテナを使うのか？ —— P.53
コンテナ普及の背景
Author 宮原 徹

3-2 なぜDockerを使うのか？ —— P.64
Docker、Kubernetesとランタイムの話
Author 徳永 航平

3-3 当社もコンテナ移行するべき？ —— P.75
移行の判断基準＆AWSコンテナサービスの選定基準
Author 濱田 孝治

3-4 コンテナ移行でどんな対応が必要か？ —— P.87
本番運用に向けて考慮すべきこと
Author 清水 勲

第**3**章　**当社も移行すべき？**　**なぜコンテナ・Dockerを使うのか？**
使いどころや導入方法に関する10の疑問

Introduction
コンテナにまつわる10の疑問
こんな疑問、ありませんか？　本章に答えや手がかりがあります！

❶ なぜコンテナを使うの？

みなさん、サーバ仮想化技術（仮想マシン（VM））とコンテナ仮想化技術の違いを説明できるでしょうか？　3-1節では両者の違いに注目しつつ、コンテナが求められる理由を整理します。3-4節では、実際のWebサービスプロジェクトの事例をもとにコンテナへの移行が必要になった背景を紹介します。
➡ **3-1節（P.53）、3-4節（P.87）へ**

❷ どうやってアプリケーションをコンテナ化するの？

3-1節でDockerというツールを使ってアプリケーションをコンテナとして実行する方法を説明します。また、コンテナの利点を享受するにはアプリケーションをコンテナに適した実装に変更する必要があります。3-3節でその指針の一部を紹介します。
➡ **3-1節（P.53）、3-3節（P.75）へ**

❸ なぜDockerが使われるの？

コンテナを実現する技術はDocker以前にもいくつか存在しましたが、なぜDockerが広く使われるようになったのでしょうか？　その手がかりは「Build、Ship、Run」というフレーズを体現したエコシステムにありそうです。3-2節でDockerによるコンテナの作成・実行・配布のしくみを詳しく解説します。
➡ **3-2節（P.64）へ**

❹ コンテナ同士を連携させるにはどうするの？

コンテナ1つだけではシステムを安定的に運用することはできません。コンテナを複数デプロイして冗長化し、それらのコンテナへの通信を負荷分散するにはどうすればいいのでしょうか？　これを実現するのがコンテナオーケストレーションツールです。3-1、3-2節でその概要を説明します。
➡ **3-1節（P.53）、3-2節（P.64）へ**

❺ Kubernetesって何？

Kubernetesとはコンテナオーケストレーションを実現するためのツールですが、どんなしくみでそれを実現しているのでしょうか？　Kubernetesはどんな課題を解決するのでしょうか？　3-2節ではKubernetesの機能や役割の一部を紹介します。
➡ **3-2節（P.64）へ**

❻ KubernetesでDockerが非推奨になるって、どういうこと？

「KubernetesでDockerが非推奨になる」そんな話を耳にしたことはありませんか？　Dockerは使えなくなるのでしょうか？　その真偽を確かめるには、OCIという標準仕様やコンテナランタイムについて知る必要があります。3-2節で解説します。
➡ **3-2節（P.64）へ**

❼ どんなシステムもコンテナに移行するほうがいいの？

すべてのシステムがコンテナに移行するべきなのかと言うと、そんなことはありません。コンテナに移行することで、利点を得られるシステムとそうでないシステムがあります。3-3節でその判断基準を示します。
➡ **3-3節（P.64）へ**

❽ クラウドでコンテナを運用するにはどのサービスを使えばいいの？

主要クラウドベンダーそれぞれがコンテナオーケストレーションなどを手軽に実現できるサービスを提供していますが、3-3節ではAWSのサービスを紹介します。サービスの選定方法もフローチャートでわかりやすく整理します。
➡ **3-3節（P.64）へ**

❾ 本番環境をコンテナに移行する場合、アプリケーション以外に対応することはあるの？

本番環境をコンテナに移行する場合、CI/CD、ログの収集と監視、秘匿情報の管理など、アプリケーションのコンテナ化以外にもいろいろと検討することがありそうです。3-4節で実際にコンテナ移行を行ったプロジェクトの検討内容を紹介します。
➡ **3-4節（P.87）へ**

❿ コンテナ移行はどのように進めるの？

今動いているシステムを止めずに安全にコンテナへ移行するには、どんな段取りで何に注意して移行を進めればいいのでしょうか？　3-4節では、移行前・移行中・移行後のそれぞれで考慮すべき項目を表でまとめました。
➡ **3-4節（P.87）へ** SD

第3章 当社も移行すべき？
なぜコンテナ・Dockerを使うのか？
使いどころや導入方法に関する10の疑問

3-1 なぜコンテナを使うのか？
コンテナ普及の背景

Author 宮原 徹（みやはら とおる） 日本仮想化技術株式会社
X(Twitter) @tmiyahar

システム開発の現場でコンテナを使うケースが増えてきており、筆者の会社で関わるシステムもコンテナ上でアプリケーションを動かすものがほとんどです。以前はコンテナを利用するのは一部のシステムだけで、一般的には開発用途などに使える程度と見られていましたが、最近は一気にコンテナ利用が進んだように感じます。本節では、これからコンテナを始めてみたい方向けにコンテナとは何か、どのように使えばいいのか、という基本的な事項を解説します。

コンテナは古くて新しい技術

コンテナは突然登場した技術ではありません。コンテナというと現在ではDockerコンテナなどを思い浮かべるかと思いますが、それよりも以前のコンテナ技術（コンテナに類似したものも含める）としては、Solarisで使用できたSolaris Containerや、Jail、chrootなどの名前が挙がってきます。しかし、Solaris ContainerはSolarisという特定OSでしか使えず、また実質的にはバージョン互換性を高めるために利用されていました。chrootなどは一部のアプリケーションでセキュリティを高めるための利用にとどまっていました。

しかし、Dockerが登場し、普及したことであらためてコンテナに注目が集まっています。なお、本節では「コンテナ」と呼ぶ場合、Dockerに代表される現在のコンテナについて解説しています。

マルチプロセス

コンテナを理解するうえで、「プロセス」という考え方が重要になります。コンテナとは、一言で言えばプロセス（プログラムの実行単位）だからです。プロセスを仮想的に別々のものとして扱う技術がコンテナということになります（図1）。ここからは少し遠回りになりますが、順を追って説明していきます。

現在の一般的なシステムは、マルチプロセスでの動作が基本となります。1つのOSカーネルの上で、複数のプロセスが並行して動作します。今ではPCでもスマホでもマルチプロセスで動作するのが当たり前ですので意識されませんが、MS-DOSなどの古いOSは一度に1つのプロセスしか動作させられないシングルプロセスでした。ユーザーは1つのことしか処理できないため「シングルタスク」とも呼ばれます。これがWindowsなどの新しいOSでは同時に複数の処理が行えるマルチタスクへと発展しました。

▼図1　マルチプロセスとコンテナの違い

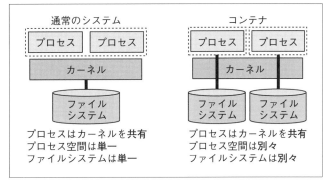

第3章 なぜコンテナ・Dockerを使うのか？

当社も移行すべき？

使いどころや導入方法に関する10の疑問

タスクとプロセスの関係

1つのタスクを複数のプロセスで実現しているため、「タスク≦プロセス」（1タスクは1プロセスまたはそれ以上）となります。たとえば、Webサーバというタスクは、複数のhttpdプロセスによって成り立っています。我々が日常的に使用しているウインドウシステムも、複数のプロセスが組み合わされて動作しています。

このようにOS上では同時に複数のタスクが動作しており、それを実現するためのプロセスが並行して動作するのがマルチプロセスです。

マルチプロセスの課題

マルチプロセスは1つのコンピュータで同時に複数の処理が行えるのが大きなメリットですが、システム開発の現場ではメリットばかりではありません。

環境不整合の課題

1つのコンピュータは、ファイルシステムやライブラリなどをそれぞれ1つしか持てません。これらをまとめて「環境」と呼びます。プロセスは環境を共有して動作することとなります。

プロセスと環境の整合性を取るのは難しい課題です。たとえば、OSのバージョンが変わると環境自体が大幅に変わります。アプリケーションやライブラリもバージョンが変わると、要求する環境が変わります。1つの環境では、あるアプリケーションは動作しても、別のアプリケーションは動かないといった問題が起きることがあるわけです。

1つの環境に異なるバージョンのアプリケーションを混在させることは不可能ではありませんが、長期間の運用を考えるとかなり面倒なことになります。

安定性の課題

マルチプロセスでは、コンピュータに何か障害が発生するとすべてのプロセスが停止します。共通の基盤であるハードウェアやOSカーネルが単一障害点（SPOF：Single Point Of Failure）となります。

セキュリティ面の課題

マルチプロセスは1つの環境上で動作していますが、これがセキュリティの面でさまざまな課題を生みます。たとえば、特権ユーザー、Linuxでいえばrootは1つの環境で1つだけです。そのため、root権限を取得するとすべてのプロセスに対して特権ユーザーとしてアクセスできてしまいます。そのほかにもOSカーネルやユーザー空間、ファイルシステムなどをプロセスで共有していることによって生じるさまざまなセキュリティ上の課題が存在します。

リソース面の課題

CPUやメモリなどのコンピュータのリソースは、OSカーネルの管理下に置かれます。リソースが余っていても、必要とするプロセスがなければ無駄なままです。逆にリソースが不足している場合、プロセスを別のコンピュータに移す必要がありますが、プロセスが動作するための環境一式を新たに整える必要があるので、簡単に移動できません。したがって、リソースの過不足に対して柔軟に対応するのが困難になります。

現場の悩み

このマルチプロセスをそのまま利用すると、システム構築の現場でどのような課題があるでしょうか。

コンピュータが増えていく

マルチプロセスをそのまま利用する場合、環境共有に起因する障害を避けるために、システムを構成する各種機能を別々のコンピュータで動作させるように設計します。たとえば、WebサーバとDBサーバを分けたり、メールサーバ、

3-1 なぜコンテナを使うのか？
コンテナ普及の背景

ファイルサーバなどもそれぞれ別々にしたりします。この設計は環境を分割できるメリットはありますが、リソースが無駄になったり、管理が煩雑になったりするなどのデメリットもあり、システムが肥大化して運用コストが大きくなってしまう原因になります。

開発環境をそろえにくい

システム構築のプロセスに応じて、開発環境、テスト環境、本番環境とそれぞれ環境を構築する必要があります。比較的短い期間内ではそれぞれの環境を同じにしておくことはできますが、時間が経つにつれてそれぞれの環境に違いが生じていきます。筆者はこれを「環境の経年劣化」と呼んでいます。とくに顕著なのが本番環境の経年劣化で、セキュリティ対策上どうしてもアップデートが必要となります。一方、開発環境はセキュリティ対策をおろそかにして必要なアップデートが適用されていないこともあります。これらの不整合が原因で、開発段階では起きなかった不具合が本番環境で起きることがよくあります。

ほかには、新しく加わった開発者のために構築した環境が、既存の開発環境や本番環境と異なっていた、というのもよくある課題です。

サーバ仮想化技術やクラウドで解決できた課題／残った課題

これらの従来型システムの課題を解決するために、サーバ仮想化技術やクラウドが世の中に広まりました。どのような課題を解決したのか、そして残った課題は何でしょうか。

解決できた課題

物理的なコンピュータの台数を減らした

機能ごとに分けたことで、ふくれ上がった物理マシンを仮想マシンに変換して移行する「P2V」（Physical to Virtual）を利用して物理マシンの台数を劇的に減らせました。また、CPUやメモリなどのリソースを柔軟に設定できるので、個々の仮想マシンごとのリソースを最適化できるようになりました。このような仮想化への移行によって、購入する物理マシンの台数を減らしたり、設置コスト、電気代などのランニングコストを大幅に削減したりできました。そしてクラウドへの移行に関しては、手元にある「オンプレミス」の物理マシンをなくすことで、物理マシンの管理の手間、ひいてはシステム構築・運用担当者の負荷を軽減することにつながりました。

環境維持が少し楽になった

環境にアップデートなどの変更が入る場合、「スナップショット」によって元の状態を保存しておくことができるので、動作しているアプリケーションに不具合が起きた場合の切り戻しが容易になりました。また、仮想マシンを丸ごとコピーする「クローン機能」によって開発環境やテスト環境を構築することで、環境の不整合をある程度緩和することもできるようになりました（ただし、これらの機能は運用が煩雑になるのが難点です）。

残った課題：鈍重さは解決されないまま

サーバ仮想化やクラウドによって、従来の物理マシン中心のシステムに比べると柔軟性は高くなり、本番環境の最適化には大きく貢献しました。しかし、OSのインストールだけでも数百MB以上の容量が必要となり、システム起動にも時間がかかるため、環境を作っては壊すというような俊敏な使い方は難しいままとなりました。さらに、マイクロサービスアーキテクチャ、API指向アーキテクチャを採用するモダンな開発アプローチを採りたい場合、複数のコンパクトなAPI用Webアプリケーションサーバを実行する必要があります。このような用途には仮想マシンは重すぎると感じます。

サーバ仮想化の技術は、従来型の安定性重視のシステムにはフィットしました。しかし、マイクロサービスやアジャイルな開発などの新しいアプリケーション開発方法では、より俊敏な技術が求められるようになりました。

Special Issue - 55

第3章 なぜコンテナ・Dockerを使うのか？

使いどころや導入方法に関する10の疑問

コンテナ仮想化技術（Docker）の登場

新しいアプリケーション開発方法のために、より俊敏に使える技術として注目されたのがコンテナです。注目されるきっかけになったのがDockerの登場です。

 コンテナ活用の歴史をふり返る

Dockerの最初のバージョン（1.0）がリリースされたのは2014年です。そしてコンテナオーケストレーションツールとして人気があるKubernetes[注1]の最初のリリースが2015年です。だいたいこのあたりが現在のコンテナ系システムの起源と言えるでしょうか。

筆者が仮想マシン系のソリューションの次のステップとして、DevOpsやアジャイル、コンテナの話をし始めたのが2016年ころです。この時点ではまだコンテナ活用は一般的ではなかった記憶があるので、コンテナを採用するシステムが増えるにはもう数年かかったはずです。コンテナを採用したシステム開発に関わったのが2019年からで、これでも比較的早かったのではないでしょうか。

 当初は開発目的での利用がメイン

Dockerによってコンテナが注目されましたが、2016年時点ではまだ出始めの製品でもあり、おもな用途は開発用環境でした。当時は、開発環境はサーバを用意するか、手元のマシンにメモリの余裕があればVirtualBoxなどで仮想マシンを動かす方法が主流で、少し気の利いた開発チームであれば、Vagrantを組み合わせて開発環境の構築を自動化しているという状況でした。このような時期ですので、本番環境におけるコンテナの使い方や運用のノウハウの蓄積もまだまだ不足していました。

コンテナの普及は、まずは、開発環境としてWebアプリケーションサーバを動かすうえで、メモリをたくさん消費する仮想マシンの代わりにコンテナを使う、といった用途から始まりました。その後、CI/CDやアジャイルな開発、マイクロサービスアーキテクチャなどと結び付いて、現在のようにコンテナが本格的に利用されるようになった、という流れとなります。

ネットゲームやWebサービスなど、より先端の技術を積極的に活用する分野ではもっと速い流れがあったと思いますが、物理マシンや仮想マシンを中心としたレガシーなシステムを扱う業務系システム分野では、コンテナの採用はまだまだこれからではないでしょうか。

コンテナと仮想マシンの違い

コンテナも仮想化技術の一種ととらえられますが、仮想マシンと何が異なっているのでしょうか。

 仮想マシンは論理的なコンピュータ

仮想マシンは、仮想マシンを動かすということ自体が1つの大きなプロセスのようなものです。その仮想マシン上でOSカーネルが動作し、OSカーネル上でアプリケーションが動作する、という階層構造になっています。従来の物理的なコンピュータをソフトウェアで論理的に置き換えただけですので、構造には大きく変わる点はありません。

 コンテナは単なるプロセス

一方、コンテナは一言で言えば単なるプロセスです。コンテナは、従来のマルチプロセスの処理に少しだけ細工を加えて、各プロセスがあたかも別々のシステムとして動作しているかのように見せかける仮想化技術というわけです。本節の最初でマルチプロセスについて解説したのも、そもそもマルチプロセスとは何かについて理解していないと、コンテナがとても新しい技術、変わった技術だと考えてしまうためです。

言い換えると、コンテナはとてもシンプルなアプローチで仮想化を行っているので、とても軽量で俊敏な環境として扱えるわけです。

注1）https://kubernetes.io/

なぜコンテナを使うのか？
コンテナ普及の背景

3-1

コンテナを実現するための技術

コンテナは、Linuxカーネルの持つnamespacesとcgroupsを利用して、動作している各プロセスをシステム上隔離しています。

namespacesはプロセスを別々の名前空間に配置することで、たとえばユーザー権限やプロセスID、ファイルシステムなどを別々に管理できます。これらはUNIX的なシステムを形作るものですので、別々に管理されることで各プロセスはあたかも別々のシステムのように動作することになります。

cgroupsは、CPUやメモリなどのリソースをプロセスに割り当てる制御を行うしくみです。仮想マシンでもこのようなリソース割り当てのしくみがありましたが、それに類する機能と考えておけばよいでしょう。具体的にはコンテナが使用できるCPUの割り当てやCPU使用時間の指定、割り当てるメモリ容量の指定などが行えます。

コンテナごとに異なるファイルシステムを持たせるoverlayfs

コンテナが利用しているもう1つのLinuxカーネルの機能がoverlayfsです。これは仮想マシンでいう仮想ディスク機能にあたります。

コンテナは、コンテナ用のファイルシステムを納めたイメージファイルを使ってシステムを実行します。このファイルシステムは、そのコンテナ内だけでアクセスできる/（ルート）ディレクトリを頂点としたディレクトリツリーとなっており、システム動作のために必要なファイルが納められています。通常、必要最低限のファイルしか納めないので、イメージファイルはとても小さいサイズとなります。また、修正などの書き込みはイメージファイルではなく、別に用意された書き込み用の領域に対して行われます。書き込み用領域はイメージファイルの上に重ねられて（オーバーレイ）扱われるので、未修正のファイルはイメージファイルから、修正済みのファイルは書き込み用領域から読み取られるようになります。このようなしくみを提供しているのがoverlayfsです。

コンテナを実行する

Docker Desktopで実行環境を用意する

Docker Desktopをインストール

それではコンテナを動かしてみましょう。コンテナを動かす方法はいろいろありますが、一番簡単なのがDocker Desktopをインストールする方法です。コンテナを動かすための各種ソフトウェアがインストールされた仮想マシンが用意されるので、何も考えずにコンテナを動作させることができます。コンテナは単なるプロセスですから、仮想マシン上でも動作させられます。またGUIのダッシュボードで動作状況の確認や簡単な操作ができますが、基本的な操作はコマンドで行います。

Docker Desktopは有償の製品となっていますが、小規模なビジネス用途（従業員250名未満かつ年間売上1000万ドル未満）や、個人利用であれば無償で利用できます。

Docker Desktopの動作環境

Docker DesktopはWindows、macOS、Linuxで動作します。各OS対応のポイントは次のとおりです。

・Windows：WSL2を利用してLinuxカーネルを動作させて、さらにその上でLinux用のコンテナを動作させる。Windowsコンテナの動作もサポートされている
・macOS：Hypervisor Frameworkを使った仮想マシン実行環境「HyperKit」を利用してLinuxカーネルを動作させ、その上でLinux用のコンテナを動作させる。Apple Siliconプロセッサを使ったMacでも動作するものの、動作するコンテナはARMアーキテクチャ用バイナリに限られる。Webアプリケーションサーバの実行など基本的なことだけであればIntelアーキテクチャと大きな違いはない

第3章 なぜコンテナ・Dockerを使うのか？

当社も移行すべき？

使いどころや導入方法に関する10の疑問

・Linux：Linuxカーネルの仮想マシン機能KVMを利用してLinuxを動作させ、その上でLinux用のコンテナを動作させる

詳細なハードウェアやOSの要件、インストール方法などは公式ドキュメントを確認してください注2。

仮想マシンのリソース割り当てを変更する

どのOSでもコンテナ実行環境は仮想マシンとして用意されるので、割り当てるメモリが必要です。開発環境として使う場合にはIDEやブラウザなども同時に動作させるので、合わせてそれなりのメモリが必要となります。コンテナ用仮想マシンへの割り当てメモリを減らしたい場合には、Docker Desktopのダッシュボードから歯車アイコンをクリックして設定画面に入り、[Resources]から割り当て量を変更します（図2）。最低で1GBの割り当てとなりますが、簡単なコンテナ起動だけであれば十分でしょう。メモリ以外にも、仮想マシンに割り当てるCPU、スワップ領域、ディスクイメージのサイズなどが変更できます。

なお、シンプルにコンテナを実行するだけならDocker Engineをインストールする方法もあります。Linux環境を用意して、各ディストリビューションに合わせたDocker Engineのパッケージをインストールします。インストール方法などは公式ドキュメントを確認してください注3。

Docker Desktopを起動

以降はmacOS版Docker Desktopを使って説明を行います。ただし、ほとんどがコマンドラインでの実行ですのでWindowsやLinux、あるいはDocker Engineの場合でも基本的に同じ操作となります。

Docker Desktopのアプリケーションを起動すると、バックグラウンドで仮想マシンが起動され、コンテナ実行環境が動作し始めます。メニューバーにDockerのクジラのアイコンが表示され、アニメーションが停止したら起動完了です。ダッシュボードの初期画面でチュートリアルが案内されますので、お好みで実行してみてください。

手動でコンテナのNginxを動作させてみる

手動でコンテナを実行し、Nginxを動作させてみましょう。ターミナルを起動して、コマンドを実行していきます。本稿ではmacOSのzshを使っており、実行例の％表記はmacOSのシェルプロンプトになります。#表記はコンテナ内部で実行しているコマンドです。

コンテナイメージをダウンロード

docker pullコマンドで、Ubuntuのコンテナイメージをダウンロードします（図3）。

注2）https://docs.docker.com/desktop/

注3）https://docs.docker.com/engine/install/

▼図2　Docker Desktopのリソース設定画面

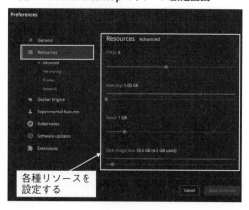

▼図3　Ubuntuのコンテナイメージをダウンロードする

```
% docker pull ubuntu
Using default tag: latest
latest: Pulling from library/ubuntu
d19f32bd9e41: Pull complete
Digest: sha256:34fea4f31bf187bc9155368
31fd0afc9d214755bf700b5cdb1336c82516d154e
Status: Downloaded newer image for
ubuntu:latest
docker.io/library/ubuntu:latest
```

なぜコンテナを使うのか？
コンテナ普及の背景

3-1

コンテナイメージを確認

docker imagesコマンドで、ダウンロードしたイメージを確認します（図4）。

必要最低限のファイルしか入っていないので、非常にサイズが小さいことがわかります。

コンテナを実行

docker runコマンドで、コンテナを実行します（図5）。

-itオプションは対話的にコンテナ内でコマンドを実行するオプションです。ここでは/bin/bashを実行しています。すなわち、nginxという名前で、ubuntuイメージを使ってコンテナを実行しており、-itオプションを指定して端末をコンテナに接続するように指示しています。

プロンプトが%から#に変更されていることからわかるとおり、#表記のコマンドプロンプトの場合にはコマンドはコンテナ内で実行され

ます。「コンテナはプロセス」ですから、今はbashプロセスがコンテナの実体です。コマンドを入力することでbashから別のプロセスが起動され、コンテナ内部で実行されます。

Nginxをインストール

apt-getコマンドで、コンテナにNginxをインストールします。動作確認用にcurlコマンドもインストールします。

まず、図6のようにapt-get updateコマンドでパッケージリストを更新します。

次にapt-get installコマンドでNginxとcurlのパッケージをインストールします（図7）。

Nginxの動作確認

Nginxを起動し、curlコマンドで動作を確認します（図8）。

ここでサンプルページのHTMLが表示され

▼図4　ダウンロードしたコンテナイメージを確認する

```
% docker images
REPOSITORY    TAG       IMAGE ID       CREATED        SIZE
ubuntu        latest    df5de72bdb3b   11 days ago    77.8MB
```

▼図5　コンテナを実行する

```
% docker run -it --name nginx ubuntu /bin/bash
root@1a8d3d648569:/#
```

▼図6　パッケージリストを更新する

```
# apt-get update
Get:1 http://security.ubuntu.com/ubuntu jammy-security InRelease [110 kB]
(..略..)
Get:17 http://archive.ubuntu.com/ubuntu jammy-backports/universe amd64 Packages [5814 B]
Fetched 22.3 MB in 8s (2931 kB/s)
Reading package lists... Done
```

▼図7　Nginxとcurlをインストールする

```
# apt-get install nginx curl -y
Reading package lists... Done
Building dependency tree... Done
Reading state information... Done
(..略..)
done.
```

第3章 なぜコンテナ・Dockerを使うのか？
当社も移行すべき？ 使いどころや導入方法に関する10の疑問

れば成功です。

コンテナイメージとして保存する

現在実行しているコンテナを新しいコンテナイメージとして保存できます。

まずコンテナ内での処理から抜けます。

```
# exit
%    ←プロンプトがホスト側に戻った
```

図9のようにdocker commitコマンドで、実行中のコンテナnginxをコンテナイメージnginx_imageとして保存します。そのあと、docker imagesコマンドで確認します。

新たにnginx_imageというコンテナイメージが作成されたことがわかります。Nginxとcurlコマンドをインストールしたぶん、100MBほど増加しています。

コンテナを外部からアクセスできるようにする

コンテナでNginxを起動し、ホスト側からアクセスできるようにしてみます。ホストとコンテナをネットワークで接続するには、-pオプションを指定してホストのTCPポートからコンテナのTCPポートに対してポート転送が行える

ように指定します。

```
% docker run -d -p 8080:80 --name=web1 ⏎
nginx_image nginx -g "daemon off;"
```

Nginxは通常起動するとデーモンとしてバックグラウンドで実行されますが、コンテナはフォアグラウンドで実行されているプロセスが存在しないとコンテナとしての動作自体が停止してしまいます。そこでNginxの起動時オプションとして「-g "daemon off;"」を指定してフォアグラウンド起動しています。「コンテナはプロセス」と説明しましたが、そのことがわかる実例といえます。

Nginxコンテナにアクセスしてみる

ホストのポート番号8080が、コンテナのポート番号80に転送されています。ホスト上でWebブラウザを起動して、「localhost:8080」にアクセスしてみると、Nginxのテストページが表示されます（図10）。

◆　◆　◆

ここまでのイメージとコンテナの関係をまとめると、図11のようになります。

Dockerfileでコンテナイメージの作成を自動化

手動で試行錯誤してコンテナイメージ作成のめどが立ったら、Dockerfileを記述してコンテナイメージの作成を自動化します。自動化することで、ベースとして使用しているコンテナイメージやインストールするパッケージがアップデートされても、新

▼図8　Nginxの動作を確認する

```
# nginx    ←バックグラウンド起動するためプロンプトに戻る
# curl localhost
<!DOCTYPE html>
<html>
<head>
<title>Welcome to nginx!</title>
(..略..)                                      サンプルページの
<p><em>Thank you for using nginx.</em></p>    HTML
</body>
</html>
```

▼図9　コンテナイメージをnginx_imageとして作成し確認する

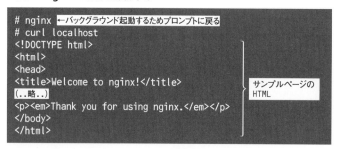

3-1 なぜコンテナを使うのか？
コンテナ普及の背景

▼図10　Nginxのテストページ

▼図11　イメージとコンテナの変移

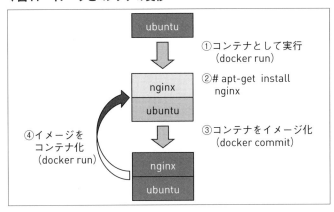

▼リスト1　コンテナイメージの作成を自動化するためのDockerfile

```
FROM ubuntu:latest  ←①
RUN apt-get update -y && apt-get install nginx -y  ←②
ENTRYPOINT /usr/sbin/nginx -g "daemon off;"  ←③
```

しいコンテナイメージを簡単に再作成できるようになります。

Dockerfileを作成する

では、Dockerfileを作成します。Dockerfileはホームディレクトリに作成できないので、次のように、適当なディレクトリ（例ではdockerディレクトリにしました）を作成しDockerfileをテキストファイルとして作成します。

```
% mkdir docker
% cd docker
% vi Dockerfile
（Dockerfileの内容を記述）
```

記述するDockerfileの内容はリスト1のとお

りです。

①のFROM命令はベースとして使用するイメージを指定します。

②RUN命令はコンテナイメージを構築するときにコンテナ内で実行するコマンドを指定します。&&でつないでいるので、apt-get updateコマンドが失敗した場合にはapt-get installは実行されません。

③のENTRYPOINT命令は、作成されたコンテナイメージを使ってコンテナを実行した際に自動的に実行するコマンドを指定しています。似たものとしてCMD命令があります。両者はコンテナ実行時に上書き可能かどうかなどいくつかの違いがありますので、用途に応じて使い分けてください。

コンテナイメージをビルドする

docker buildコマンドで、新しいコンテナイメージをビルドします（図12）。またdocker imagesコマンドで作成されたイメージを確認します（図13）。

ビルドしたコンテナイメージを実行する

図12で作成されたnginx_dockerfileのコンテナイメージを使ってコンテナを実行してみます。リスト1③のENTRYPOINT命令でNginxの起動を指定することで、コンテナ内で実行したいコマンドをdockerコマンド起動時に引数として指定せずに実行できます。今回はローカルのポート番号8081を使って、web2という名前で実行します。

```
% docker run -d -p 8081:80 --name=web2 ⏎
nginx_dockerfile
```

ここで、Webブラウザでlocalhost:8081にア

第3章 なぜコンテナ・Dockerを使うのか？

当社も移行すべき？

使いどころや導入方法に関する10の疑問

▼図12　新しいコンテナイメージをビルドする

```
% docker build -t nginx_dockerfile .
[+] Building 17.3s (6/6) FINISHED
 => [internal] load build definition from Dockerfile            0.0s
 => => transferring dockerfile: 155B                            0.0s
 => [internal] load .dockerignore                               0.0s
 => => transferring context: 2B                                 0.0s
 => [internal] load metadata for docker.io/library/ubuntu:latest 0.0s
 => CACHED [1/2] FROM docker.io/library/ubuntu:latest           0.0s
 => [2/2] RUN apt-get update -y && apt-get install nginx -y    16.9s
 => exporting to image                                          0.4s
 => => exporting layers                                         0.4s
 => => writing image sha256:c8611404b133d20af6914db8aa0b8438e5464f28c3533  0.0s
 => => naming to docker.io/library/nginx_dockerfile             0.0s

Use 'docker scan' to run Snyk tests against images to find vulnerabilities and learn how 
to fix them
```

▼図13　作成されたコンテナイメージを確認する

```
% docker images
REPOSITORY         TAG      IMAGE ID       CREATED         SIZE
nginx_dockerfile   latest   c8611404b133   2 minutes ago   169MB
nginx_image        latest   b2fb8a434e87   59 minutes ago  174MB
ubuntu             latest   df5de72bdb3b   11 days ago     77.8MB
```

クセスしてみると、Nginxのテストページが表示されます。

コンテナはどんな課題を解決するのか

実際にコンテナを動かしてみて、あらためてコンテナ技術が解決する課題についてまとめてみましょう。

軽量で迅速なアプリケーションの実行

Ubuntuのコンテナイメージは100MBを切っており、Nginxをインストールしても170MB程度でした。そしてコンテナの実体はプロセスですので、普通にアプリケーションを起動するのと同様に迅速に起動できました。

隔離されたアプリケーションの実行

今回、Nginxを2つコンテナとして起動しましたが、どちらもポート番号は80番でした。1つのシステムで別々のアプリケーションが同じポート番号を使うことはできないので、各コンテナがそれぞれ別々のシステムとして動作していることがわかります。

今回はほぼ同じ構成のコンテナを作りましたが、異なるバージョンのアプリケーションをインストールすることや、設定を変えたコンテナを別々に実行することもできます。開発やテスト、本番を同じ構成にすることも、新しくしたり、以前の古いものに戻したりすることも柔軟に行えます。

自動化された環境構築

Dockerfileを使うことで、環境構築のおもな作業である、OSおよびアプリケーションのインストールをシンプルに自動化できます。より厳密にバージョンを指定してインストールを行わせる、そのときどきの最新版をインストールさせるなど、ポリシーに応じた自動化を行うこともできます。

Dockerfileをプロジェクトのメンバーで共有することで、各人が利用する環境を統一することもできるので、環境違いによる挙動の違いの

ような問題を排除することも容易になります。

ポータビリティの確保

今回は手元の環境でDocker Desktopを使いましたが、サーバ上でもDocker環境を構築してコンテナを同じように実行できます。開発やテストは手元で、本番はサーバ上で、といった開発環境を実現できます。

本番環境でコンテナを使うために必要なこと

コンテナを活用して本番環境を構築する場合について考えてみましょう。シンプルなシステムであればDocker Engineを導入したサーバを用意すれば済みます。しかし、コンテナはシンプルに単機能を提供するだけですので、実際にシステムを構築するには複数のコンテナを連携させて動作させる必要があります。このような複数コンテナを扱うために利用するのがコンテナオーケストレーションツールです。

コンテナオーケストレーションツール

Docker Compose/Swarm

Docker ComposeはDockerが提供するコンテナオーケストレーションツールです[注4]。docker-compose.ymlにYAML形式で記述することで、必要となるコンテナの一括起動などが行えるようになります。コンテナの数が比較的少なめのシステムであれば、Docker Composeの採用を検討してもよいでしょう。

さらにコンテナの数を増やしたり、ホストを増やしたりしたい場合には、クラスタリングツールとしてDocker Swarmがあり、そちらを利用することもできます。Kubernetesとどちらを利用すべきか悩むところでしょう。

Kubernetes

より多くの数のコンテナを実行する必要があるのであれば、Kubernetesを利用します。Kubernetesの特徴として、1つ以上のコンテナで構成されるPodを実行する点にあります。「1つ以上」ですので、2つまたは3つのコンテナで冗長化できます。また、コンテナの実行については「docker runコマンドの実行」のような命令型ではなく、「3つのコンテナでPodを構成」というような宣言型となっており、その宣言に合わせてKubernetesが状態を維持しようとします。たとえば、「3つのコンテナでPodを構成」と宣言した場合は、まだ実行していない状態であれば3つのコンテナを実行し、障害などでコンテナの数が減った場合には宣言の状態になるように自律的にコンテナを増やします。

Kubernetesには、コンテナによるアプリケーション実行をサポートするための各種コンポーネントも含まれています。これらをまとめて、「コントロールプレーン」と呼んでいます。Kubernetes自体が一種のOS的な役割を果たしているといってもいいでしょう。そのぶん、Kubernetesを構成するシステムの規模は大きくなりがちですので、アプリケーションの規模が小さいと釣り合わなくなります。コンテナを本番環境で使う場合にはKubernetesを利用するとなんとなく考えられがちですが、必ずしも必要ではないことは覚えておいてください。

適材適所でコンテナを活用

コンテナ技術とは何かについて簡単に解説してきました。コンテナは本質的にはプロセスであり、何か新しく特別な技術が使われているわけではありませんが、イメージビルドの自動化などモダンなアプリケーションの開発に合わせやすい特徴を備えています。手あたりしだいコンテナにすればいいというわけではありませんが、マイクロサービスアーキテクチャやアジャイルな開発などを導入する際はぜひコンテナ技術をうまく活用してみてください。 **SD**

注4) https://docs.docker.jp/compose/toc.html

第3章 なぜコンテナ・Dockerを使うのか?
当社も移行すべき?
使いどころや導入方法に関する10の疑問

3-2 なぜDockerを使うのか?
Docker、Kubernetesとランタイムの話

Author 徳永 航平(とくなが こうへい) 日本電信電話株式会社
X(Twitter) @TokunagaKohei

この節では、「Docker」をはじめとする、コンテナ開発で広く使われるツールに注目し、それらの機能や利点を紹介します。
とくに、分散基盤でのコンテナ管理においてデファクトスタンダードな「Kubernetes」と、その低レベルコンポーネントとしてコンテナ実行を担う「コンテナランタイム」に注目します。

Dockerとは

Docker[注1]は、コンテナの作成(ビルド)、実行、ほかのマシンへの配布など、コンテナにまつわる一通りの操作をサポートするツールです。2013年3月、dotCloud社(現Docker社)によってリリースされ、コンテナに関する開発において広く使われてきました。この節ではDockerについてその主要機能や利点を紹介します。

Build、Ship、Runの流れ

まず、Dockerの主要な機能を紹介します。Dockerが提供する、コンテナへの基本的な操作機能は、Docker社が提唱した「Build、Ship、Run」というキャッチーなフレーズにまとめられています。「Build」はコンテナ実行の素となる「イメージ」の作成(ビルド)、「Ship」はその作成したイメージの他マシンへの配布、そして「Run」はイメージからコンテナを実行することを意味します(図1)。前節でもDockerのビルドや実行に関する機能の紹介がありましたが、この節であらためてそれぞれの機能を紹介すると同時に、イメージの配布機能についても述べます。

注1) https://www.docker.com/

Build:イメージの作成

Dockerは`docker build`コマンドでコンテナ実行の素となる「イメージ」の作成(ビルド)機能を提供します。このコマンドにはイメージの材料として次を与えます。

- Dockerfile:イメージの作成手順書
- コンテキスト:ビルド時に必要になるファイル(例:アプリケーションのソースコードやスクリプト)

図2に、実際にイメージをビルドする例を示します。

ここからはUbuntu 24.04上でDocker Engine

▼図1 Build、Ship、Runの流れ

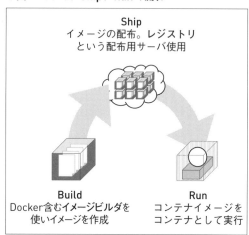

3-2 なぜDockerを使うのか？
Docker、Kubernetesとランタイムの話

27（BuildKit有効）を使用します。

イメージのビルドにはまずDockerfileとコンテキストを用意します。ここでは、ディレクトリctxに、"Hello, World!"を出力するシェルスクリプト（**リスト1**）とDockerfile（**リスト2**）を用意します。

そして、このディレクトリを指定してdocker buildコマンドを実行するとイメージがビルドできます。ここでは、-tフラグを使い、ビルドしたイメージにhelloという名前を付けます。

```
$ docker build -t hello ctx
```

Ship：イメージの配布

作成したイメージは、ほかのマシンに配布・共有できます。

イメージの配布には「レジストリ」と呼ばれるイメージ配布用のサーバが用いられます。たとえば各クラウドベンダー[注2]も、それぞれレジストリをユーザーに提供しています。さまざまなレジストリがありますが、どれも標準仕様に互換性のあるAPIを提供するため、Dockerな

注2）・Google Container Registry：https://cloud.google.com/container-registry
・Azure Container Registry：https://azure.microsoft.com/ja-jp/services/container-registry/#overview
・Amazon Elastic Container Registry：https://aws.amazon.com/jp/ecr/

▼**図2　コンテキストからイメージをビルド**

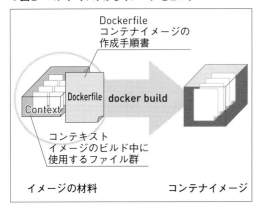

▼**リスト1　"Hello, World!"を表示するシェルスクリプト**

```
#!/bin/sh
set -eu -o pipefail
echo "Hello, World!"
```

▼**リスト2　今回ビルドするDockerfile**

```
FROM busybox:1.37
COPY ./hello.sh /
RUN chmod u+x /hello.sh
ENTRYPOINT /hello.sh
```

▼**図3　レジストリ経由でのイメージ配布**

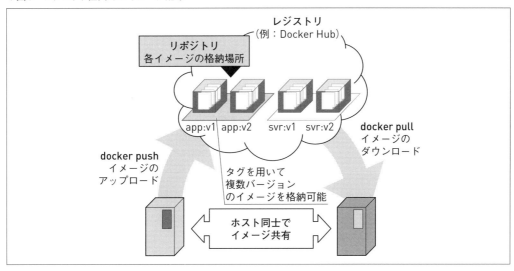

第3章 なぜコンテナ・Dockerを使うのか?

当社も移行すべき?

使いどころや導入方法に関する10の疑問

どのツールを用いて、同じように操作できます。

Dockerはdocker push、docker pullというコマンドでShip機能を提供します。docker pushはイメージをレジストリにアップロードし、docker pullはイメージをレジストリからダウンロードします（図3）。

ここでは、広く使われるレジストリサービスの1つであるDocker Hubを使って、さきほど作成したイメージをレジストリに対してpush/pullする例を示します。なお、前項で作成したイメージがインターネットに公開される点に留意ください。

まず、Docker HubのWebサイト[注3]からアカウントを開設します。すると、Docker Hub上の_自アカウント名_/_イメージ名_というパスに、イメージを格納・公開することができるようになります。

次に、マシン上でDocker Hubの自アカウント（この例ではktokunaga）にログインします。

```
$ docker login -u ktokunaga
```

ログインしたら、さっそく先ほど作成したイ

注3）https://hub.docker.com/

▼図4　イメージからコンテナの実行

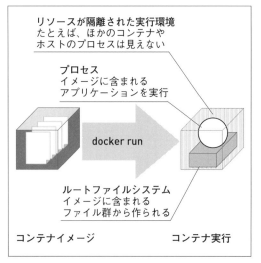

メージをDocker Hubに格納します。docker tagコマンドを使い、先ほどhelloと名付けたイメージ名を改名してDocker Hubの自アカウントを指すようにします。

```
$ docker tag hello ktokunaga/hello:v1
```

最後の:v1はタグと呼ばれ、イメージのバージョンなどを指定できます。これにより、ktokunaga/helloで複数のバージョンのイメージを格納・管理できるようになっています。

docker pushコマンドを使うことで、このイメージをレジストリに格納できます。

```
$ docker push ktokunaga/hello:v1
```

レジストリに格納したイメージは、docker pullコマンドを使ってほかのホストなどからpullし、実行できます。

```
$ docker pull ktokunaga/hello:v1
$ docker run ktokunaga/hello:v1
Hello, World!
```

このように、レジストリを用いることで、一度作成したイメージをさまざまな環境へ配布することができます。

Run：コンテナの実行

イメージを基に、コンテナを実行できます。Dockerではdocker runコマンドでRun機能が提供されます（図4）。次のように、先ほどビルドしたhelloイメージを指定することで実行します。

```
$ docker run hello
Hello, World!
```

コンテナは、アプリケーションを、その外（つまりコンテナを実行するホスト環境）からは隔離された環境で実行する技術です。図5に示すように、--entrypointフラグを使い、このhello

なぜDockerを使うのか？
Docker、Kubernetesとランタイムの話

▼図5　helloコンテナでシェルを立ち上げ

コンテナでシェルを立ち上げてそのコンテナの中身をのぞいてみると、それが実感できます。たとえば、psコマンドを実行してみても、コンテナ内で稼動している2つのプロセスしか見えず、ホストのプロセスは見えません。また、ファイルシステムについても、lsコマンドを実行してみると、ホストとは異なるファイル群が見えます。

Dockerを使う利点

なぜDockerは広く使われるツールに至ったのでしょうか。この項ではとくに、Dockerで得られる技術的な利点に注目し、それらのうち主要なものをいくつか紹介します。

挙動再現性の高いアプリケーション配布・実行が可能

docker buildとDockerfileを用いることでアプリケーションとその必要な依存関係をすべてコンテナに詰めこむことができ、それをレジストリを経由してほかのマシンに配布できます。これにより、ホスト上のライブラリやツールによらず、Dockerさえあればどのホストでも同じように実行可能な、挙動の再現性が高い形でアプリケーションを配布できます[注4]。

この特長は、たとえば、開発環境でテストされたアプリケーションを本番環境にデプロイする際に挙動の違いを生みにくくできるなどの利点につながります。また、依存関係が多いアプリケーションをコンテナ化し、手軽に実行可能なフォーマットとしてコミュニティに配布するという使い方もされます。

軽量なイメージ

イメージに最低限の依存関係のみが含まれるようDockerfileの機能[注5]を活用し、イメージを軽量に保つのも広く行われるベストプラクティスの1つです。GB級のサイズに達することも珍しくない仮想マシンのイメージに対し、コンテナイメージは数十から数百MBと、軽量に抑えられます。これは、たとえば開発環境から本番環境へのアプリケーションのデプロイのように、異なる環境へネットワーク経由でイメージを配布する際に、それを迅速に行えるというメリットにもつながります。

この軽量さと上述した挙動再現性の高さから、Dockerはアプリケーションのポータブルな配布手段として、広く使われてきました。

高速でセキュアなイメージビルダ

Dockerのビルド機能は進化し続けています。Dockerは18.06から、イメージビルダとして、より高速でセキュアなビルドが可能な「BuildKit」が利用できます[注6]。BuildKitを使うことで、Dockerfile命令の並列実行や中間結果のキャッシュを活用した高速なビルドを行ったり、外部サーバのクレデンシャルなどの秘匿情

注4）ホスト上で特定のデバイスが利用可能であることを想定するなど、ホストの環境に依存するようにコンテナを作ることも可能です。

注5）たとえば「マルチステージビルド」を活用することで、コンパイラなどビルド中にのみ必要なツールを、ビルド結果イメージには含めないようにできます。
https://docs.docker.com/develop/develop-images/multistage-build/

注6）https://github.com/moby/buildkit

第3章 なぜコンテナ・Dockerを使うのか？

当社も移行すべき？
使いどころや導入方法に関する10の疑問

報をイメージに埋め込むことなくセキュアにビルド中に使用したりできます。

さらにDocker Buildx[注7]を用いることで、docker buildでは提供されないBuildKit機能である、マルチプラットフォーム向けのイメージビルドやKubernetes上での分散ビルドなどが利用可能になります。

Dockerとその他のツール間との相互運用性

Dockerが提唱する「Build、Ship、Run」というコンテナへの操作は業界に普及し、ツール間で高い相互運用性が実現されています。とくに、ここまでで紹介したイメージ、レジストリそれぞれには、OCI（Open Container Initiative）[注8]と呼ばれるLinux Foundation下のオープンな組織を中心に、業界で標準仕様が定められています。

この相互運用性の高さは、さまざまなツールを連携させながら開発を進められる利点につながります。たとえば、Dockerでビルドしたイメージをデプロイする前に脆弱性スキャナで検査する、というように複数ツールを連携させてイメージを扱えます。また上述したとおり、さまざまなレジストリサービスがありながらも、それらをDockerなどクライアントツールからは標準のAPIを通じて利用可能です。

標準仕様に沿ってこれまでさまざまなツールが開発され、エコシステムを形成しています[注9]。このようにDockerやコンテナを便利に使うためのツールが多くあり、それらを連携させて扱えることも、利点と言えるでしょう。

Kubernetesとは

Kubernetes[注10]は、1つ以上のマシンからなる分散基盤上で、コンテナ群をスケーラブルに管理するための「オーケストレーションエンジ

注7）https://github.com/docker/buildx
注8）https://opencontainers.org/
注9）さまざまなコンテナ関連ツールの一部はCNCFが作成した「CNCF Cloud Native Interactive Landscape」にもまとめられています。https://landscape.cncf.io/
注10）https://kubernetes.io/

▼図6　KubernetesのYAMLによる宣言的管理

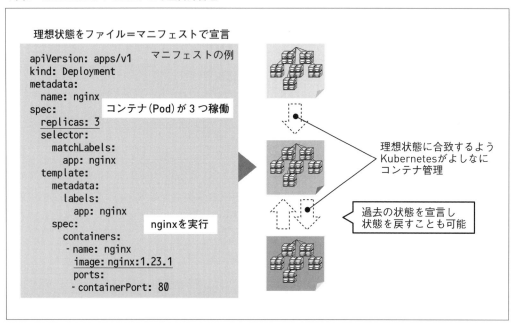

68 - Software Design

3-2 なぜDockerを使うのか？
Docker、Kubernetesとランタイムの話

ン」と呼ばれるツールです。Dockerなどを用いてコンテナとしてビルドしたアプリケーションをKubernetes上にデプロイし、その負荷分散機能や自己回復機能を活用しながら管理することができます。Kubernetesは今やデファクトスタンダードなオーケストレーションエンジンであり、Google Kubernetes Engine、Azure Kubernetes Service、Amazon Elastic Kubernetes Serviceなど、主要クラウドベンダーもマネージドなKubernetesサービスを提供しています。

 YAMLを用いた宣言的管理

Kubernetesの特長の1つに、「マニフェスト」と呼ばれるYAML（あるいはJSON）ファイルを使った宣言的な管理が可能な点があります。

マニフェストにはKubernetesやその上で実行するアプリケーションが取るべき理想状態を記述します。このマニフェストをKubernetesに「宣言」すると、Kubernetesはその理想状態に基盤が合致するよう、コンテナなど各種管理対象をよしなに操作します。たとえば、図6に示したとおり、コンテナをデプロイする際には、実行したいイメージ名やコンテナの稼動数を記載したマニフェストを作成し、それをKubernetesに宣言することでコンテナをデプロイします。

マニフェストによる管理は、Gitなどでバージョン管理可能である点や、基盤の状態を切り戻しやすい（過去のマニフェストを宣言すればよい）といった利点にもつながります。

 Kubernetesクラスタの概要

Kubernetesは複数のマシンから構成される「クラスタ」を管理します。クラスタの概要を図7に示します。

クラスタ上で実行されるコンテナ群などすべてのKubernetesの状態を把握・管理するコンポーネントは、「コントロールプレーン」と呼ばれます。これには、クラスタの情報を格納するキーバリューストア「etcd」、クラスタの状態管理を担う「kube-controller-manager」、スケジューリングを担う「kube-schduler」、そしてKubernetesへの操作をHTTP APIで提供する「kube-apiserver」を含みます。

コントロールプレーンによってスケジュールされたコンテナが実際に実行されるマシンは「ノード」と呼ばれます。ノード上には、コン

▼図7　Kubernetesクラスタ

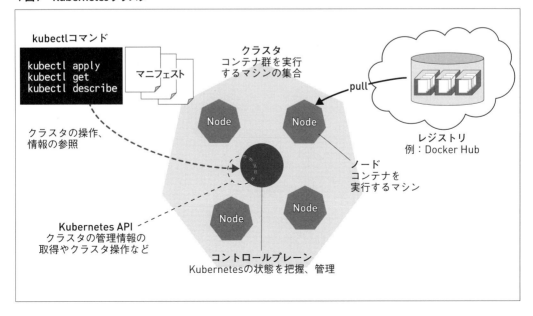

テナ群を管理する「kubelet」や、後述するコンテナランタイムなどを含む、「ノードコンポーネント」が稼動しています。

Kubernetesはその操作のために「Kubernetes API」と呼ばれるHTTP APIを提供します。ユーザーはこのAPIの操作を通じてKubernetesから情報を取得したり、Kubernetesに指示を出したりします。APIの操作には、Kubernetesが提供する「kubectl」コマンドが使えます。

Kubernetesの機能の概要

本項では、Kubernetesの持つさまざまなアプリケーション管理機能のうち、コンテナのデプロイ・実行にまつわるものの一部について概要を紹介します。ここに述べるもの以外にも、Kubernetesにはコンテナ群や基盤の管理機能がたくさん盛り込まれています注11。ぜひ、興味のある機能を調べてみてください。

基本的な実行単位：Pod

Kubernetesはコンテナ群を管理しますが、

注11）https://kubernetes.io/docs/home/

その操作の最小単位は「Pod」と呼ばれるコンテナの1つ以上の集合です。各Podそれぞれには互いに通信可能なIPアドレスが払い出されます。Pod内のコンテナ同士はネットワークインターフェースを共有し、それらはlocalhostを使って通信できます。

さまざまなデプロイ方式

これらPod群を管理するために、Kubernetesはさまざまなデプロイ方法を提供します（図8）。各デプロイ方法それぞれで、Kubernetesはアプリケーションの管理を肩代わり・自動化するような機能を提供します。たとえばDeploymentは、クラスタ上で負荷分散などのために一定数のPodが稼動している状態を維持するのに便利です。

Deploymentが提供する機能に「セルフヒーリング」と呼ばれる自己回復機能があります。たとえば図9で示したように、2つのPodを稼動させている状態のとき、ノード障害が発生してPodが1つ応答しなくなった（つまり稼動Pod数が理想の数より1少なくなった）場合、Deploymentは別のノードでPodを新たに起動

▼図8　さまざまなデプロイ形式

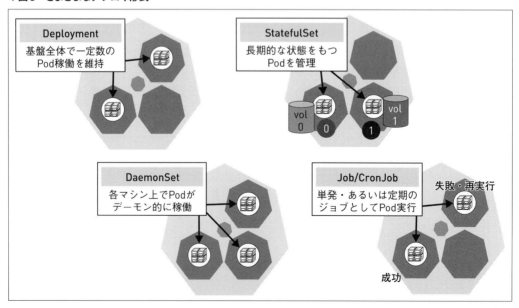

し、現状のPodの数を理想状態に合致させます。さらに「Service」という機能を使うことで、これらデプロイしたPod群に共通のIPアドレスを付与できます。また、そのIPアドレスからPod群へのロードバランシングもKubernetesに任せることができます。

Kubernetesでコンテナを作り出すコンポーネント

CRIランタイム

ここからはKubernetesを少し深掘りし、ノード上でどのようにコンテナが実行されているのかを紹介します。

図10に示すように、Kubernetesの各ノード上では、kubeletと呼ばれるKubernetesコンポーネントが稼動し、自ノードにスケジューリングされたPod群の管理をつかさどっています。

ここで、kubeletは具体的なPod管理作業のために、同じくノード上で稼動する「CRIランタイム」と呼ばれるコンポーネントに依存します。CRIランタイムは、kubeletからの指示に従い、Podの実行やイメージの取得・管理などを担います。kubeletとCRIランタイム間のインターフェースはKubernetesにより「Container Runtime Interface」(CRI) として標準化され、さまざまなCRIランタイム実装があります。

Kubernetesノードにおける Docker非推奨化

実はKubernetesは、ノード上のランタイムと

▼図9 Deploymentのセルフヒーリング

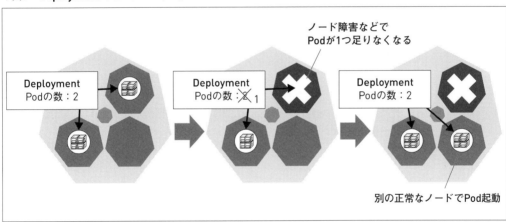

▼図10 ノードコンポーネントとCRIランタイム

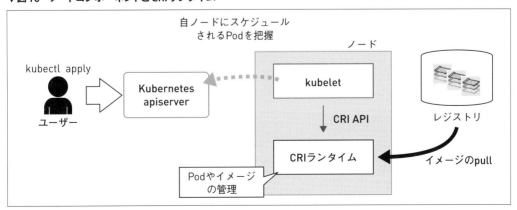

第3章 なぜコンテナ・Dockerを使うのか？
当社も移行すべき？　使いどころや導入方法に関する10の疑問

して、冒頭で紹介したDockerもサポートしていました。ただしそのAPIはCRIではなく、Dockerが提供する「Docker API」です。kubeletに「dockershim」と呼ばれるコンポーネントを組み込むことで、Dockerをサポートしていました。

しかし、Kubernetes v1.20から、kubeletからのDocker利用は非推奨となり、v1.24からはdockershimがkubeletから削除されました[注12]。つまり、KubernetesはDockerへのサポートを打ち切った形になります[注13]（図11）。

これにより、Dockerをノードのランタイムとして用いるクラスタは、CRI対応のランタイム（containerdなど）への移行が進みました。各クラウドベンダーも、すでに、後述するcontainerdやCRI-OといったCRIベースのKubernetesノードイメージを提供しています。

Dockerでビルドしたイメージは引き続きKubernetesで利用可能

ここで注意が必要なのは、DockerをCRIランタイムに変更しても、**今まで使用してきたイメージはとくに作りなおすことなく引き続き**Kubernetes上で利用し続けられる、ということです。

このDocker非推奨化では、ノード上のランタイムとしてのDockerサポートは打ち切られたものの、Dockerでビルドしたイメージのサポートが打ち切られたわけではありません。前述のとおりイメージにはOCIによる標準仕様が定められており、Docker代替のCRIランタイムも、この仕様に従っています。したがって、ノードのランタイムをDocker以外のCRIランタイムに変更したとしても、引き続き、Dockerでビルドしたイメージをレジストリ経由でKubernetesに配布し実行できます[注14]。

Dockerから移行可能なさまざまなランタイム

前述したとおり、Kubernetesはv1.24からDockerのサポートを打ち切りました。この節では、それに代わって利用可能なランタイムのうち、よく使われるものを紹介します。

containerd

containerd[注15]は、Linux Foundation傘下の

[注12] dockershim削除に関するFAQがKubernetesのドキュメントにまとめられています。https://kubernetes.io/blog/2022/02/17/dockershim-faq/
[注13] dockershimは、現在Mirantis社が「cri-dockerd」という独立のツールとしてメンテナンスしています。https://github.com/Mirantis/cri-dockerd
[注14] ただし、ノード上のDockerのソケットをコンテナ内にマウントして利用しているなど、Dockerに依存するアプリケーションを実行するには、ノード上でDockerを稼動させ続ける必要があります。移行の注意点について、詳しくはKuberentesコミュニティで提供されるFAQもご参照ください。https://kubernetes.io/blog/2022/02/17/dockershim-faq/
[注15] https://github.com/containerd/containerd

▼図11　Kubernetesにおけるdockershimの削除

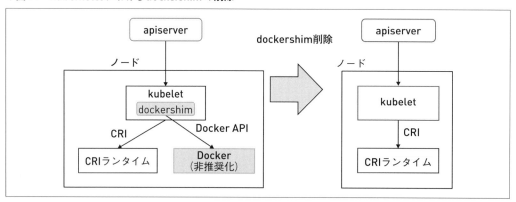

72 - Software Design

なぜDockerを使うのか?
Docker、Kubernetesとランタイムの話

3-2

Cloud Native Computing Foundation[16]下で開発が進められるオープンソースなコンテナランタイムです。CNCFでは最も成熟度の高い「graduated」プロジェクトに位置付けられています。もともとDockerの一部として開発されてきた経緯を持ち、今もDockerのコンテナ実行のためのコンポーネントとして使われ続けています。したがって、Dockerを使っているユーザーなら、containerdも同時に利用していることになります。

containerdはCRIを実装しており、Kubernetes上でCRIランタイムとして利用可能です。Google Kubernetes Engine、Azure Kubernetes Service、Amazon Elastic Kubernetes Serviceなど、主要なマネージドKubernetesサービスでも採用されています[17]。

機能を拡張しやすい設計が特長であり、仮想マシンベースのセキュアなコンテナ実行を可能にするAWSの「firecracker-containerd」[18]や、イメージのpullを高速化するプラグイン「Stargz Snapshotter」[19]など、さまざまな先進機能を提供する拡張機能がコミュニティで開発されています。

また、containerdでは、「nerdctl」[20]と呼ばれる、Docker互換な機能を提供するCLIも提供しています。nerdctlは「Build、Ship、Run」など、Dockerと同様なコンテナ管理機能を提供します[21]。それに加え、nerdctlはcontainerdの持つ機能をフル活用している点が特長です。たとえば、前述した高速イメージpull技術などの拡張機能はnerdctlでも利用できます[22]。nerdctlはこれを活かし、Dockerにはまだないそれら先進機能を提供しています(図12)。

 ### CRI-O

CRI-O[23]もCNCF傘下で開発が進められるオープンソースなコンテナランタイムです。CNCFでは「incubating」プロジェクトに位置付けられています。Red Hat OpenShift、Oracle Linux Cloud Native Environment、SUSE CaaS Platformなど、こちらもさまざまなプロダクトで採用されるランタイムです[24]。

さまざまなユースケースを持つcontainerdとは対照的に、CRI-OはKubernetesでの利用にフォーカスして開発が進められている点が特徴

注21) nerdctlのビルド機能(nerdctl build)はDockerと同様にBuildKitを採用しています。
注22) Dockerにおいてもcontainerdとの統合をさらに強めるよう設計の改善が進められています。たとえばDocker Desktop 4.12.0では、containerdを活用して高速イメージpullを可能にする機能がbetaとして提供されています。https://www.docker.com/blog/extending-docker-integration-with-containerd/
注23) https://github.com/cri-o/cri-o
注24) https://github.com/cri-o/cri-o/blob/v1.25.0/ADOPTERS.md

注16) https://www.cncf.io/
注17) https://github.com/containerd/containerd/blob/v1.6.8/ADOPTERS.md
注18) https://github.com/firecracker-microvm/firecracker-containerd
注19) https://github.com/containerd/stargz-snapshotter
注20) https://github.com/containerd/nerdctl

▼図12　nerdctlとDocker、containerd

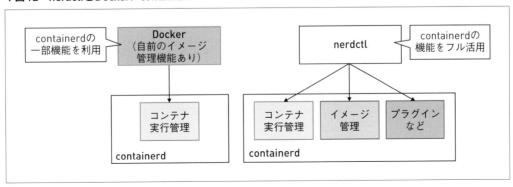

第3章 なぜコンテナ・Dockerを使うのか？

当社も移行すべき？

使いどころや導入方法に関する10の疑問

的です。たとえばイメージのpush機能のように、CRIに求められない機能はCRI-Oでは提供されていないなど、ミニマルな設計を指向しています。

CRI-Oとコードを一部共有する、Docker互換のCLIを持つコンテナエンジンとして、Red Hatを中心にオープンソースで開発を進める「Podman」[注25]があります。Podmanは「Build、Ship、Run」など、Dockerと同様なコンテナ管理機能に加え、KubernetesのYAML実行機能なども持ちます[注26]。Dockerはdockerdと呼ばれるデーモンを稼動させることで動作しますが、Podmanは対照的に、デーモンの稼動なしにコンテナを実行可能（daemonless）である点が特徴的です。

まとめ

本節ではDocker、Kubernetesそしてコンテナランタイムに注目し、それらの機能や利点を紹介しました。Dockerはコンテナにまつわる一通りの操作を提供します。Dockerにより、軽量なイメージを用いて挙動再現性の高いアプリケーションを配布・実行したり、それらをほかのツールと組み合わせて利用したりするなどの利点が得られます。Kubernetesを使うことで、分散基盤でコンテナ群を宣言的に管理でき、セルフヒーリングなどさまざまなコンテナ管理機能を活用できます。

また本節では、Kubernetes v1.24でサポートが打ち切られるDockerに代わり、利用可能なさまざまなランタイムも紹介しました。興味のあるツールをぜひお手元で試してみてください。 SD

注25）https://github.com/containers/podman
注26）https://www.redhat.com/sysadmin/podman-play-kube

Software Design plus 技術評論社

改訂新版 イラストでわかる **DockerとKubernetes**

Dockerとkubernetesは、Webだけでなくさまざまなシステムで利用されています。OSの仮想化とは違う技術なので、エンジニアの皆さんもその本質を理解して、現場に応用していくのには意識を変えることが必要です。本書は、Dockerとkubernetesのしくみを筆者自らイラスト化しました。視覚的にわかるようになるので、その本質を理解しやすくなります。イラストで理解しながらコマンド入力をしてDockerとkubernetesの動作も試せる構成になっているので、本書は技術を身につける最短コースになっています。今回の改訂版でPodや各種コンテナランタイムなどの最新技術にもアップデート対応しました。

徳永航平 著
A5判／208ページ
定価（本体2,600円＋税）
ISBN 978-4-297-14055-7

大好評発売中！

こんな方におすすめ
・ネットワークエンジニア
・プログラマー
・クラウドエンジニア
・システムエンジニア
・ソフトウェア開発者

第3章 なぜコンテナ・Dockerを使うのか？
使いどころや導入方法に関する10の疑問

3-3 当社もコンテナ移行するべき？
移行の判断基準＆AWSコンテナサービスの選定基準

Author 濱田 孝治（はまだ こうじ）　クラスメソッド株式会社 CX事業本部
Twitter @hamako9999

コンテナには利点があると言っても、すべてのアプリケーションがコンテナ化に向いているわけではありません。本節では、既存のアプリケーションをコンテナ化するかどうかの判断基準を示します。実際にパブリッククラウド（ここではAWSを想定）上にコンテナをホストするときに利用するサービスの選定基準についても解説します。

コンテナ移行前に必ず考えておくべきこと

　今、あなたが運用している既存のアプリケーションがあるとします。コンテナの基礎を学んだあなたは、このアプリケーションのコンテナ化の検討を始めました。既存アプリケーションが利用しているライブラリや言語、ミドルウェアのバージョンなどを確認し、コンテナ移行の方法（How）を検討することになるのですが、いきなり手段を検討するまえに必ずやっておくべきことがあります。それは、アプリケーションをコンテナ化する目的（Why）の明確化です。既存のアプリケーションにはどんな課題があり、コンテナ化することによって何を解決しようとしているのか。目的を明確化せずにコンテナ化を推進しても効果は薄く、逆にコンテナ化により運用負荷が増える場合もあります。

コンテナ移行の判断基準

　アプリケーションのコンテナ化を検討する際に、考慮しておくべき事柄を3つ紹介します。

・**複数の環境で利用するか？**
　そのアプリケーションはいろんな環境で利用しますか？　たとえば、ソフトウェア開発ライフサイクルごとの環境（開発メンバーのクライアント環境、開発〜検証〜本番環境）や、顧客ごとに別環境へデプロイする必要があるなど。同じイメージをさまざまな環境で使う必要がありますか？

・**頻繁に変更するか？**
　そのアプリケーションは頻繁に変更されるでしょうか？　ビジネス環境の変化や顧客の要望、エンドユーザーの意向などで、本番環境にたとえば週1回以上機能追加のためのデプロイが想定されるでしょうか？

・**負荷に応じてスケールさせるか？**
　そのアプリケーションは時間帯や日時によって、負荷が頻繁に変わるでしょうか？　負荷が頻繁に変わる場合、その負荷に合わせてコンテナの数をスケールさせることで、柔軟かつ無駄のないコンピューティングリソースの活用が必要になりそうでしょうか？

　端的に言えば、これらのユースケースはすべてコンテナ化することで得られるメリットに直結しており、既存のアプリケーションがこのユースケースに複数適合するのであれば、コンテナ化することでメリットを得ることができるでしょう。

　反対に、たとえば社内で限られたユーザーのみがアクセスし基本的に変更されないアプリケー

第3章 なぜコンテナ・Dockerを使うのか？

当社も移行すべき？

使いどころや導入方法に関する10の疑問

ションなどは、コンテナ化することで得られるメリットは少ないと言えます。もし、コンテナ化を検討するアプリケーションが複数ある場合、こういった観点で優先順位をつけてみるのも良いかと思います。

コンテナ化するアプリケーションに求められる特性

ここまでで、コンテナ化する目的を明確化しました。いよいよアプリケーションをコンテナ化していきますが、この段階でアプリケーションの実装において必ず意識しておくべき事項があります。それが、Herokuのエンジニアが提唱したThe Twelve-Factor App[注1]です。

以下に、The Twelve-Factor Appがどのような指針を目指しているか、引用します[注2]。

- セットアップ自動化のために宣言的なフォーマットを使い、プロジェクトに新しく加わった開発者が要する時間とコストを最小化する。
- 下層のOSへの依存関係を明確化し、実行環境間での移植性を最大化する。
- モダンなクラウドプラットフォーム上へのデプロイに適しており、サーバ管理やシステム管理を不要なものにする。
- 開発環境と本番環境の差異を最小限にし、アジリティを最大化する継続的デプロイを可能にする。
- ツール、アーキテクチャ、開発プラクティスを大幅に変更することなくスケールアップできる。

提唱されたのは2012年とコンテナの普及時期よりも前ですが、コンテナをクラウド運用するときの原則が非常に簡潔にまとまっているので、すべてのアプリケーションエンジニアが押さえておくべき事項と言っても過言ではありません。

注1）https://12factor.net/
注2）出典：https://12factor.net/ja/

The Twelve-Factor Appは内容が多岐にわたるため、ここですべてを説明するのは難しいですが、コンテナで動作させるアプリケーションを構築するうえで非常によく出てくる3点「設定内容の環境変数への格納」「廃棄容易性」「ログの扱い」について解説します。

Config（設定）

環境に依存するアプリケーション設定内容は、環境変数に格納するようにします。具体的には、データベース接続の認証情報、外部サービスの認証情報などが対象となります。もしコンテナイメージにデータベースの接続先や認証情報を埋め込んでビルドした場合、このイメージは特定の環境でしか利用できないため、このコンテナアプリケーションは環境ごとにそれぞれ別のイメージを用意しビルドする必要が出てきます。これはコンテナが持つ大きなメリットの1つである可搬性を損ねることになり、運用が非常に煩雑になります。

Amazon ECS（詳細は後述）には、コンテナ定義の中で環境変数に値を格納するしくみや、データベース接続パスワードなどの機密情報であればAWS Secrets Managerなどの値をセキュアな状態で環境変数に渡す機能があります。それらのしくみを積極的に使ってコンテナの可搬性のメリットを享受できる構成にすることを強くおすすめします。

Disposability（廃棄容易性）

アプリケーションプロセスの起動や廃棄にかかる時間を極力短くします。具体的には、起動プロセスは数秒以内にリクエストを受け取れるように実行されるのが理想です。

また、プロセスは停止時（SIGTERMシグナルを受け取ったとき）にグレースフルにその処理を終了させる必要があります。具体的には、仕掛中のデータベースアクセスなどを安全に処理しデータの整合性に影響を与えずに、適切な状態でプロセスを停止させます。SIGTERMシ

グナルを受け取ったあと一定期間が過ぎてしまうと、プロセスを強制終了させるSIGKILLが発行され、すべての処理は強制的に終了されてしまうため、可能な限り早く処理の整合性に影響を与えない形でプロセスを終了させることも必要です。

これにより、コンテナが持つ起動プロセスの速さを活かした柔軟なアプリケーションのスケーリングが容易に実現できます。

Logs（ログ）

コンテナアプリケーションでは、アプリケーションログをローカルストレージに保持するのではなく、ストリームとして処理することが必要です。ローカルストレージへのログ保存は、コンテナの異常終了によりログが欠損しエラー原因の究明に支障をきたす可能性があるため、推奨されません。代わりにアプリケーションログをstdout（標準出力）にバッファリングせずに書き出しイベントストリームとして処理することで、アプリケーションの運用に合わせた適切なログの格納方式を選択できるようにします。

たとえばAmazon ECSでは、タスク定義のlogConfigurationの設定でログドライバーを指定し、CloudWatch Logsなどの外部サービスにアプリケーションログを転送することが可能です。

The Twelve-Factor Appの実装で参考にしたい記事

さらに踏み込んだ具体例を学びたいのであれば、AWS環境でのコンテナアプリケーションを例にとった次の記事が非常に実践的な内容になっているので、一読を強くおすすめします。

・AWSアーキテクチャで学ぶThe Twelve Factors App本格入門 注3

AWS Container Heroの新井雅也さんが書か れたこの記事は、非常に具体的かつ網羅的で、抽象的なThe Twelve-Factor Appの内容をAWS上での具体的な実装に昇華し解説しています。そのため、これからAWS環境でコンテナ運用を始める方にはとても参考になる内容になっています。

AWSのコンテナ関連サービスの選定基準と特徴

ここからは、実際にコンテナアプリケーションをAWSで運用するための具体的なサービスを紹介し、最後に各サービスの選定基準をフローチャートとしてまとめます。

AWSコンテナ関連サービスの種類

AWSは、その歴史が長いこともありコンテナに関わるサービスが多数あるため、まずは大まかに各コンテナサービスを分類するのが理解の早道です。ここでは次の3つに分けて解説します。

・コンテナレジストリ
・コンテナオーケストレーション（コントロールプレーン）
・コンピューティングオプション（データプレーン）

コンテナレジストリ

コンテナレジストリは、ビルドしたコンテナイメージを格納する場所です。事前にビルドしたイメージを格納しておき、それをRun（実行）することで、コンテナイメージをアプリケーションとしてデプロイします。

コンテナレジストリとして代表的なのが、Docker Hubです。Docker Hubには多数のコンテナイメージが格納されており、およそ主要なソフトウェアのイメージはDocker Hubで公開されています。

AWSには、コンテナレジストリのサービスとして、Amazon ECRとAmazon ECR Publicが存在します。これらは名前が似ており、コン

注3）https://aws.amazon.com/jp/builders-flash/202208/introductions-twelve-factors-app/?awsf.filter-name=*all

テナレジストリとしての基本的な用途は同じですが、ユースケースが異なるため、別物と理解したほうが良いでしょう。

Amazon ECR

Amazon ECR（Elastic Container Registry）は、AWSが提供するフルマネージドのコンテナイメージレジストリサービスです。類似のECR Publicと一番異なる点は、Amazon ECRはAWS IAMによるアクセスが必須のプライベートレジストリサービスであるという点です。

イメージの利用にはAWS IAMの利用が必須のため、AWSのコンテナサービス（後述するECSやEKS）で利用することが想定されており、AWSでコンテナアプリケーションを運用する場合、必須のサービスです。コンテナアプリケーション運用の生命線とも言えるコンテナレジストリは高い可用性と拡張性、信頼性が必要となりますが、それら非機能部分の運用をフルマネージドでAWSにお任せできることも、Amazon ECRを利用する大きなメリットです。

また、ECRにはコンテナレジストリとして、非常に重要な次の機能を備えています。

・コンテナイメージの脆弱性検査

コンテナイメージの脆弱性を検査する機能です。スキャン方法は、大きくBasicスキャンとEnhancedスキャンに分けられます。Basicスキャンでは、オープンソースのClairプロジェクトを利用したCVE（共通脆弱性識別子）ベースのスキャンを実行します。Enhancedスキャンは、アプリケーションの脆弱性検査サービスであるAmazon Inspectorと統合されており、コンテナイメージ内のOSとアプリケーションが利用する言語の双方の脆弱性を検査することが可能です

・プルスルーキャッシュ

リモートのパブリックレジストリのキャッシュをサポートします。現在サポートされているリモートレジストリは、Docker Hub、Microsoft Azure Container Registry、GitHub Container Registry、GitLab Container Registry、Amazon ECR Public、The Kubernetes container image registry、Quayで[注4]、パブリックレジストリの最新イメージを自動的にAmazon ECRで利用したいというユースケースで便利に利用できます

・ライフサイクルポリシー

レジストリのイメージをある一定の条件のもと自動的に削除する機能で、S3オブジェクトのライフサイクルポリシーに非常に近い概念です。コンテナイメージのビルドを重ねるとレジストリの容量が肥大化し料金がかさんでしまうため、アプリケーションの運用に支障がない範囲で設定しておくことを推奨します

Amazon ECR Public

Amazon ECR Publicは、Amazon ECRと同じく、フルマネージドなコンテナイメージレジストリで、AWS IAMを利用した許可設定機能を持ちます。Amazon ECRとの一番大きな違いは、イメージのプッシュにはAWS IAMの権限が必要となりますが、イメージのプルにはAWS IAMの権限は必須ではなく、匿名ユーザーも利用できるパブリックなレジストリである点です。

簡単に言うと、Amazon ECR PublicはDocker Hubのように利用できます。以下に、Docker HubとAmazon ECR Publicに両方公開されているNginxイメージのプルに必要なコマンドを紹介します。

Docker Hubからプルする場合は、イメージURIを修飾する必要はなく、イメージ名を指定するだけで動作します。これは、docker

---

注4）https://docs.aws.amazon.com/AmazonECR/latest/userguide/pull-through-cache.html

当社もコンテナ移行するべき？
移行の判断基準 & AWS コンテナサービスの選定基準

3-3

image pullコマンド[注5]が、デフォルトでDocker Hubからイメージをプルするためです。

```
$ docker image pull nginx
```

Amazon ECR Publicからプルする場合は、イメージURIを「public.ecr.aws」で修飾します。

```
$ docker image pull public.ecr.aws/
docker/library/nginx
```

Amazon ECR PublicでDocker Hubのイメージを利用可能

これらプルしたNginxのイメージをdocker image lsコマンドで確認すると、IDが同じになっており、同一イメージであることがわかります（図1）。

これは、Amazon ECR PublicでDocker公式イメージが利用可能なためです[注6]。具体的には、Amazon ECR Public GallaryのDockerディレクトリ[注7]で紹介されているイメージは、すべてDocker Hubと同じイメージをAmazon ECR Publicにてプル可能です。

コンテナレジストリ利用時にはダウンロード制限に注意

以前は、Docker Hubからイメージをダウンロードする場合、ネットワーク帯域やダウンロード回数にとくに制限がなく、あらゆる環境からDocker Hubのイメージをプルして使うことができていました。しかし、近年コンテナアプリケーションの普及に伴い利用者が増加の一途をたどったため、Docker Hubからのイメージのダウンロードに制限がかかるようになりました。

このため、ベースイメージにDocker Hubに格納されているイメージを利用し、CodeBuildなどを利用してdocker image buildを実行するユースケースにおいて、このイメージプルのレート制限に抵触することが増えてきました。とくにAWSの共有環境で利用するCodeBuildにおいては、多数のユーザーが同じIPアドレスを利用してDocker Hubにアクセスする可能性があり、ほかのユーザーのイメージプルによる制限が、自身のアプリケーションのイメージ

注5) docker image pullは、Docker v1.13（2017年1月18日にリリース）におけるdockerコマンドの体系見直しに伴い追加されたコマンドです。機能的にはv1.13以前からあるdocker pullと同じです。本節で紹介する以下のコマンドも新体系のコマンドとして追加されたものです。
・docker image ls（docker imagesと同じ）
・docker image build（docker buildと同じ）
・docker container run（docker runと同じ）
本節では、参考のために新体系コマンドで記載していますが、従来からあるコマンドもサポートされており利用可能です。

注6) https://aws.amazon.com/jp/blogs/news/docker-official-images-now-available-on-amazon-elastic-container-registry-public/

注7) https://gallery.ecr.aws/docker

▼図1　Docker HubからプルしたイメージとAmazon ECR Publicからプルしたイメージの情報を確認する

```
$ docker image ls
REPOSITORY                          TAG     IMAGE ID      CREATED      SIZE
nginx                               latest  2b7d6430f78d  13 days ago  142MB
public.ecr.aws/docker/library/nginx latest  2b7d6430f78d  13 days ago  142MB
```

▼表1　Docker HubとECR Publicのダウンロード制限の違い

認証形式	Docker Hub	ECR Public
認証なし	・IPアドレスごとに6時間あたり100プル	・IPアドレスごとに500GB/月
認証あり	・無料ユーザーの場合、IPアドレスごとに6時間あたり200プル ・有料ユーザーの場合、1日あたり5,000プル	・5TB/月まで無料 ・AWSリージョン以外で利用する5TB/月を超えるデータ、0.09USD/GB ・AWSリージョンで利用する場合、制限なし

※参考：https://docs.docker.com/docker-hub/download-rate-limit/
　　　https://aws.amazon.com/jp/ecr/pricing/

第3章 なぜコンテナ・Dockerを使うのか？

当社も移行すべき？
使いどころや導入方法に関する10の疑問

プルに影響を与えることが増えてきています。

表1にDocker HubとECR Publicのダウンロード制限の違いをまとめました。両者とも、それぞれ認証させる（Dockerユーザー、AWS IAM）ことでイメージのダウンロード制限を緩和することができますが、一番大きなメリットは、ECR Publicからイメージをプルする場合、AWS環境でのイメージダウンロードには制限がなく料金が無料になることです。

そのため、次の条件に当てはまるイメージの場合、確実にECR Publicを利用するべきです。

・AWS環境で、コンテナワークロードを運用する
・Docker Hubと同じイメージがECR Publicでも提供されている

AWS環境でコンテナワークロードを運用する場合、アプリケーションコンテナイメージをビルドするときのベースイメージとして、まずはECR Publicが利用できるかどうか、必ず確認しておきましょう。

Amazon ECRとAmazon ECR Publicの使い分け

よく混同されがちですが、ECRとECR Publicは基本的に別サービスととらえておいたほうが良いです。APIのエンドポイントがそれぞれ異なり、AWS CLIのコマンドも ecr と ecr-public と別です。また、ECRで作成したレジストリをあとからECR Publicに変更することもできません。

図2に両サービスの使い分けの例を示します。前述したとおり、ECR PublicはDocker Hubと同じイメージを利用できるものが多数あるため、CIにおけるベースイメージとして利用する場合が多いです。

また、業務アプリケーションなどで利用するコンテナイメージは、パブリックに公開する必要がないため、業務アプリケーションを格納してビルドしたコンテナイメージはECRにプッシュしておき、ECSやEKSなどから利用するのが一般的です。

AWSのコンテナ関連サービスの全体像

ここまでは、コンテナイメージを格納するコンテナレジストリについて解説してきました。ここからは、肝心要のコンテナオーケストレーションサービスである、Amazon ECSとAmazon EKSと、今やコンテナ実行基盤として欠かせないサービスとなったAWS Fargateについて、解説していきます。

詳細はのちほど説明しますが、まずは図3で

▼図2　AWS環境における一般的なコンテナレジストリの使い分け

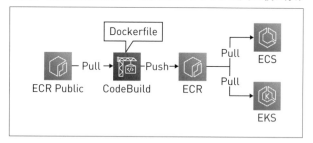

▼図3　AWSのコンテナ関連サービスを整理した図

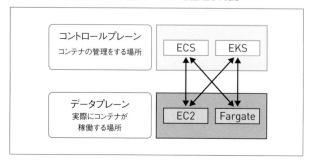

▼図4　AWSコンテナ関連サービスの組み合わせとラベリング例

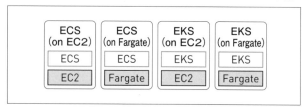

概要を説明します。今は、AWSのコンテナ関連サービスには、コントロールプレーンとデータプレーンという2つの種類があることを覚えておいてください。基本的には、コントロールプレーンとデータプレーンは単独で使うものではなく組み合わせて使います。その場合のラベリングは図4のようになります[注8]。

 コントロールプレーン

コントロールプレーンとは何か？

Dockerの普及により、コンテナの起動は非常に簡単になりました。MacやWindowsやLinux環境でDockerをインストールし、適切なイメージを用意し`docker container run`を実行することで、すぐにコンテナを起動し利用することができます。パブリックに公開されているイメージを使えば、ワンライナーでコンテナを実行し、インターネットからコンテナのサーバプロセスに対してアクセスさせることが可能です。

ただ、コンテナイメージを本番環境で利用する場合、`docker container run`だけで、本格的に運用することが可能でしょうか？

・現在のコンテナの状態を確認したい
・新しいコンテナをダウンタイムなしで適用させたい
・アプリケーションログを確認したい
・負荷に応じてコンテナの数を増減させたい
・なんらかの異常で停止したコンテナを自動的に再起動させたい

前述の「コンテナ移行の判断基準」でも紹介したとおり、コンテナの特性をより活かした状態でコンテナアプリケーションを実行させるには、本番運用に関わるこれら項目に対しても事前に解決策を用意しておく必要があります。

そういった、複数のコンテナを管理し運用するために必要となるのがコントロールプレーンです。AWSではそれらをコンテナオーケストレーションサービスと定義し、そのためのサービスとしてAmazon ECSとAmazon EKSが提供されています。これらは同じコンテナオーケストレーションサービスですが、かなり異なった背景を持つサービスですのでここでじっくり解説していきます。

Amazon ECSとは

Amazon ECS（Elastic Container Service）は、AWSフルマネージドなコンテナオーケストレーションサービスです。その歴史は古く、2015年4月9日に一般提供が開始されています。AWSにおけるコンテナ運用の歴史を語るうえでは不可欠なサービスであり、簡単な設定でコンテナを動作させるクラスタを構築し、AWSの各種サービスと連携させることができます。

・ターゲットポリシーによるスケーリング設定
・VPCやセキュリティグループと統合されたネットワーク設定
・ロードバランサとの統合
・IAMによるコンテナの権限管理
・CloudWatchと統合されたメトリクス管理
・CloudWatch Logsと統合されたログ管理
・EventBridgeと統合されたスケジュール実行機能

Amazon ECSの大きな特徴は、もとがAWS専用のサービスであるため、AWSのほかのサービスとの連携がシームレスに行える点です。

コンテナ実行単位であるタスクにセキュリティグループやIAMロールを割り当てることで容易に権限やネットワークを設定できますし、アプリケーションログもデフォルトで標準出力をCloudWatch Logsに出力することが可能です。また、ECSのクラスタ自体には料金がかからずその運用は完全にAWSに任せることができ、クラスタ自体のバージョンアップ作業が必要ありません。

注8) 図4のラベリングはAWSが公表している正式名称ではありませんが、通称としてこのラベリングはよく使われています。

ECSはAWSのほかのマネージドサービスとの連携が非常に簡易で、運用負荷が低いのが特徴です。

Amazon ECSの構造

非常に便利なAmazon ECSですが、その全体構造は複雑です。ここからは少し詳しくECSの構造を図示することで、初学者がECSを学ぶ際に有用となるであろう概念を紹介します。ECSの構造は図5のような入れ子構造になっています。

図6はタスク定義とコンテナ定義の構造です。コンテナ定義はコンテナの最小実行単位で、コンテナ起動時に利用する`docker container run`のオプションと類似のものが、コンテナ定義のパラメータに用意されています。

このコンテナを複数包含するものが、タスク定義です。タスク定義には、これらコンテナ群をまとめたハードウェアリソースの割り当てを設定します。KubernetesのPodと等しい概念で、負荷に応じたコンテナ環境のスケーリングを設定する場合、コンテナ単位ではなくこのタスクの単位でスケールすることに注意しておきましょう。

事前に定義したタスク定義を利用して、実際にプロセスとしてデプロイするためにサービスを定義します（図7）。サービスでは、タスク定義をもとにして実際にコンテナ環境をタスクとして実行させます。サービスでは、おもに提供するタスクの数や、タスクのデプロイ方法、VPCやサブネットやセキュリティグループなどのネットワーク、タスクにトラフィックを流

▼図5　ECSの構造

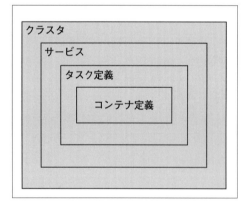

▼図6　タスク定義とコンテナ定義の構造

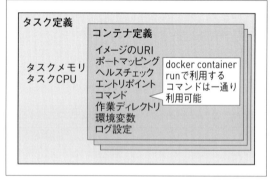

▼図7　クラスタとサービスの構造

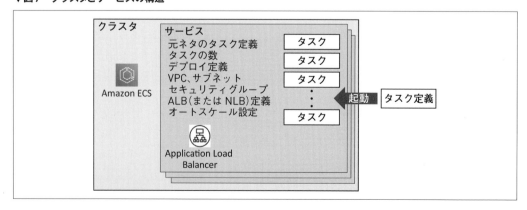

当社もコンテナ移行するべき？
移行の判断基準＆AWSコンテナサービスの選定基準

3-3

すためのロードバランサ（Application Load Balancer または Network Load Balancer）、スケーリングの設定などを行います。

最後に、クラスタに複数サービスを登録することができます。クラスタ内のサービスは、基本的にはそれぞれに依存関係はなく、クラスタはサービスを論理的にグルーピングしたものになります。クラスタ自体の設定項目は少なく、クラスタに含めるサービスを設定するのが基本となります。

以上、ECSの簡単な紹介でした。ECSはほかのパブリッククラウドにも類を見ない、AWS完全独自仕様のコンテナオーケストレーションサービスで、AWSでのコンテナを語るうえで必要不可欠なサービスです。基本的な紹介はこれで終了し、次にAmazon EKSについて解説していきます。

Amazon EKSとは

Amazon EKS（Elastic Kubernetes Service）は、AWSマネージドなKubernetesのコントロールプレーンです。

Kubernetesは、オープンソースで提供されているコンテナ管理のためのプラットフォームで、コンテナに興味がある方は一度は耳にしている単語ではないでしょうか。Googleが2014年にKubernetesをオープンソース化したものがもととなっており[注9]、コミュニティも巨大でオープンで利用できるコンテナ管理プラットフォームとして、ほぼデファクトスタンダードの地位を確立しています。

Amazon EKSは、このKubernetesのコントロールプレーン部分をマネージドサービスとして提供することで、コントロールプレーン自体の運用やセキュリティ管理をAWSにオフロード（肩代わり）することを大きな目的として提供されているサービスです。

Kubernetesのコントロールプレーンは、Kubernetesクラスタ全体のオーケストレーションを行い、クラスタ内イベントの検出とイベントに対する応答を担当します。コントロールプレーンには、クラスタの情報を保管するetcdや、外部からのAPI呼び出しを引き受けるkube-apiserver、Pod（コンテナ群）の実行を制御するkube-schedulerなどのコンポーネントが存在します。

コントロールプレーンは、Kubernetesクラスタの全体を制御する役割を持っているため、高い可用性と強固なセキュリティが求められます。前述のコンポーネントを自身で構築し運用していくのはしっかりした運用体制と手間が必要になるのですが、それらの管理を一括してAWSに任せることができるのが、Amazon EKSを利用する大きな理由の1つです。

図8に、コントロールプレーンとデータプレーンの両方を含めたEKSの全体構造を図示します。データプレーンにはマネージドEC2、セルフマネージドEC2、Fargateの3つのデータプレーンが利用できます。

Amazon ECSとの大きな違いは、Amazon ECSが完全にAWSの独自仕様サービスであることに対して、Amazon EKSはKubernetesに

▼図8　EKSのコントロールプレーンとデータプレーン

注9）現在は、Cloud Native Computing Foundation配下で開発が進められています。

第3章 なぜコンテナ・Dockerを使うのか？

当社も移行すべき？
使いどころや導入方法に関する10の疑問

正式準拠していることにより、Kubernetes準拠で開発されたさまざまなツールを利用できる点です。

Kubernetesのコミュニティは非常に広大で多岐にわたります。それらの中から自身が運用するコンテナワークロードに合うツールを選択し導入できることは、Amazon EKSを使ううえでの大きなメリットとなります。

 ## データプレーン

コントロールプレーンに対して、データプレーンは「コンテナが動作する場所」です。コントロールプレーンからの指示に対してコンテナが起動され、そこでアプリケーションが稼働し、コンピューティングリソースを消費します。また、定期的にコントロールプレーンに対して、コンテナの状態を通知します。アプリケーションワークロードを実行するメインの場所ですが、AWS上でコンテナワークロードを実際に稼働する際は、大きくEC2とFargateの2つが選択肢となります。

Fargateとは

Fargateは2017年のre:Inventで発表されました。筆者はキーノートを現地で聞いていたのですが、そのときの衝撃は今でも鮮明に覚えています。

それまではコンテナワークロードの起動にはEC2が必須でしたが、このときFargateという、まったく新しいコンテナワークロードのデータプレーン専用のサービスが発表されました。

EC2ではなくFargateを利用することで、EC2の運用に必要なサーバに対するセキュリティパッチの適用やインフラ運用をAWSに任せることができます。

EC2と同一のコンピューティングリソース（CPU、メモリ）をFargateに割り当てた場合、おおよそEC2より1～2割ほど利用料金が余計にかかりますが、EC2というコンピューティングリソースの管理が不要であることは運用の手間を大きく削減することにつながるため、システムを運用するトータルのコスト（TCO）で見た場合、Fargateがメリットになることも多くあります。

Fargateのリリース時、EC2に比べてFargateには制約が多くありました。しかし、Fargateはリリース以降大きな機能拡張を繰り返しており、2022年9月時点ではそれら多くの制約がなくなっています（表2）。

 ## AWS App Runnner

さらにAWSのコンテナ関連サービスとして比較的新しい、AWS App Runnerを紹介します。

App Runnerは、2021年5月18日に一般提供されたAWSの新しいフルマネージド型のコンテナホスティング環境です。これはECSもEKSもFargateとも関係ない、完全新規のサービスです。一番の特徴はコンテナ運用に関わるさまざまなAWSのリソースを、ユーザーから完全に隠蔽し開発者がアプリケーションの開発に注力することを意図したサービスです。

図で比較するのがわかりやすいです。図9が

▼表2　リリース当初と現在のFargateの機能比較

機能	Fargateリリース時	2022年9月現在
コンテナへのログイン	基本的に不可	Amazon ECS Execを利用可能
ログドライバ	awslogs（Cloudwatch Logsのみ）	Firelens連携
Amazon EFS	利用不可	利用可能
スポット系	利用不可	Capacity Providerにより利用可能
Windowsコンテナ	利用不可	利用可能
Gravitonプロセッサ	利用不可	利用可能
GPUプロセッサ	利用不可	利用不可

3-3 当社もコンテナ移行するべき？
移行の判断基準＆AWSコンテナサービスの選定基準

▼図9 一般的なECS on Fargateの構造

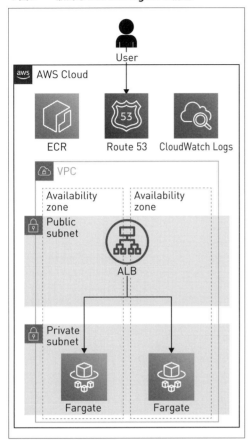

▼図10 App Runnerを利用した場合の構造

　ECS on Fargateを利用したときの一般的なAWSの関連リソースです。図10がApp Runnerを利用したときのAWSの関連リソースです。一番大きな違いとして、VPCを含む多くのサービスがApp Runnerの中に隠蔽されるため、ユーザーが意識するAWSリソースが圧倒的に少なくなることがおわかりになるかと思います。

　App Runnerは、次の機能を有しており、これら機能を使ううえではほかのAWSサービスをセッティングする必要はありません。

・オートスケール設定（同時実行数、最大／最小サイズ）
・カスタムドメイン（含証明書管理）
・ロギング（CloudWatch Logs）
・CI/CD（コンテナイメージまたはコードベース）
・監視（CloudWatch Alarm）
・VPCリソースへのアクセス

　もちろんECSやEKSに比べた場合、できないことや機能面で不足している部分も多いですが、App Runnerは、できないことを機能不足としてとらえるのではなく、考えなくて良いため運用上のメリットになる、と理解するべきサービスです。

 AWSコンテナサービス選定フロー

　ここまで駆け足でAWSのコンテナ関連サービスを紹介してきました。最後に、これからあなたがコンテナワークロードをAWSにホストするときにどのサービスを利用すれば良いのか、

▼図11　AWSコンテナサービスの選定フロー

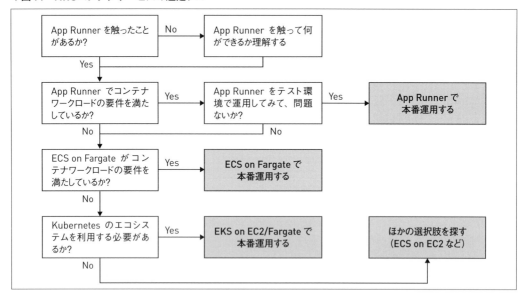

その流れをフローチャートで紹介します（図11）。

まずは、App Runnerを触ってみることをおすすめします。VPCなどのネットワークを構築することなく、またCI/CDパイプラインなども不要で、非常に簡単な設定でコンテナワークロードを展開できます。

次に、ECS on Fargateの利用を推奨します。ECSはAWSの各種関連サービスとの連携が非常に優れており、かつ機能も豊富です。App Runnerに比べた場合構築と運用に手間はかかりますが、コンテナアプリケーションの運用において必要な機能はすべてそろっていると言えます。また、昔は制約が多く料金も高かったFargateですが、現在は料金も下がりさまざまな機能拡張によりEC2に比べてできないことがほぼなくなりました。ECSにおいては、特段の理由がない限りデータプレーンにはEC2ではなくFargateの利用をおすすめします。

次に、EKS on EC2の利用を推奨します。ECSに比べてEKSを採用する一番の理由は、Kubernetesに存在するさまざまなツールを利用して、Kubernetesの流儀でコンテナワークロードを運用する点にあります。一概に比較するのは難しいのですが、一般的にはクラスタ自身のアップグレードが必ず必要になる点などもあり、EKSはECSに比べて運用負荷が高くなる傾向にあります。そのため、EKSの利用にはAWSリソースへの知識だけではなく、Kubernetes全般に対する知識とそれを運用する体制が必要になることを考慮して採用しましょう。

最後に

AWSのコンテナ関連サービスは、ECSから始まり非常に大きな機能拡張が繰り返し行われてきました。便利になっているのは間違いないのですが、逆に経験がない状態で検討を始めた場合、何が自身のアプリケーションにとって最適なサービスなのかを選択するのが難しくなっているとも思います。

そういった方の最初の羅針盤となるべく情報をしぼって、この記事を執筆しました。各サービスは深堀りしていくと本当にさまざまな機能があり、奥が非常に深いです。まずはこの記事が、あなたの最初の羅針盤になることを願っています。 SD

第3章 なぜコンテナ・Dockerを使うのか？
当社も移行すべき？
使いどころや導入方法に関する10の疑問

3-4 コンテナ移行でどんな対応が必要か？
本番運用に向けて考慮すべきこと

Author 清水 勲（しみず いさお） 株式会社MIXI
X(Twitter) @isaoshimizu

本番運用しているシステムをコンテナ移行するには、アプリケーションだけでなくCI/CD、監視、秘匿情報の扱いなど運用にかかわる事項についても検討・対応が必要です。本節では、実際にコンテナ移行を達成したMIXIの「家族アルバム みてね」の事例を参考に、移行前、移行時、移行後に考慮すべき事項を整理します。

はじめに

子どもの写真・動画共有アプリ「家族アルバム みてね」（以下「みてね」）は2015年にリリースされ、今では日本のみならず175の国と地域で提供するサービスとなり、海外での新規登録者数は国内を上回るまでに成長しました。「みてね」のインフラはサービス開始当初からAWSを利用しており、現在に至るまでさまざまな改善を繰り返し変化してきました。

最初のリリースから約3年が経過した2018年、サーバサイドのシステムリニューアルの検討が始まりました。さらに3年後の2021年には、仮想マシンベース（Amazon EC2）だったシステムがコンテナベースのシステム（Amazon EKS）へ全面移行されました。約6年ほど運用されてきたシステムがなぜコンテナへ移行が必要だったのか、移行はどのように進められたのか、移行によって得られたこと、移行をする際に考慮すべきことについて解説していきます。

コンテナ移行前の環境

コンテナ移行前のシステムについて説明します（図1）。まずオーケストレーション構成は、サービス開始以来、インフラはEC2を基本とした構成で、サーバアプリケーションはRuby on Railsを利用して開発されてきました。AWSのマネージドサービスの1つであるAWS OpsWorks[注1]を利用することで、EC2へのアプリケーションのデプロイ、Chefによるプロビジョニング、オートスケーリング、モニタリングといった機能が統合され、これらが運用の手助けとなっていたため、当時は非常に助かって

注1）「Chef」や「Puppet」といった構成管理ツールを使ってサーバの設定、デプロイ、管理を自動化するためのサービス。

▼図1 コンテナ移行前システム（デプロイ、オートスケール）

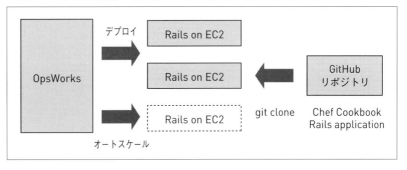

第3章 なぜコンテナ・Dockerを使うのか？
当社も移行すべき？
使いどころや導入方法に関する10の疑問

いました。OpsWorksはEC2を操作して、GitHubからCookbook[注2]やアプリケーションのソースコードを`git clone`してデプロイを行います。

次にコンテナ移行前のインフラとサーバアプリケーションの構成について説明します（図2）。ユーザーのスマホアプリからの要求は、APIアクセスと写真・動画のアップロードが基本となります（一部の機能ではPCブラウザを利用しています）。

APIリクエストを受け取ったサーバアプリケーションはデータベースや各種AWSのリソースとのやりとりをするほか、Sidekiq[注3]を使ったジョブのキューイング、ジョブのワーカー、定期バッチ処理があります。このように、Webのシステムとしてはよくある構成で特別なところはありません。

ユーザーから写真・動画がAmazon S3へアップロードされたタイミングで、Amazon SNS（Simple Notification Service）への通知とAmazon SQS（Simple Queue Service）へのキューイングがされ、Shoryuken[注4]と呼ばれるSQSのワーカーがキューを処理します。

従来の構成をまとめると、おもなシステムコンポーネントの種類としてはAPIリクエスト処理、ジョブワーカー、定期バッチ処理の3パターンで、これらがすべてEC2をベースとして動作し、OpsWorksによってオーケストレートされていました。

コンテナに移行した目的、経緯

サービスのリリースから約3年ほど運用してきたシステムにはさまざまな問題が起きていました。約3年間で多くの機能が追加され、ユーザー数が順調に伸び、組織も拡大してきたことで、当時起こり得なかった問題や課題が見つかるようになりました。そうした課題を解決するための方法として移行の検討を始めました。コンテナ移行の目的と当時の課題について説明します。

オートスケールの速度を向上させたい

OpsWorksにおけるデプロイではChefが使

注2）Cookbookとは、Recipeと呼ばれるインフラの構成情報を記載した設定ファイルや、環境ごとの変数を定義したファイルなどをまとめたファイル群のこと。ChefはCookbookを基にしてインフラを自動で構築します。
注3）https://github.com/mperham/sidekiq
注4）https://github.com/ruby-shoryuken/shoryuken

▼図2　クライアントからのリクエストを受けたサーバの処理（簡略化しています）

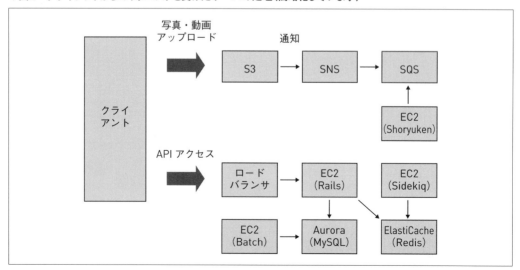

われますが、EC2への初回のデプロイもしくはオートスケール時においてはCookbookを都度取得し適用する形となっていたため、デプロイの時間が長くかかっていました。たとえば、ユーザーからのリクエストが急増して負荷が高まった際、EC2はすばやくスケールアウトされてほしいところですが、EC2起動後のデプロイが完了するのを待つ必要があるため、ユーザーからのリクエストを受けられる状態になるまで長く時間がかかってしまい、急激なトラフィック増加に対して弱い状況でした。

 環境構築コストを削減したい

ChefのCookbookはRubyで書かれていますが、規模が拡大するにつれてコードの構造が複雑化していきました。コードの書き方の問題もあったかもしれませんが、リファクタリングする難しさがありました。また、システムコンポーネントごとに適用するCookbookやRecipeがさまざまで、環境構築の手順も複雑化していました。こういった状況で開発やステージング、本番といった複数の環境で同じ構成を作るのも苦労がありました。

 イミュータブル&ディスポーザブルな環境にしたい

OpsWorksで管理されるEC2インスタンスは、明示的に削除するかマシンイメージ（AMI）を更新しないとオートスケール時も含めてTerminate（終了）されずに使い回されます。使い回されることで一から構築する際の時間の短縮にはなりますが、EC2のライフサイクルが長いと、「一部のソフトウェアが古いまま運用される」「サーバ内で直接作業した結果がサーバ内にずっと残る」といった状況が起こり得ます。このような状況が続くと一部のサーバだけ挙動が変わったり、ストレージの空き具合がほかと異なったりすることも起こり得ます。動作中のサーバに対してセキュリティパッチを適用する手間も多くかかっていました。

そのため、動いているサーバに手を加えられない（イミュータブル）、いつでも廃棄可能な（ディスポーザブル）な構成を作りたいと思うようになりました。

 コンピューティングコストを削減したい

OpsWorksで扱っていたEC2はオンデマンドインスタンスのみでした。スポットインスタンスを使う手が何もないかというとそういうわけではなく、AWSがブログ記事[注5]で手法を紹介していました。しかし、あまり使い勝手が良いものではなく採用には至りませんでした。EC2はオンデマンドインスタンスだけで運用するとけっして安くはありません。長期間利用することを前提にリザーブドインスタンス（RI）を購入してトータルコストを下げる手もありますが、オートスケールによって増減するEC2に対してRIを適用するのはあまり得策ではありません。

スポットインスタンスをフル活用して日々の増減にも対応しつつコンピューティングコストを大幅に削減したいと考えました。

 定期バッチ環境の可用性を向上させたい

サービスの一部の機能において特定の時刻における処理が必要だったため、cronを運用していました。whenever[注6]というRubyのライブラリを活用することでcronの設定はある程度楽になっていたものの、cronを運用する場合は重複実行を避けるために1台のEC2で構成する必要がありました。1台のEC2での運用となると代替となるサーバが存在しないため単一障害点（SPOF）となってしまいます。何か問題が起きた場合にアラートを鳴らしてすかさず代わりとなるEC2を用意するというのは良い方法とは言えません。このように定期バッチを可用性高く運用する必要を感じていました。

◆　◆　◆

これらの課題をコンテナに移行することで改

注5）https://aws.amazon.com/jp/blogs/devops/registering-spot-instances-with-aws-opsworks-stacks/

注6）https://github.com/javan/whenever

第3章 なぜコンテナ・Dockerを使うのか？

当社も移行すべき？

使いどころや導入方法に関する10の疑問

善できるのではと考え、移行を進めることにしました。

コンテナ移行にあたって検討したこと

コンテナへの移行は一朝一夕でできるものではなく、さまざまな検討が必要です。実際にどんなことを検討したのかについて説明します。

コンテナオーケストレーションの選択

移行を検討した当時、AWSでコンテナをオーケストレーションするためのサービスはAmazon ECS（Elastic Container Service、以降ECS）かAmazon EKS（Elastic Kubernetes Service、以降EKS）の2択でした。コンテナを使う以上、このどちらかのサービスを選ぶことになりますが、どのような観点でどちらを選択したのか触れてみたいと思います。

コンテナサービスの選定を行ったのは2018年ごろでした。ECSは2015年にリリースされてから3年以上が経過していたこともあり、ある程度知識や知見がありましたが、対してEKSはその当時東京リージョンではまだ利用できず、今のように機能もそれほど充実していませんでした。そしてKubernetesに関する知識も乏しい状態でした。まずはEKSがどんなものかを知るために先行して利用できたオレゴンリージョンで軽く触ってみて感触を確かめました。当時はKubernetesの本番利用事例もそれほど多くなかったため、さまざまなイベントや勉強会で事例を聞いたり、書籍を購入したりして情報収集

にあたりました。情報収集の結果、Kubernetesのエコシステムの充実ぶりや、Kubernetes自体の開発の活発さにとても魅力を感じました。ECSとEKSを簡単に比較したのが**表1**となります。

サービスの選定にあたっては、従来のシステムに備わっていた機能を新たなコンテナサービスにおいても問題なく動作できるか、チームで運用可能かという点をとくに重視しました。「みてね」のシステムはさまざまなコンポーネントに分かれており、GPUが必要なコンポーネント、多数の定期バッチなどがあります。これらを満足に動作させられるコンテナサービスはどちらかを考えたとき、より柔軟性が高く、機能が拡張しやすいKubernetesであれば対応できると考え、EKSの採用に至りました。

コンテナイメージのCI/CD

サーバアプリケーションをコンテナ化するには、ソースコードや動作に必要なミドルウェアやライブラリなどをまとめたコンテナイメージを作る必要があります。そのためにはコンテナイメージの構成はDockerfileに記述し、ビルド環境とコンテナレジストリを用意します。ビルド環境にはGitHubとの親和性の高いGitHub Actionsを、コンテナレジストリにはAmazon ECR（Elastic Container Registry）を選びました。

GitHub Actionsではbuild-push-action[注7]を使うと簡単にコンテナイメージをビルドしコンテ

注7) https://github.com/docker/build-push-action

▼表1　Amazon ECSとAmazon EKSの比較

	Amazon ECS	Amazon EKS
クラスタの運用	不要	定期的なアップグレードが必要
クラスタの料金	無料	$0.10/時間　※執筆時点
ワーカーノード	EC2またはFargate	EC2またはFargate
おもな特徴	・AWSが開発した独自サービス ・シンプル ・ほかのAWSサービスとの統合 ・さまざまなデプロイツール 　例：AWS for GitHub Actions、AWS Copilot、AWS CDK、ecspressoなど	・Kubernetesベース ・オープンで柔軟性が高い ・エコシステムとコミュニティの充実 　例：Argo CD、Spinnaker、Tekton、Helm、Kustomize、Istioなど

3-4 コンテナ移行でどんな対応が必要か？
本番運用に向けて考慮すべきこと

ナリポジトリにプッシュすることができます。コンテナリポジトリにプッシュされたあとは、Argo CD[注8]にコンテナイメージのタグの変化を検知させることでKubernetesクラスタに新しいイメージをデプロイできるようにしています。開発者がGitHubのプルリクエストをマージするのをきっかけにこれらの一連の流れが実現されています（図3）。

ログ収集と監視の方法

システムの移行において、移行先の新しいシステムでどんな問題が起きるのかは事前に把握しきれないため、オブザーバビリティ（可観測性）を確保することが重要になります。AWSではCloudWatch Container Insightsというサービスが提供されているため、まずはこれを導入してログやメトリクスの収集を行いました。また、従来よりNew Relic APM（Application Performance Monitoring）を導入しており、移行後も利用を継続することで、インフラ起因でアプリケーションに何か問題が発生したときでもいち早く気づける形となっていました。そのほかにもNew Relic Infrastructure、Prometheus[注9]、Grafana[注10]を活用してコンテナのインフラ環境においても十分な

オブザーバビリティを確保できていました。

移行にあたってさまざまなツールやサービスを利用してきましたが、現在ではKubernetesクラスタ内のPrometheus、長期のメトリクス保存用にAmazon Managed Service for Prometheus、長期のメトリクスの可視化にGrafana、コンテナログの検索にGrafana Lokiといったツールを利用しています。

秘匿情報の管理

コンテナ内のアプリケーションにどのように秘匿情報を渡すのか、秘匿情報をどこで管理するのかについて検討を行いました。KubernetesではSecretsという秘匿情報を格納するためのしくみが用意されており、そのSecretsと連携するためのさまざまなツールが存在します。その中でもExternal Secrets[注11]が、AWS Systems Manager Parameter Storeに保存した秘匿情報をKubernetesのSecretsとして利用できる点に強みを感じ採用しました。

可用性の確保

OpsWorksでのオートスケールのしくみはOpsWorksの独自実装となっており、EC2の負荷やCloudWatchのアラームを基にスケール条件を設定するものでした。EKSではKubernetesのオートスケールのしくみに準拠しており、正しく

注8）KubernetesクラスタにおいてGitOpsに即した継続的デリバリーを実現するためのツール。
注9）CNCF（Cloud Native Computing Foundation）プロジェクトにおいて、オープンソースで開発されているシステム監視ツール。
注10）ログやメトリクスなどをダッシュボードに表示するオープンソースの可視化ツール。
注11）現在はExternal Secrets Operatorに移行しました。

▼図3　コンテナイメージのビルドとKubernetesクラスタへのデプロイのしくみ

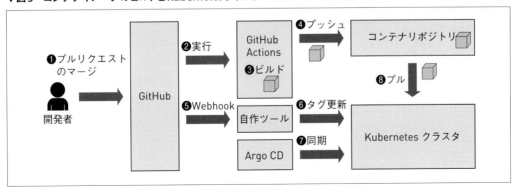

扱うためにはワーカーノードをスケールさせるためのCluster Autoscaler、PodをスケールさせるためのHPA（Horizontal Pod Autoscaling）の理解が必要になります。実際に使ってみないとどのようにオートスケールするのか想像できなかったところもあったため、開発環境などで実際に動作させて検証を繰り返し、本番環境では影響の少ないところから導入して随時チューニングするといった流れを想定しました。

 データベースのマイグレーション運用

サーバアプリケーションが扱うデータベースのテーブルの追加やスキーマ変更を行う機能をマイグレーションと呼びますが、Kubernetesの環境においてマイグレーションをどこで、どのタイミングで実行するかを検討しました。

マイグレーションの差分を含むサーバコードをデプロイするときに自動でマイグレーションを行う検討をしたことがありましたが、本番環境ではマイグレーションの規模によっては自動実行はリスクを伴うため、安全を優先して本番環境以外で行うことにしました。

本番環境では作業用のPodを作成し、開発者が手動でマイグレーション作業を行います。作業用のPodはマイグレーションのコマンドなど、運用上必要なコマンド類を実行するための一時的な環境で、開発者が必要に応じてPodを起動できるようにしています。このPodの起動はKubernetesのコマンドラインツールであるkubectlのrunコマンドを利用して実現していますが、コマンドのオプションを毎回指定するのは面倒なため、ラッパーツールを開発して開発者が扱いやすくする工夫をしています。作業用のPodでコマンド実行が完了したあとコンソールを抜けるとPodは自動的に削除されるほか、Podが生存し続けられる時間の上限も設定しているため、Podが残り続けて無駄にリソースが消費されるといったことはありませんが、作業用のPodで長時間プログラムを実行したい場合もあるため、Podを終了せずにデタッチのみを行いコンソールを抜けることもできるようになっています。

移行の進め方

さまざまな調査や検証などの準備を進めて、いよいよ移行作業となったとき、どのような手順を踏んで進めたのか、気をつけたことを説明します。

最初にEKS環境向けのVPC（Virtual Private Cloud）を新たに作成し、旧環境のVPCにあるRDS（Aurora MySQL）やElastiCache（Redis、Memcached）といったリソースにアクセスできるようにVPC Peeringを設定しました。これで旧環境に手を加えることなく新環境の構築を行えます（図4）。

旧環境のVPCにあるRDSとElastiCacheを新環境に移行する作業は、今回の移行プロジェクトにおいては対象外としました。理由としてはRDSとElastiCacheのVPCの変更はコンテナ移行の作業とは完全に分離できること、データストアでのトラブルはサービス全体に大きな影響を与えるためです。そのため、コンテナ移行後もしばらくの間はVPC Peeringによってアクセスできる状態を維持しています。

そして新環境のKubernetesクラスタに必要なソフトウェアをデプロイします。たとえば、サーバアプリケーションをデプロイするためのArgo CDや、オートスケールをするためのCluster Autoscaler、Parameter Storeと連携するためのExternal Secretsなどです。

▼図4　新旧環境のVPCをつなぐ

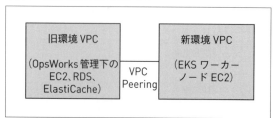

3-4 コンテナ移行でどんな対応が必要か？
本番運用に向けて考慮すべきこと

　新環境にアプリケーションをデプロイする準備が整ったら新旧両方の環境に同時にデプロイをするしくみを構築しました（図5）。移行中に片方の環境だけデプロイが漏れてしまうと部分的に古いコードが動作するといった事故の元となるためこのような構成をとっています。具体的には新環境のArgo CDのデプロイを契機に旧環境のOpsWorksのAPIを利用してデプロイを実行しています。移行が完全に終わるまでこの構成が続きます。

　ここまで準備が整ったらあとはアプリケーションを順次移行していきます。まず移行対象として選んだのはユーザーからのリクエストを直接受けないジョブワーカーです。Sidekiqのジョブワーカーはリトライの機構があるため、移行時に何らかのトラブルがあっても影響を受けにくく、Kubernetesのオートスケール機能を試すのにも向いていました。ワーカーを機能ごとに開発環境、ステージング環境、本番環境と順番に移行していきました。本番環境で正常動作を確認したワーカーは順次旧環境から取り除いていきます。

　ジョブワーカーが一通り移行できたら次はAPIサーバです。APIサーバは何か問題があるとユーザーに影響が出やすいところですので慎重に移行しました。Application Load Balancer（ALB）の配下に新旧環境のEC2を配置し、最初は旧環境にトラフィックの100%を流しておき、徐々に新環境への割合を増やしていくことで、何か問題が発生した場合でも楽に切り戻せるようにしました。

　これらの移行作業においてはモニタリングがとても重要です。移行中のちょっとしたトラブルでも見逃さないように各種メトリクスやログを注視します。また、オートスケール時の挙動にも十分注意を払います。とくにスケールイン時はAPIのリクエストが中断されてしまいエラーが発生してしまうことが懸念されます。負荷が高まったときにHPAとCluster Autoscalerが正しく機能してPodやノードが期待どおりに増えることを確認するのも重要です。そのため、長い時間をかけて少しずつ移行していきました。

　こうして無事に移行を終えることができましたが、移行中はここには書ききれないほどの細かな調整やチューニングといった作業がありました。コンテナ移行の検討や検証し始めて約1年後に移行作業が始まり、約半年の時を経てようやく完了しました。

コンテナ移行後の効果、成果

　無事コンテナとKubernetesへの移行が完了し、移行による効果をいくつか体感することができました。実際にどんな効果があったのか説明していきます。

デプロイの安定化、高速化

　移行後のデプロイはGitHubからのソースコードの取得やプロビジョニングが不要になり、KubernetesのPodを新しいコンテナイメージで置き換えるといったとてもシンプルなものに

▼図5　新旧環境の同時デプロイ

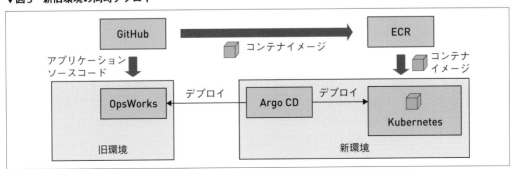

第3章 なぜコンテナ・Dockerを使うのか？

当社も移行すべき？
使いどころや導入方法に関する10の疑問

なりました。旧環境のようにデプロイ時に複雑な処理が行われると一部の処理が原因でデプロイがスタックしてしまうことがありますが、移行後のデプロイは非常に安定しました。

開発者のデプロイ作業のストレスも緩和され、開発に集中できるようになりました。オートスケールのスピードも格段にアップし、突発的なリクエスト増にも対応しやすくなりました。

開発環境の運用効率化

従来はEC2の上にそのままサーバアプリケーションを展開、起動して開発をしていましたが、コンテナ移行後はコンテナの中で開発するようになりました。各環境共通のコンテナイメージを使うことで誰もが同じ環境を使って開発ができます。環境の構築手順がシンプルになるため、新しいメンバーが入ってきたときの対応がとても楽になります。

開発するごとにコンテナイメージはアップデートされていくため、古いソフトウェアが使われ続けるリスクも軽減されます。サーバアプリケーションと連携するMySQLやRedisといったソフトウェアも公式にコンテナで提供されていることが多く、必要に応じて複数のコンテナを立ち上げ連携することが容易にできるといったメリットがあります。ソフトウェアのバージョンの指定がそのままコンテナのタグで指定できるのも便利です。

また、CircleCIのように外部のCIサービスでもコンテナを使うケースがあるため、コンテナイメージをあらかじめ用意しておくとCIサービスとの連携もスムーズに行うことができるといったメリットがあります。

EC2コストの大幅削減

移行によってステートレスでいつでも停止できるコンテナが大半を占めるようになったため、オンデマンドインスタンス中心の運用からスポットインスタンス中心の運用に変化しました。

ステートレスなコンテナは中断に強く、まさにスポットインスタンスに向いています。スポットインスタンスはAWSの余剰キャパシティーを利用して安く提供される反面、キャパシティーの状況に応じてインスタンスが回収され中断されてしまいます。そのため、スポットインスタンスがいつ中断しても問題が起きないように中断イベントを検知し、安全にアプリケーションを速やかにシャットダウンする必要があります。EKSにおける中断の検知はAWS Node Termination Handler[注12]といったツールやマネージドノードグループにおいてサポートしているため、中断が発生した場合でも安全にコンテナを終了することができます。

スポットインスタンスはインスタンスタイプの需給傾向に応じて料金は変化しますが、「みてね」で利用しているインスタンスタイプにおいてはオンデマンドインスタンスに比べ6〜7割程度安くなりました。そして全体のEC2台数の約9割以上がスポットインスタンスで運用できるようになりました。

すべてがスポットインスタンスではなくオンデマンドインスタンスを一部で継続して利用している理由は、スポットインスタンスの中断が許容できないケースがあること、スポットインスタンスが確保できない場合に自動的にオンデマンドインスタンスを利用するケースがあるためです。

定期バッチ環境の可用性向上

OpsWorksにおけるEC2でのcron運用は冗長構成が組めないために残念ながら単一障害点となっていましたが、KubernetesではCronJobというしくみを利用して可用性が大きく向上しました。

CronJobはその名のとおりcronの記法を使って指定された時刻にジョブを実行するというものです。従来のcronよりも高機能な点としては「リトライが可能であること」「重複実行の制御ができること」が挙げられます。CronJobで

注12) https://github.com/aws/aws-node-termination-handler

コンテナ移行でどんな対応が必要か？
本番運用に向けて考慮すべきこと

3-4

定期バッチ処理を行う場合、複数あるノードのいずれかにジョブ実行用のPodがスケジューリングされて、ジョブが単発で実行され、都度終了するため単一障害点にはなりません。処理が失敗した場合にリトライするか、リトライを何回やるかといった制御や、前回のジョブが完了していない場合に重複して実行するのを許容するかどうかなどの制御も可能になっています。

コンテナ移行時に考慮すべき項目

コンテナへ移行を終え、移行のプロセスを振り返るとさまざまな学びがありました。コンテナ移行で得た学びを紹介します。移行前、移行時、移行後の3つのフェーズでそれぞれ考慮すると良いことをまとめました（**表2〜4**）。

細かな考慮事項はほかにもあるかもしれませんが、最低限意識すると良いと思われる事項を紹介しました。今後コンテナベースのシステムに移行される場合にこれらの内容が役立つとうれしいです。 SD

▼表2　移行前に考慮すべき項目

考慮事項	説明
移行の単位は小さく計画する	・作業が小さくなりフィードバックを得やすい ・問題が起きたときに影響範囲を小さくできる
オブザーバビリティをどう実現するのか決める	・コンテナに対応したメトリクスやログの収集と分析方法の検討、ツールの選定
コンテナの開始と終了のロジックを理解しておく	・とくにKubernetesにおいては安全に終了できるように理解する ・スポットインスタンスを使う場合はとくに重要
ステークホルダーへ説明する	・移行の目的、変更点、リスク、スケジュールなどを関係者に共有する
構成や移行手順をレビューする	・チーム内におけるレビュー、AWSへの相談を行い精度を高める

▼表3　移行時に考慮すべき項目

考慮事項	説明
問題が起きる前提で切り戻し手順を用意しておく	・想定外の事態が起きて、対処に時間がかかる場合は切り戻すことですばやく復旧できるようにする
いろいろなことを同時に行わない	・あとで良いことはあとで、ついでにこれも同時にやるというのはできるだけ避け、問題が起きたときに切り戻ししやすいようにする
ユーザーに影響が出ないようにする	・作業中にネットワーク断や負荷増が起きないようにする
開発に影響が出ないようにする	・開発が止まってしまい事業の進捗に影響が出てしまうことは避ける
移行箇所のモニタリングとアラート設定を行う	・エラーの数や性能に影響を与えるメトリクス、ログから移行が正常に行われているのか確認する
本番移行前にリハーサルを行う	・開発環境やステージング環境で本番移行と同等の手順を先に試しておき、想定どおりの移行ができるか確認する

▼表4　移行後に考慮すべき項目

考慮事項	説明
オブザーバビリティに不足がないかを確認する	・今まで観測できていたことができなくなっていないか、新たに必要なメトリクスやログがないか確認する
コンテナに割り当てたリソースが不足していないかを確認する	・負荷の変化によりCPUやメモリの利用率が逼迫していないか、パフォーマンスが劣化していないか、OOMKilledが発生していないか確認する
ドキュメントをアップデートする	・旧環境に関する記述が残っていると混乱を招くため、新環境に対応した記述にアップデートする
コストの変化に異常がないかを確認する	・構成が大きく変化したことで思いがけない箇所でコストが発生していないか確認する
AWSサービスのリソース上限に到達もしくは近づいていないかを確認する	・利用しているリソースの上限と現在の利用量を確認する

Software Design [別冊]　技術評論社

データベース速攻入門
モデリングからSQLの書き方まで

本書は『Software Design』のデータベースに関連する特集記事を再収録した書籍です。
プロダクトに依存しないデータモデリングの基本をはじめ、基本命令文はもちろん、複雑な集計を行うSQLの書き方、MySQLを扱う際に必須となるデータ型／インデックス／トランザクション／デッドロック／レプリケーションの5大基本機能を解説しています。さらに、AWSの人気データサービスであるAmazon RDSとAmazon DynamoDBの使い分けポイントも紹介。
現場ですぐに役立つデータベースの知識が身に付きます。

堀内康夫、徳尾秀敬、ほか 著
B5判／192ページ
定価（本体2,200円+税）
ISBN 978-4-297-13362-7

大好評発売中！

こんな方におすすめ
・データベースについて基礎から勉強したい方

Software Design [別冊]　技術評論社

今さら聞けない 暗号技術 & 認証・認可
Web系エンジニア必須のセキュリティ基礎力をUP

今やWebシステムは社会や経済を支える基盤となっており、Webシステムの開発・運用に携わるITエンジニアはセキュリティの技術の理解が欠かせません。暗号技術、認証・認可にかかわる基礎教養と具体的な規約・プロダクトをこの1冊で学べます。公開鍵暗号、共通鍵暗号、ディジタル証明書、電子署名、認証・認可などの基礎技術の用語や理論の説明から、それらを応用したSSL/TLS、SSH、OAuth、OpenID Connectなど各種の規約やプロダクトの使い方までを解説します。

大竹章裕、瀬戸口聡、ほか 著
B5判／160ページ
定価（本体1,980円+税）
ISBN 978-4-297-13354-2

大好評発売中！

こんな方におすすめ
・Webシステムに携わるエンジニア
・セキュリティに携わるエンジニア

第4章 Dockerコンテナだけで大丈夫？ なぜ、Kubernetesを使うのか？

一から学ぶコンテナ・オーケストレーション

Kubernetesはコンテナ運用の話題では必ずと言っていいほど名前が挙がる、コンテナ・オーケストレーションツールの定番です。ですが、コンテナを管理するだけならDocker ComposeやDocker Swarmといったツールがほかにもあります。Kubernetesをわざわざ使う理由は、どこにあるのでしょうか。本章では、そもそもコンテナが何を解決し、どのような課題を生んだのか、コンテナ・オーケストレーションとは何かを振り返り、さらにKubernetesはそうしたコンテナ特有の課題をどのように対処できるのか、ハンズオンを交えて解説します。この機会にKubernetesの便利さをぜひ体験してみてください。

序節 Kubernetesにまつわる疑問
難しい？ いらない？
そう考えているあなたへ p.98
Author 編集部

4-1 コンテナが抱える課題とは？
コンテナ活用に潜む
落とし穴 p.99
Author 田中 智明

4-2 Kubernetesは何を解決するのか？
基本機能と動作イメージを
つかもう p.108
Author 早川 大貴

4-3 Kubernetesでコンテナをデプロイするには？
マニフェストファイルベースの
コンテナ実行を体験 p.119
Author 須田 一輝

4-4 Kubernetesでコンテナ間を連携する方法としくみ
整合性を担保するService
リソースを押さえよう p.130
Author 李 瀚

第4章 Dockerコンテナだけで大丈夫？ なぜ、Kubernetesを使うのか？ 一から学ぶコンテナ・オーケストレーション

序節 Kubernetesにまつわる疑問

難しい？ 必要ない？ そう考えているあなたへ

①コンテナは何を解決したの？
コンテナの登場と普及によりアプリケーション開発運用のスタイルは大きく変わりました。アプリケーションの開発環境・運用環境面、セキュリティ面、コンピュータリソースの面でさまざまな課題を解決しています。4-1節でその詳細を紹介します。 →4-1節（P.99）へ

②コンテナを活用するうえで逆に大変になったことはあるの？
コンテナを本番環境で活用するにあたりさまざまな課題が解決されましたが、一方でデプロイやコスト、障害対応、コンテナ同士の通信といった面でコンテナ特有の新たな課題が見つかりました。4-1節で紹介します。 →4-1節（P.99）へ

③Kubrenetesって何？
Kubernetesはコンテナ・オーケストレーションツールと呼ばれていますが、そもそもKubernetesはどんなツールなのでしょうか。4-2節、4-3節で説明します。 →4-2節（P.108）、4-3節（P.119）へ

④Kubernetesにはどんな機能があるの？
Kubernetesはオーケストレーションだけでなく、サービスディスカバリやロールアウト／ロールバック、セルフヒーリングなど、本格的なコンテナ運用を前提とした強力な機能を多数持ち合わせています。それらのポイントを4-2節、4-3節で解説します。
 →4-2節（P.108）、4-3節（P.119）へ

⑤Kubernetesの基本は何を押さえればいいの？
Kubernetesを使ううえでは、Pod、ノード、クラスタ、リソースといった、特有の技術用語や概念を押さえる必要があります。4-2節、4-3節で解説します。 →4-2節（P.108）、4-3節（P.119）へ

⑥Docker Compose、Docker Swarmじゃなくて、あえてKubernetesを使うのはなぜ？
コンテナを管理できるツールには、Kubernetes以外にもDocker ComposeやDocker Swarmといったツールが存在します。それらのツールではなく、あえてKubernetesを使う理由は何でしょうか。4-2節でそのわけに迫ります。 →4-2節（P.108）へ

⑦Kubernetesを使うときの指針はあるの？
Kubernetesの基本を一通り把握できたら、使ってみましょう。実際に使ううえでは、Webアプリケーションの代表的な方法論である「The Twelve-Factor App」に従うとよいでしょう。4-3節で詳細を紹介します。
 →4-3節（P.119）へ

⑧マニフェストファイルはどうやって使うの？
マニフェストファイルはKubernetesを運用していくために重要な、YAML形式で記載されたファイルです。マニフェストの設定内容やその書き方、そしてマニフェストファイルによるデプロイの流れを解説します。4-2節、4-3節を確認してください。
 →4-2節（P.108）、4-3節（P.119）へ

⑨コンテナをデプロイするとき、Kubernetesは裏で何をやっているの？
マニフェストファイルを利用すると、Kubernetesが自動的にコンテナを実行してくれます。こうした、一種魔法とも思えるしくみを成立させるために、Kubernetesはどのように動作しているのでしょうか。その裏側を4-3節で解説します。 →4-3節（P.119）へ

⑩コンテナを複数組み合わせるには？
実際のアプリケーション開発・運用の現場ではコンテナを複数使用したアプリケーションを開発することでしょう。Kubernetesでは、Serviceリソースで対応できます。4-4節で解説します。 →4-4節（P.130）へ

⑪コンテナはどのように通信させればいいの？
コンテナを複数組み合わせる際に考える必要があるのは、コンテナ間通信です。複雑になりがちなコンテナネットワークを、Kubernetesではどのように管理できるのでしょうか。4-4節で解説します。
 →4-4節（P.130）へ

⑫コンテナの負荷はどのように対処すればいいの？
コンテナアプリケーションの開発運用で重要になるのがロードバランシングです。Kubernetesは、コンテナの負荷を分散させるロードバランサの機能も持ち合わせています。4-4節で解説します。
 →4-4節（P.130）へ

98 - Software Design

第4章 Dockerコンテナだけで大丈夫？ なぜ、Kubernetesを使うのか？
一から学ぶコンテナ・オーケストレーション

4-1 コンテナが抱える課題とは？
コンテナ活用に潜む落とし穴

Author 田中 智明（たなか ともあき） 日本仮想化技術株式会社
Mail ttanaka@virtualtech.jp **URL** https://virtualtech.jp/

Dockerの普及に伴い、コンテナ型仮想化（コンテナ）を利用したソフトウェアやシステムを開発する現場が増えました。そうしてコンテナの本格活用が進む中で、システム運用者は以前と異なる問題に直面しています。本節では、コンテナが解決してきた課題と、コンテナによって生まれた課題を紹介します。

コンテナとは

コンテナは、仮想化技術の1つです。Linuxカーネルの機能を使用してすべてのプロセスから名前空間やリソース割り当てを分離します。仮想化技術の1つである仮想マシンに比べ、リソース消費やオーバーヘッドが小さいのが特徴です。

コンテナは、システムコンテナとアプリケーションコンテナの2つに分類できます。システムコンテナは、1つのコンテナで複数のアプリケーションを実行するものです。システムコンテナでは、コンテナを実行すると、はじめにinitプログラムが起動し、initプログラムが複数のアプリケーションを起動します。システムコンテナは、仮想マシンと違ってLinux以外のOSでは使用できませんが、従来のLinuxサーバと同様の使い方ができるのが特徴です。Linux Containers（LXC）[注1]やOpenVZ[注2]はシステムコンテナに分類されます。

アプリケーションコンテナは、1つのコンテナで1つのアプリケーションを実行するものです。後述のDockerがアプリケーションコンテナに分類されます。「1コンテナ1プロセス」という言葉をよく目にしますが、これはアプリケーションコンテナのことを指しています。アプリケーションコンテナではアプリケーションプロセスだけが起動するので、プロセスが終了するとコンテナも一緒に終了します。Dockerなどでアプリケーションをバックグラウンドで起動するとコンテナが直ちに停止してしまうのはこれに起因します。

Dockerとは

Dockerは、コンテナ型仮想化の一種で、アプリケーションをすばやく開発、配布、実行するためのツールです。アプリケーションの実行環境をコンテナ内に作ることで開発環境を統一し、パッケージ化することで配布や実行を簡略化します。Dockerは、2013年にdotCloud社（現Docker社）によりオープンソースソフトウェアとして公開されました。

Dockerはアプリケーションコンテナに分類されます。今では、コンテナと言うとDockerコンテナのようなアプリケーションコンテナを指すのが一般的です。本節でも以降はアプリケーションコンテナを単にコンテナと呼びます。

注1）https://linuxcontainers.org/ja/
注2）https://openvz.org/

第4章 なぜ、Kubernetesを使うのか？

Dockerコンテナだけで大丈夫？ 一から学ぶコンテナ・オーケストレーション

Dockerの特徴

Dockerは公開以来開発者の間で普及してきました。普及した理由はさまざまです。

- 仮想マシンよりも軽量で高速
- 開発者のマシンリソースが節約できる
- 環境構築が容易

これらの背景にはDockerの特徴が影響しています。どのような特徴があるのか詳細を解説します。

ポータビリティ

Dockerコンテナはポータビリティの点で優れています。アプリケーションと、その依存関係を1つのコンテナイメージにパッケージングすることで、開発者のマシンからクラウドへ、開発環境から本番環境へ、すべての機能を維持したまま移動し、実行できます。このおかげで、開発者はデプロイ先の環境を意識することなく、アプリケーションの開発と依存関係の管理に専念できるようになりました。

テキストファイルでイメージを構築・管理できる

Dockerは、Dockerfile[注3]というテキスト形式のファイルを利用してイメージを構築します。

次のコードはDockerfileのサンプルです。

```
FROM python:bullseye   # コンテナイメージの指定
COPY . /app            # ホストからコピーするファイルの指定
RUN make /app          # ビルド時に実行するコマンドの指定
# コンテナ作成時に実行するコマンドの指定
CMD ["/usr/bin/python3", "/app/app.py"]
```

各行がそれぞれイメージの構築に必要な手順であり、ここに書かれているとおりに実行されます。したがってDockerfileを見れば、どういうコンテナが作成されるのか一目瞭然です。

Dockerfileはテキスト形式のファイルですの

で、もし、コンテナの構成が変更されたとしても、変更点の比較が容易です。昨今のバージョン管理システムを利用した開発ともマッチしています。

コンテナイメージの配布

図1はDockerのアーキテクチャ図です。

Dockerにはコンテナレジストリというコンテナイメージを管理・運用できるしくみがあります。コンテナレジストリを使えば、ビルドしたコンテナイメージを保存し、配布できます。コンテナレジストリにイメージをアップロードすることで、誰でもそのイメージを使用して、アプリケーションの実行や、カスタマイズができるようになります。

Docker社が運営しているDocker Hub[注4]には、OSやアプリケーションの公式なイメージや、一般のユーザーが作成したイメージが配布されています。配布されているイメージを利用することで、開発者は簡単にアプリケーションを入手し、実行できるようになったと言えます。なお、公式イメージは、アプリケーションやOSの開発元がメンテナンスしており、これを利用することで、セキュリティを担保できます。

コンテナとDockerが解決してきた課題

コンテナの登場以前は、事前にアプリケーションの実行環境が構築された開発サーバに開発者自身がSSHなどでログインし、そこで開発を行うか、もしくは、仮想マシンに環境を構築し、そこで開発をしていました。コンテナとDockerは、こうした、物理マシンや仮想マシンにあったいくつかの課題を解決しました。その詳細を解説します。

環境維持の課題

物理マシンや仮想マシンを使ったサービスで

注3) https://docs.docker.jp/engine/reference/builder.html
注4) https://hub.docker.com/

コンテナが抱える課題とは？ 4-1
コンテナ活用に潜む落とし穴

は、一度環境を構築するとサービスが終了するまでその環境を維持する必要があります。日次のバックアップやパッチの適用、OSのアップグレードなど、安定した運用を続けるには欠かせない作業です。

しかし、長く運用を続けていくと、環境もどんどん増えていきます。開発環境やテスト環境が複数欲しくなったり、次のバージョン用の環境が欲しくなったりとさまざまな要求が出てくることでしょう。それぞれの環境ごとに設定を変更したり、ランタイムやライブラリのバージョンを変えたりすることもあると思います。開発者のローカル環境も何らかの方法で維持していく必要があります。

環境の維持はとても重要ですが、時間とともに簡単に崩れていきます。最後に追加した環境だけ設定が新しくなっていたり、開発者のマシンや開発環境のアップグレードが放置されていたりなど、さまざまな要因が考えられます。

実際に筆者が関わっていた現場では、Vagrant[注5]を使い、Vagrantfileと構築手順書で管理をしていたところがありました。そこでの環境のアップグレードは、Vagrantfileの更新とチームメンバーへの周知がすべてです。したがって、アップグレードの日に休暇を取得していたメンバーは更新が漏れているということも頻繁に起きていました。

コンテナはこれらの問題を解決しました。コンテナはコンテナ内で環境が完結しています。パッチの適用やOSのアップグレードはDockerfileを修正して新しいコンテナイメージを作るだけでよく、そのイメージを使用したコンテナに差し替えることで切り替えられます。

環境依存の課題

アプリケーションを実行するにはソースコード、ランタイム、ライブラリが必要です。

かつて、アプリケーションを物理マシンや仮想マシンにデプロイするには、多くの場合、rsyncやscpなどでソースコードをコピーしていたことでしょう。しかし、アプリケーションが依存しているランタイムやライブラリは、rsyncやscpではデプロイできません。これは、ランタイムやライブラリがデプロイ先のサーバでビルドされている必要があるためです。ソースコードと一緒にランタイムやライブラリをデプロイしただけではアプリケーションが動かないおそれがあります。そのため、多くの場合、デプロイ先のサーバ上にあるランタイムやライブラリを使用します。

注5） https://www.vagrantup.com/

▼図1　Dockerアーキテクチャ図

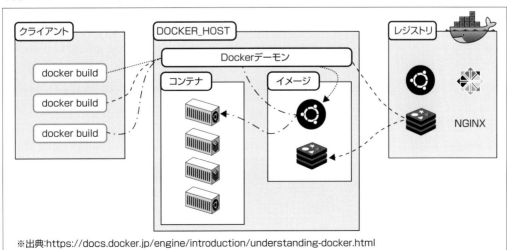

※出典：https://docs.docker.jp/engine/introduction/understanding-docker.html

第4章 なぜ、Kubernetesを使うのか？

Dockerコンテナだけで大丈夫？　一から学ぶコンテナ・オーケストレーション

　たとえば、本番環境だけランタイムやライブラリのバージョンが異なっていたらどうでしょうか。開発者のマシンや開発環境では正常に動いていたのに、本番環境に持っていくとたちまち動かなくなる、という状況は、誰しもが一度は見聞きしていると思います。ご自身で経験されている方も少なくはないはずです。

　アプリケーションのテストも信用できるとは限りません。テスト環境では正しく動いたとしても、実行環境が変われば、正しく動く保証はありません。ソースコードだけをデプロイする方法では、デプロイが完了したときに、初めてその環境用のアプリケーションがビルドされるからです。

　コンテナは、ビルドされたコンテナイメージをもとに作成されます。このイメージは読み取り専用のテンプレートで、不変です。ビルドした時点の状態が保存されているため、テストに成功したコンテナを使用している限り、環境を越えて移動しても動作は保証されています。

セキュリティの維持

　サービスを運用していると脆弱性が発見されることがあります。脆弱性が存在する箇所はミドルウェアやライブラリ、ランタイムなどさまざまです。脆弱性が見つかるとそれぞれのサーバでパッチの適用やOSのアップグレードといった作業が必要になります。しかし、すべての環境で即時適用できるわけではありません。開発環境でアップグレードを試してみて、問題がなければ次の環境へと順に適用していくことになるでしょう。もしかすると、本番環境は次のメンテナンスまでアップグレードできないかもしれません。OSのアップグレードでアプリケーションが動かなくなることも考えられます。

　コンテナを使用すると、セキュリティパッチの適用やOSのアップグレードは、コンテナを新しいものに差し替えるだけで済みます。コンテナイメージは環境に依存せず、テスト結果は環境をまたいでも保証されるので、恐れずアップグレードできます。もし、不具合があったとしても大丈夫です。古いコンテナイメージを残しておけばロールバックも可能です。

リソース

　コンテナは、別の仮想化技術の1つである仮想マシンと比較して、リソースの消費が少ないとされています。

　ここで仮想マシンについて簡単に触れておきます。仮想マシンは、分離レベルを維持したまま、複数のマシンを1つのマシンに集約するための技術です。仮想マシンの中では、完全なOSが起動しています。アプリケーションを1つ起動するだけでもOSが起動してしまうため、その際OSが使用するリソースも余計に消費してしまいます。

　仮想マシンは、完全なOSが起動し、起動／停止は数分単位で時間がかかります。起動中はリソースが割り当てられた状態のため、リソース割り当ても分単位で制御することになります。

　対してコンテナは、リソースの消費量が少なく、割り当てる際の時間も短くなります。コンテナ間でカーネルを共有しているので、コンテナ内でそれぞれカーネルを実行する必要がありません。コンテナは、おおよそアプリケーションが消費するリソースだけを要求します。

　コンテナイメージにはカーネルを含める必要がなく、コンテナ自体も軽量です。また、アプリケーションの起動、停止が高速になったことで、リソースの細かな制御が可能になりました。コンテナは秒単位で起動、停止できます。これにより、リソースの割り当ても秒単位で制御できるようになりました。リソースを細かく制御できれば、より多くのコンテナを実行する機会を得られます。

コンテナとDockerがもたらした変化

　コンテナとDockerは、上述のDocker登場以前からあった課題を解決しただけではなく、新

102 - Software Design

しい開発手法や考え方を生み出しました。どのような開発手法や考え方が生まれたのでしょうか。

コンテナ利用によるセキュリティの担保

脆弱性情報は自動では通知されず、日々の業務の中でサービスに影響のあるものを自分で発見していく必要があります。脆弱性を放置するのはリスクがありますが、すべての依存関係で脆弱性情報を確認するのは高コストなため、放置されがちです。

コンテナイメージに使われているOSやライブラリなどから脆弱性を発見するツールやサービスは多数存在します。これらを使用して脆弱性情報の確認を自動化することで、開発者や運用担当者の負担を軽減できます。

図2は、Docker Desktopを利用した脆弱性スキャンの結果です。古いイメージを使っていたり、イメージ内の処理やファイルに脆弱性があったりすれば発見してくれます。

アプリケーションアーキテクチャの変化

アプリケーションのアーキテクチャはいくつか存在しますが、今回はモノリシックアーキテクチャとマイクロサービスを取り上げます。

モノリシックアーキテクチャは、複数の機能を備えた1つの巨大で複雑なアプリケーションです。1つの機能を修正するためにアプリケーション全体のリビルドとテストをする必要があるため、修正コストが高くなります。また、デプロイがアプリケーション全体に影響を与えるので、デプロイの心理的負担も大きくなります。

マイクロサービスは、それぞれの機能ごとに実装されたいくつものアプリケーションを連携することで、1つのサービスを構築します。1つのアプリケーションを修正しても、そのアプリケーションをリビルドとテストするだけでよくなるため、修正コストは低いと言えるでしょう。また、デプロイが与える影響範囲も、そのアプリケーションに限定されるので、心理的負担も抑えられます。

マイクロサービスにより修正コストやデプロイへの心理的負担を減らすことができれば、次々に機能追加や修正をリリースできます。したがって、開発サイクルが高速に回ります。

コンテナは、1つの機能を1つのコンテナにパッケージングすることで、ポータビリティやデプロイの容易さを実現します。これらの要素は、小さい機能をすばやくデプロイし連携するマイクロサービスに適しています。

DevOpsによる開発サイクルの高速化

DevOpsでは開発のサイクルを高速に回します（図3）。細かい粒度でリリースを行うことで、お客様からのフィードバックの機会を増やすのが目的です。開発サイクルを高速化できる点で、コンテナとDevOpsは相性が良いとされています。

DevOpsを実現するにはCI/CDが重要な要素

▼図2　Docker Desktopによる脆弱性スキャン

▼図3　DevOpsのインフィニティサークル

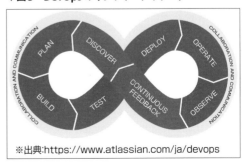

※出典：https://www.atlassian.com/ja/devops

第4章 なぜ、Kubernetesを使うのか？

Dockerコンテナだけで大丈夫？ ／ 一から学ぶコンテナ・オーケストレーション

となってきます。

CIは、Continuous Integrationの略で、一般的に継続的インテグレーションと呼ばれています。CIを利用することで、ビルドとテストを自動化します。開発者は、リポジトリにコードをコミットするだけで、コンテナのビルドからテストまでを自動的に行うことができます。開発者は一番時間のかかる煩わしい作業から解放され、ビルド、テストの完了を待つことなく、次の作業に取りかかれるようになりました。

CDは、Continuous Deliveryの略で、一般的に継続的デリバリーと呼ばれています。CIと組み合わせて利用することで、ビルドとテストが正常に終わったコンテナイメージをコンテナレジストリに自動的にアップロードします。

ビルドやテスト、アップロードまで自動化できれば、開発者はコードを書くことに専念できます。こうして開発サイクルを一層高速化していくことができます。

それぞれの関心と責任の変化

コンテナを使用することで、開発者はインフラストラクチャの管理から解放されました。OSの設定は不要になり、アプリケーションの開発にだけ専念すればよくなったのです。

同時に、システム管理者やオペレーターは、アプリケーションの実行環境の依存を気にする必要がなくなりました。コンテナを動かす環境の維持に注力すればよく、アプリケーションの依存関係や、環境依存から解放されたのです。

おのおのが得意分野で責任を果たせるようになったことで、最高のパフォーマンスを発揮できるようになったと言えます。

コンテナとDockerを活用する中で見えてきた課題

ここまで説明したとおり、コンテナは、環境依存の問題やリソースの効率的な利用、起動速度など、多くの課題を解決しました。一方で、新たな課題も見つかりました。

たとえば、コンテナを連携する場合を考えてみましょう。1台のサーバでいくつかのコンテナを連携させるだけなら、DockerやDocker Compose[注6]で十分でしょう。しかし、商用環境などの高可用性が求められる環境ではどうでしょうか。複雑なワークフローが発生するはずです。

本項では、このようなコンテナ活用に特有の課題を紹介し、商用環境を安定して運用していくために求められる要求を解説していきます。

デプロイ

本稿冒頭で、Dockerコンテナがアプリケーションコンテナであることを説明しました。Dockerコンテナをデプロイする際は、1つのコンテナに1つのアプリケーションを載せて行います。仮想マシンやシステムコンテナと違って、複数のアプリケーションを1つのコンテナに載せるということはしません。1つのインスタンスでサービスが完結していないため、連携するアプリケーションの数が増えると、コンテナの管理が複雑になっていきます。

より複雑なワークフローが出てきたらどうでしょうか。たとえば、一部のユーザーにだけ機能を公開するときを想定してください。この場合、特定のサーバにだけ新しい機能をデプロイすることになります。こうなると、もはやコンテナだけの管理ではどうにもなりません。サーバとコンテナとバージョンのマッピングや、サーバのグルーピングなどが必要になってきます。

また、商用環境では、ダウンタイムが発生しないようなデプロイのしくみが必要です。一部のデプロイ手法を例にとると、一定数ずつコンテナを新しく更新していく「ローリングデプロイ」、稼働中のサーバとは別に新しいサーバで動作確認をし、問題が見つからなければそのサーバにトラフィックを切り替える「ブルーグリーンデプロイ」や、それよりも大きい範囲で、環

注6） 複数のコンテナを管理するためのツール。
https://docs.docker.jp/compose/toc.html

境ごと切り替える「イミュータブルデプロイ」などが存在します。これらの手法はダウンタイムをゼロに近づけるために考案されたものですが、人力で管理するには、あまりにも複雑過ぎます。デプロイを管理するようなツールが必要になってくるでしょう。

高可用性についても考える必要があります。それぞれのコンテナを複数のサーバで冗長化しておくべきです。仮にいくつかのサーバが停止したとしても、ほかのサーバでサービスを継続できるようにするためです。同じアプリケーションを載せたコンテナが1つのサーバに偏った状態でデプロイされていると、高可用性は実現できません。空きリソースとコンテナの稼働状況から、デプロイ先のサーバを選択するしくみが必要です。

コンテナの依存関係にも注意が必要です。コンテナがほかのコンテナとセットでデプロイされることで機能するというのは多々あります。たとえば、アプリケーション同士をつなぐためのプロキシや、コンテナのログを収集／集約するためのツールFluentd[注7]は、アプリケーションと同じサーバで稼働している必要があります。

複数のコンテナの管理、連携、運用コスト

高可用性の観点から、コンテナを1つのサーバで運用することはまず考えられません。複数のサーバでコンテナを冗長化します。そこで、アプリケーションが1つのサーバに偏ってデプロイされるのを防ぐために、どのサーバでコンテナが起動しているかを把握する必要があります。

稼働しているコンテナ数も重要になってきます。通常、物理マシンや仮想マシンにかかわらず、アプリケーションの最小稼動数、最大稼動数を設定して、その中で増減させることで、負荷対策をします。したがって、最大数起動しておけば負荷対策はできているはずです。それで

は、なぜ増減させる必要があるのでしょうか。

負荷対策以外でコンテナを増減させる理由の1つは、コンテナのリソース利用効率に関係するものです。コンテナはリソースの利用効率が良いと説明しました。これは、コンテナが瞬時に起動、停止を行えることで、空きリソースをほかのコンテナが利用できるので、複数のコンテナで無駄なくリソースを利用できるところに由来します。

もう1つは、コンテナの優先順位に関係するものです。あるサーバでリソースの空きがなくなってくると、優先度に従ってコンテナを停止する必要があります。たとえば、あるサーバでサービスの継続に関係のないバッチ処理のコンテナばかりが起動してしまっては、ほかのサーバが停止したときに、サービスの継続が難しくなります。これを防ぐために、優先度の低いコンテナを停止してでも、サービスのコアとなるコンテナを優先的に起動する必要があるのです。

このように、起動するコンテナの場所や数を把握し、制御することで、サービスの可用性は担保されます。しかし、これらを人の手で24時間365日管理するのは非現実的です。

コンテナイメージの運用コスト

物理マシンや仮想マシンでは、デプロイ先のサーバに対してrsyncやscpなどでソースコードを直接コピーしていました。簡易的な修正やログ出力など、即時反映したい修正のときには非常に合理的です。しかし、コンテナを使用していると簡単な修正でもコンテナイメージのリビルドが必要になります。これは作法に従うという意味では非常に有益ですが、この作業に慣れるまでは高コストに感じるかもしれません。

コンテナイメージを扱うには、コンテナやイメージについての知識が必要になります。たとえば、Dockerfileの書き方によってコンテナイメージの容量が変わってしまう点など、コンテナイメージの運用ではとくに重要です。Dockerにおいては、Dockerfileに記述された命

注7) https://www.fluentd.org/

第4章 なぜ、Kubernetesを使うのか？

Dockerコンテナだけで大丈夫？ ― 一から学ぶコンテナ・オーケストレーション

令ごとにレイヤが作成され、そのレイヤをすべて重ね合わせたものが1つのファイルシステムとして扱われます。たとえば、「①パッケージをインストールする」「②インストール時に作成されたキャッシュを削除する」という命令がある場合、①でキャッシュが残った状態でレイヤが作成されるため、②でキャッシュを削除したとしても、コンテナイメージの容量は削減されません。コンテナイメージの容量が大きいままだと、コンテナレジストリへのアップロードやダウンロードに時間がかかりますし、レジストリの容量を消費してしまいます。このように、物理マシンや仮想マシンでは気にする必要がなかった部分が、コンテナを利用することで問題となってきます。

コンテナイメージをリビルドすると、前回のビルドとの差分だけが新しく生成されるので、そのサイズは軽量です。しかし、リビルドを繰り返すと、そのたび生成された差分がストレージを圧迫していきます。コンテナイメージの取捨選択と定期的な削除が必要です。

コンテナレジストリも同様です。料金プランのあるサービスでは、保存できる容量が決まっていますし、従量課金のサービスでは、保存容量や転送量によって課金されます。したがって、イメージの定期的な整理が必要になってきます。

コンテナの障害発生時の対応

アプリケーションを運用していると障害はつきものです。単純なクラッシュやバックエンドとの通信障害、アプリケーションの不具合など、いくつも思い浮かびます。

アプリケーションが完全にクラッシュした場合はまだいいでしょう。アプリケーションが停止するとコンテナも停止するので、誰かが再起動をするとサービスは復旧します。

たとえば、アプリケーションが正常なレスポンスを返せなくなった場合はどうでしょうか。アプリケーションは動いているのでコンテナは停止しませんし、正常でないとはいえレスポン

スは返せている状態です。このコンテナが正常ではないという判断やリクエストの停止が必要になります。

すべてのコンテナでリクエストの処理が停止してしまうこともあるでしょう。その場合、代替のサーバからメンテナンス画面を返すなどの、サービスを停止させない対応が必要になってきます。アプリケーションに不具合があった場合はどうでしょうか。起動ができずにクラッシュループに陥ることはよくあります。一刻も早くサービスを復旧させるには、一次対応としてロールバックが有効ですが、一刻を争う中ミスなくすべてのコンテナに対してロールバックを行えるでしょうか。手作業で行うのは非現実的です。

これらの不具合を常に監視し、都度、手作業で修正していくのはあまりにも高コストで現実的ではありません。これらを自動化するためのしくみやツールが必要です。

コンテナ同士、あるいは外部との通信対応

複数のコンテナを連携させるには、コンテナ同士の通信が必要不可欠です。1つのサーバでコンテナを運用しているなら、それほど気にする必要もないでしょう。Dockerがよしなにネットワークの設定をしてくれます。

しかし、複数のサーバで冗長化されたコンテナを連携させるにはどうしたらいいでしょうか。サーバでポートフォワードを設定しコンテナまでの経路を確保したうえで、それをほかのサーバに伝えるといったように、管理が複雑になっていきます。この構成で運用していくなら、もちろん、ネットワークに関する深い知識も必要です。

サービスがローンチされれば外部からなんらかのリクエストを受け、それを処理する機会も生じます。外部からリクエストを受けるにはロードバランサが必要です。ロードバランサは、必要に応じて、アプリケーションが動いているサーバにリクエストを転送します。たとえば、新機能のリリースやイベントなどで、特定のアプリ

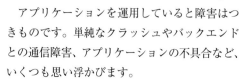

コンテナが抱える課題とは？ 4-1
コンテナ活用に潜む落とし穴

ケーションが高負荷になることもあります。このような場合は、コンテナを増やして負荷分散する必要が生じます。しかし、コンテナの増減に合わせてロードバランサの転送先を変えていくのは非常に大変です。コンテナは起動、停止が高速ですので、頻繁に入れ替えて運用することも想定できます。高速に入れ替わる転送先を人力で設定していくのは現実的ではありません。

コンテナがリクエストを受けられる状態かどうかも考慮する必要があります。いくらコンテナの起動が早いとはいえ、数秒はかかります。まだ、準備段階のコンテナにリクエストをそのまま渡すわけにはいきません。コンテナの準備完了を待つしくみが必要です。

コンテナ活用の光と闇

本節ではコンテナとDockerを使用することで解決した課題や、残された課題、新たに見えてきた課題について説明しました。Dockerは開発者が使用する開発ツールとして非常に優れており、コンテナとDockerを利用した開発手法を使わない手はありません。しかし、その一方で、コンテナを本格的に使用したシステムの運用は複雑になってきています。運用担当者が管理しなければならないリソースは多岐にわたり、Dockerだけでは、そのリソースのすべてに対応することはできません。開発者にとってのDockerのように、運用担当者にもコンテナを運用するためのツールが必要になってきています。コンテナの活用で開発者には光が当たりましたが、運用担当者はまだ闇の中にいます。次節では、そんな運用担当者の光となるツール、Kubernetesについて解説していきます。 SD

Software Design plus 技術評論社

基礎から学ぶ コンテナセキュリティ
Dockerを通して理解するコンテナの攻撃例と対策

Dockerの普及に伴い、コンテナ技術はすっかり一般化しました。開発環境の構築から、本格的なコンテナアプリケーションの運用まで、利用方法はさまざまです。今や開発者にとって必須と言えるでしょう。その一方で忘れてはならないのがセキュリティです。コンテナは一見安全に思えますが適切に対策しなければ非常に危険です。隔離されているはずのホストOS本体を攻撃されてしまう可能性もあります。
本書は、コンテナ利用時のセキュリティ上のトラブルを防ぎ、コンテナを安全に活用する方法を基礎から解説します。

森田浩平 著
B5変形判／224ページ
定価(本体2,800円+税)
ISBN 978-4-297-13635-2

大好評発売中！

こんな方におすすめ
・コンテナユーザー、Dockerユーザー
・セキュリティエンジニア、SRE

第4章 なぜ、Kubernetesを使うのか？
Dockerコンテナだけで大丈夫？ ― 一から学ぶコンテナ・オーケストレーション

4-2 Kubernetesは何を解決するのか？
基本機能と動作イメージをつかもう

Author 早川 大貴（はやかわ だいき） **Twitter** @bells17_
URL https://bells17.io／株式会社スリーシェイク

本節では、コンテナを動かすプラットフォームKubernetesの概要について紹介していきます。Kubernetesの基本機能と、その特徴である「宣言的API」「調整ループ」について解説します。Kubernetesがどのように複数のコンテナを実行、管理しているのか、学んでいきましょう。

Kubernetesとは？

　Kubernetesは複数のマシン（ノード）にわたってコンテナ化されたアプリケーションを実行管理するソフトウェアです[注1]。1台もしくは複数のノードによってクラスタを構築し、構築したクラスタ内でさまざまなコンテナを起動したり、起動したコンテナに外部からアクセスできたりします。Kubernetesのように、1台もしくは複数のノードを結合してひとまとまりのシステムとして動かせるようにしたものをクラスタと呼びます。「Kubernetes」という名前はギリシャ語に由来し、操舵手またはパイロットを意味するそうです。また、Kubernetesを省略する際は「K8s」と呼ばれることもありますが、これは「K」と「s」の間の文字が8文字であることに由来しています[注2]。

　KubernetesはGoogleによって開発されたソフトウェアであり、現在はLinux Foundationの傘下であるCloud Native Computing Foundation（CNCF）[注3] という団体に寄贈され、CNCFの管理下で開発が行われています。Google内部では、元々Borgと呼ばれるコンテナを実行するためのソフトウェアが存在しており、このBorgをベースとしてKubernetesが開発されたそうです[注4]。

　Borgに関するGoogleの論文「Large-scale cluster management at Google with Borg[注5]」によると、Borgは「それぞれ最大数万台のマシンを備えた複数のクラスタにわたって、何千もの異なるアプリケーションから何十万ものジョブを実行するクラスタマネージャ」であるとのことですが、Kubernetesでは最大5,000ノードからなるクラスタで最大300,000個のコンテナを実行できるよう設計されています[注6]。

なぜKubernetesが必要とされるのか？

　Dockerを直接使って本番環境でコンテナの管理をする際の課題について考えてみましょう。たとえばDockerで本番環境のコンテナを管理する場合、次のような課題があります。

・実行すべきコンテナがちゃんと実行されているのか？

注1）https://github.com/kubernetes/kubernetes
注2）https://kubernetes.io/docs/concepts/overview/
注3）https://www.cncf.io/
注4）詳細はKubernetes公式サイトのブログ「Borg: The Predecessor to Kubernetes（https://kubernetes.io/blog/2015/04/borg-predecessor-to-kubernetes/）」に書かれています。
注5）https://research.google/pubs/pub43438/
注6）https://kubernetes.io/docs/setup/best-practices/cluster-large/

- どのコンテナをどのサーバで実行するのか？
- 起動したコンテナに外部からリクエストを行うための設定やロードバランシングはどのように行うのが良いか？
- コンテナ間の通信の可否などをどのようにコントロールすべきか？
- どのようにしてストレージを払い出して実行するコンテナにマウント／アンマウントするのか？

利用するコンテナの数が少ない場合、コンテナを手動で起動して、コンテナに割り当てるポートを手動で設定し、ロードバランサにコンテナを起動したホストとポートを割り当てるといったように人の手による対応ができないわけではありません。

しかし、管理するコンテナの数が数百〜数千といった数で、ボリューム（共有ストレージ）の利用やコンテナ間の通信のアクセスコントロールもしっかり行いたいとなると、これらを手動で行うのは現実的ではないということが想像できると思います。

そのため、コンテナを本番環境で実際に利用する際は、Kubernetesなどの「コンテナ・オーケストレーションツール」や「コンテナ・オーケストレータ」と呼ばれるコンテナ化されたアプリケーションを実行するためのソフトウェアを利用するのが一般的です。

また、コンテナ・オーケストレーションツールと呼ばれるソフトウェアには、Kubernetes以外にも「Docker Swarm」や「Apache Mesos」などがあります。コンテナ・オーケストレーションツール扱いはあまりされませんが、「AWS ECS」など、クラウドサービスで提供されるコンテナの実行基盤もあります。

コンテナ・オーケストレーションツールや類似するサービスにはさまざまな種類がありますが、ここではKubernetesにフォーカスを当てて、その特徴や概要について紹介していきます。

Kubernetesクラスタの構成とKubernetesの動作イメージ

Kubernetesは1台もしくは複数のノードによってクラスタを構築することで動作します。Kubernetesのクラスタを構成するノードはおおまかに3種類に分かれます（図1）。

- etcd：Kubernetesが利用するデータストアである「etcd[注7]」を動作させるノード
- control plane：Kubernetesを管理するた

注7）https://etcd.io/

▼図1　Kubernetesクラスタの構成イメージ

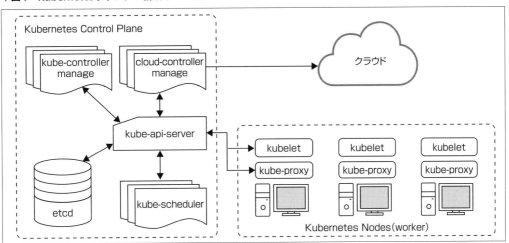

第4章 なぜ、Kubernetesを使うのか？

Dockerコンテナだけで大丈夫？ 　　一から学ぶコンテナ・オーケストレーション

のコンポーネント群を動作させるノード
・worker：ユーザーが動かしたい各種コンテナを実行するためのノード

1台のノードでKubernetesクラスタを構成する場合、1つのノードでこの3種類すべてを兼ねることになりますし、etcdやcontrol planeをKubernetesクラスタの外部で実行する場合もあります。このあたりの構成のしかたは自由であり、Kubernetesクラスタを構築するソフトウェアやKubernetesクラスタを提供するサービスによってやり方は異なります。

ユーザーが実行するコンテナはworkerとして動作するノードになりますので、少なくともworkerについてはKubernetesのクラスタに参加する必要があります。

Kubernetesでは、おもにYAML形式で記述した「マニフェスト」と呼ばれる設定ファイルに、「コンテナAを◯台起動する」といった実現してほしい状態を記してKubernetesにインストールすることで、指定のコンテナを起動したり設定を行ったりできるようになっています。

クラスタ内では、Kubernetesを管理するさまざまなコンポーネントが動作しています（表1）。マニフェストがインストールされると、Kubernetesのcontrol plane上で動作するコンポーネントであるkube-controller-managerやkube-schedulerにより、「指定のコンテナをどのノードで実行するのか？」といったことが決まります。実行するノードが決定されたら、次にノード側で動作するkubeletというコンポーネントがDockerやcontainerdといったコンテナランタイムと連携することにより実際のコンテナの起動が行われます（図2）。

▼表1　Kubernetesの主なコンポーネント

コンポーネント	概要
etcd	データストア
kube-api-server	REST形式のAPI Server
kube-scheduler	Podを実行するノードを選定
kube-controller-manager	宣言的APIを実現するための約30種類ほどのコントローラの実行を管理
cloud-controller-manager	Kubernetesクラスタを実行する環境と連携するための5種類のコントローラの実行を管理
kubelet	各ノードで実行するコンテナや、ボリューム、Podネットワークなどの設定を管理
kube-proxy	各ノードでサービスディスカバリ実現のためのiptables/ipvsなどの設定を管理

▼図2　Kubernetesがコンテナを起動するまでのイメージ

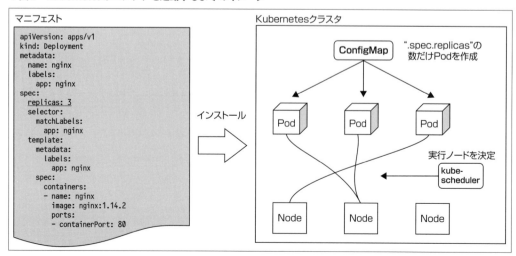

Kubernetesは何を解決するのか？
基本機能と動作イメージをつかもう 4-2

また、Kubernetesで実行するコンテナはPodと呼ばれる単位で実行されます。Podでは同時に複数のコンテナをグルーピングして実行できます（図3）。

Dockerの場合、Docker Composeを利用することで複数のコンテナを同時に立ち上げ、依存関係のあるアプリケーションを協調して動かし、開発環境を構築したりすることがありますが、KubernetesのPodもDocker Composeのように依存関係のある複数種類のコンテナを1つのPodという単位でまとめて実行できます。

Podでグルーピングされたコンテナ群は同じノードでまとめて実行され、コンテナのIPアドレスはPod単位で割り当てられます。Pod内ではコンテナ間で通信できたり、Pod単位で割り当てたボリュームを共有して使用したりできます。

Kubernetesが提供してくれる基本機能

ここまででKubernetesのクラスタ構成や基本的なコンテナ起動までのイメージを伝えることができたと思いますので、次にKubernetesの基本的な機能について紹介していきます。

Kubernetesの公式ドキュメントの「コンセプト概要」ページを見ると、Kubernetesは次のような基本機能を提供してくれることがわかります[注8]。

・サービスディスカバリとロードバランシング
・ストレージ・オーケストレーション
・自動化されたロールアウトとロールバック
・自己回復
・自動ビンパッキング
・秘密情報と設定の管理

Kubernetesではこれらの機能により「なぜKubernetesが必要とされるのか？」で記載したような課題への対処についてユーザーが意識しなくても良くなるしくみを提供してくれていますので、これらの機能の概要について1つずつ紹介していきます。

サービスディスカバリとロードバランシング

上述のとおり、KubernetesはPodという単位でコンテナのグループを実行管理します。このPodには、キーバリュー形式の「ラベル」をそれぞれ設定する必要があります。

また、Kubernetesには「Service」と呼ばれる、設定したラベルにマッチするPodを抽出して対象となるPodにロードバランシングを行うエン

[注8] https://kubernetes.io/docs/concepts/overview/

▼図3　KubernetesではPodという単位で複数のコンテナをまとめて実行できる

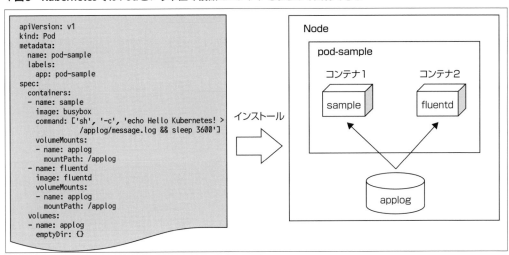

第4章 なぜ、Kubernetesを使うのか？

Dockerコンテナだけで大丈夫？ 一から学ぶコンテナ・オーケストレーション

ドポイントを提供する機能があります。この「Service」を利用することで、Kubernetesクラスタの内外からHTTPなどのリクエストを受け付け、対象となるコンテナ群に接続することが可能です。

たとえばWebアプリケーションなどであれば「Service」が提供するエンドポイントに接続することでアプリケーションコンテナを増減させたとしても自動的に増減させたコンテナにリクエストを流し、負荷分散を行うことが可能になります（図4）。

ストレージオーケストレーション

KubernetesにはPod内のコンテナでさまざまなストレージを利用するためのボリュームプラグインが組み込まれています。ユーザーはDeploymentやPodのようなマニフェストファイルを記述してKubernetesにインストールするだけで、ボリュームの作成や、コンテナでボリュームを利用するためのプロビジョニング作業などを、ボリュームプラグインが自動で行ってくれます。Kubernetesでは、こういった一連の機能をストレージ・オーケストレーションと呼んでいます。これらの機能によって、たとえば次のようなことが可能となっています。

- 空の共有ボリュームを払い出して同一Pod内のコンテナ間でデータを共有する
- Kubernetesに設定した秘密情報や設定情報をボリュームとしてマウントして利用する
- NFSやクラウドストレージなどのKubernetesクラスタ外部のストレージを払い出して利用する

このストレージ・オーケストレーション機能は、次のような場面で活用できます。

- Pod内コンテナ間でUNIXドメインソケットを介した通信を行う
- データベースへの接続情報など、環境別の設定情報をアプリケーションコンテナに渡す
- コンテナが書き込むログデータをPod内の別コンテナが参照して転送する
- 外部ストレージにアプリケーションのデータを永続化する

近年ではさらに、独自のストレージプラグインを作りKubernetesで任意のストレージを利

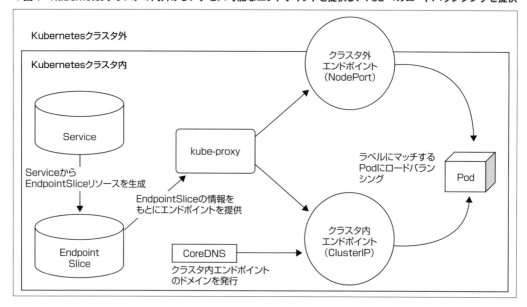

▼図4　Kubernetesクラスタの内外からアクセス可能なエンドポイントを提供し、Podへのロードバランシングを提供

Kubernetesは何を解決するのか？ 4-2
基本機能と動作イメージをつかもう

用するための、Container Storage Interface（CSI）と呼ばれるしくみが導入されました。このCSIについてより詳しく知りたい方は筆者の作成したスライド資料「CSI入門[注9]」を見てもらえればと思います[注10]。

自動化されたロールアウトとロールバック

Kubernetesではマニフェストを Kubernetes にインストールすることで、その設定の状態を実現すべくコンテナの起動などを行います。Kubernetesはこういった「マニフェストで『あるべき状態』を定義し、その状態を Kubernetes が自動的に実現・維持を行う」というアーキテクチャが採用されています。この手法は**宣言的API**と呼ばれています。

Kubernetesは、あらゆる箇所で宣言的APIによる「あるべき状態」の実現と維持を行うしくみにより、さまざまな機能を実現しています。マニフェストの例（図2）では、Deployment というリソースを使い設定された Pod を起動するという例を紹介しましたが、Deployment を使うことでアプリケーションのデプロイ（ロールアウト）やロールバックを行うことが可能となっ

ています[注11]（図5）。

自己回復

先ほど説明した宣言的APIが活用されるのは、マニフェストをインストールしてPodを起動するときの話だけではありません。

Kubernetesには「あるべき状態」を維持するための自己回復（Self-healing）機能が備わっています。たとえば何かしらの理由でPod内で起動したコンテナがクラッシュしてしまった場合、Kubernetesは自動でそのPodの再起動を行い、Podの実行状況を回復しようと試みます。この自己回復機能はPodの再起動だけでなく、さまざまな形でコンテナやネットワークなどにおける「あるべき状態」の維持を行ってくれます。自己回復機能の例としては次のようなものがあります。

- 起動するPod数の維持
- Kubernetesが連携している外部ロードバランサの再作成や設定値の復元
- サービスディスカバリを実現しているiptablesやipvsなどの設定値の復元
- など

この自己回復のしくみにより、「ユーザーは実現してほしい状態を定義するだけで、あとはKubernetesがいい感じに実現してくれる」というユーザー体験が実現されています。

自動ビンパッキング

KubernetesはPodをデプロイする際、

- Pod内コンテナ群が要求するリソース（CPU／メモリなど）の情報
- 各ノードのCPU／メモリなどの空き状況
- 外部ストレージが払い出されたゾーンなどのトポロジー設定
- ノードに設定されたラベルなどの情報

注9) https://speakerdeck.com/bells17/introduction-to-csi
注10) このあたりの具体例については4-4節で詳しく解説されています。

▼図5 「宣言的API」により「あるべき状態」を実現し、維持する

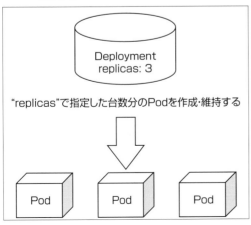

注11) このあたりの具体例については4-3節で詳しく解説されています。

第4章 なぜ、Kubernetesを使うのか？

Dockerコンテナだけで大丈夫？ 一から学ぶコンテナ・オーケストレーション

などの情報を基にして、どのノードが対象のPodを実行させる条件を満たしていて、より最適であるのかを自動で決定します。この機能は「スケジューリング機能」と呼ばれます。

そのため、Kubernetesの利用者はPodを実行する際、毎回どのノードで動かすのかなどを考える必要がありません。スケジューラ（kube-scheduler）がノードの空き容量などの条件により、Podを実行するのに最適なノードを自動的に選定してくれます（図6）。また、スケジューリング条件や優先度設定はPod側で行うことも可能です。

スケジューリング条件などを設定することで、次のような要件を実現できます。

- 異なるゾーン上のノードにPodを分散配置して可用性を高めたい
- ラックAにあるノードに空きリソースがある場合は優先してラックAのノードにPodを割り当てたい
- 空きリソースが限られている場合、Pod AよりPod Bを優先的に実行するようにしたい

なお、「ビンパッキング問題」というのは荷物をダンボールなどに箱詰めする際に、荷物をつめる箱の最小数を求める問題のことです。Kubernetesの場合は、実行するPodに対して、「実行条件を満たすノード」のうち「より最適なノード」を決定することを「自動ビンパッキング」と呼んでいるのだと思われます。

秘密情報と設定の管理

コンテナアプリケーションでは、データベースの接続情報や実行環境の種類といった秘密情報や環境固有の設定値はコンテナ内に持ち込まない構成にするのが一般的です。設定ファイルや環境変数、コマンドライン引数のオプションなどで、コンテナの外からこれらの設定値を渡せるようにしていることが多いです。

Kubernetesでこれらの秘密情報や設定値を管理・利用するための機能を提供してくれるのが「Secret」と「ConfigMap」です。

「Secret」はおもに秘密情報を、「ConfigMap」は秘密情報以外の設定値を扱う機能として、それぞれKubernetesから提供されています。SecretとConfigMapはどちらもマニフェストとしてKubernetesにインストールすることが可能です。Podからそれらを利用する際には、

- ボリュームマウント
- 環境変数
- マニフェスト上で展開される変数

として利用できます。

SecretとConfigMapの使い分けについてですが、SecretはConfigMapと比べると、次のような違いがあります。

- 設定値がBase64という64種類の印字可能な英数字のみを用いてデータを表現する方式でエンコードされている
- Secretのデータはストレージ上ではなくメモリ上（tmpfs）に保持される

また、SecretとConfigMapは利用者の認証認可の権限を分離できるため、一部のユーザーにのみ「Secret」の閲覧や編集の権限を与えるといったことも可能となっています。

▼図6 スケジューラはPodを実行するための最適なノードを自動的に選定する

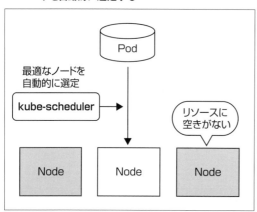

Kubernetesの「あるべき状態」を実現する調整ループ

　Kubernetesが提供してくれる基本機能についてここまで紹介しました。これらの機能によって、

- コンテナの起動管理
- コンテナの起動ノードの自動選定
- コンテナとKubernetesクラスタ外部との接続や負荷分散
- コンテナとボリュームの連携

などが可能となっており、「なぜKubernetesが必要とされるのか？」で記載したDockerなどのコンテナランタイムを単独で利用する際の課題が解決されています。

　そして、Kubernetesが提供してくれる基本機能のコアとなっているのが、「自動化されたロールアウトとロールバック」や「自己回復」の項でも紹介した「宣言的API」と、それを実現するための「調整ループ」というしくみです。

　調整ループは、宣言的APIによって定義された「あるべき状態」と、Kuberneresクラスタの「現在の状態」にズレがないか監視し、ズレがある場合はそれを解消するための処理を実行することを指します。「現在の状態」を「あるべき状態」と一致させることが、調整ループの本質的な意味になります。

　Kubernetesの裏側では多種多様な「コントローラ」と呼ばれるアプリケーションが動いており、それぞれのコントローラが各自の「調整ループ」を実行し、協調動作することでさまざまな機能が宣言的に実行・維持されるしくみとなっています。

　たとえば、Podのリソースを定義したマニフェストをKubernetesにインストールした場合を考えてみましょう。マニフェストをインストールした直後の「現在の状態」は次のようになります。

- Podのコンテナは実行されていない
- Podを実行するノードも決定されていない

　それに対して、マニフェストの定義する「あるべき状態」は次のとおりです。

- スケジューリング機能により実際にPodを実行するノードが決定される
- 決定されたノードでPodを実行した状態が維持されている

　この「現在の状態」を「あるべき状態」にするために、調整ループによって次のような処理が実行されています（図7）。

① kube-schedulerがまだスケジューリングされていないPodを探し出し、各Podの設定に基づき実行するノードを選定する
② ノードに割り当てられたPodの一覧の変更が検知され、各ノードで動作するkubeletの調整ループが実行される
③ kubeletが、属するノードに割り当てられたPodの一覧と、現在実行しているPod情報とを照らし合わせて、未実行のPodの情報を読み取る
④ 割り当てられたPodのコンテナを起動する

▼図7　Podの作成・更新イベントをトリガーに、ノードの割り当てからコンテナの起動まで実行される

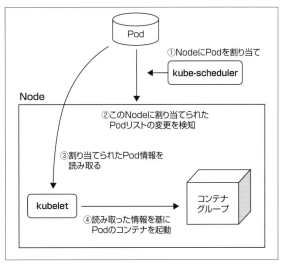

第4章 なぜ、Kubernetesを使うのか？

Dockerコンテナだけで大丈夫？ 一から学ぶ コンテナ・オーケストレーション

調整ループは下記をトリガーにして実行されます[注12]。

- 一定間隔による定期チェック
- インストールしたマニフェスト（オブジェクト）の変更イベントを検知

上記の処理以外にも、調整ループは「あるべき状態と現在の状態とのズレの解消」を行うために、

- 起動されていないコンテナがある場合は起動を実施
- コンテナが必要とするボリュームがノードにアタッチされていない場合はアタッチされるまでコンテナ起動を待機
- コンテナの起動設定が異なっている場合はそれを検知して設定値をあるべき設定に変更する
- コンテナが正常に実行されなかった場合に再起動を試みる

といった処理を実施します。このような「調整ループ」がKubernetesの各コンポーネントで無数に動作していることにより、宣言的APIが実現されています。

調整ループや、コアコンポーネントがそれぞれどのようなことを行っているのかの具体例については「CSI入門」「Kube API Server[注13]」「Kubeletから読み解くKubernetesのコンテナ管理の裏側[注14]」などの資料／セッション動画で解説していますので、興味のある方は確認してみてください。

Kubernetesのリリースサイクルとバージョンアップ戦略

Kubernetesのバージョニングには「x.y.z」の

ような形式のセマンティックバージョニング[注15]が採用されています。2023年1月現在のKubernetesは基本的に4ヵ月に一度、年3回リリースが行われるライフサイクルとなっており[注16]「x.y.z」の真ん中のマイナーバージョンが1つずつ上がっていきます[注17]。たとえば本稿を執筆している時点の最新のKubernetesバージョンはv1.26系ですが、1つ前のバージョンはv1.25系でした。

また、1つのバージョンは14ヵ月の期間サポートされ、パッチリリースによるバグ修正などが行われます[注18]。それ以降は、対象のマイナーバージョンに対するパッチリリースは行われないため、セキュリティアップデートなどを含めて安全にKubernetesを利用するためには、少なくとも14ヵ月に一度は新しいマイナーバージョンにアップグレードする必要があります。上記のような背景から、KubernetesのバージョンアップはKubernetesのリリースサイクルの4ヵ月ごとに一度マイナーバージョンアップを行うのが理想的という話がよく出ます。

また、Kubernetesのコンポーネントは基本的に前後1マイナーバージョン（「x.y.z」の「y」の部分）までの差異を許容します[注19]。そのため、Kubernetesのバージョンアップは1マイナーバージョンずつアップグレードしていく必要があります。仮に現在Kubernetes v1.24系を使用している場合は、先にv1.25系へのアップグレードを完了させてから、v1.26系にアップグレードを行うといった具合です。

Kubernetesクラスタのアップグレードは

注12) https://hackernoon.com/level-triggering-and-reconciliation-in-kubernetes-1f17fe30333d

注13) https://speakerdeck.com/bells17/kube-api-server-k8sjp

注14) https://speakerdeck.com/bells17/kubelet-and-containers

注15) https://semver.org/

注16) https://kubernetes.io/releases/release/

注17) https://github.com/kubernetes/enhancements/blob/master/keps/sig-release/1498-kubernetes-yearly-support-period/README.md
2020年4月までは3ヵ月に一度のリリースでした。

注18) https://kubernetes.io/releases/patch-releases/#support-period

注19) 正確な許容範囲はコンポーネントにより異なります。詳しくは公式ドキュメントの「Version Skew Policy」ページを参照してください。
https://kubernetes.io/releases/version-skew-policy/

116 - Software Design

etcdやkube-api-serverのようなcontrol planeだけでなく、各workerノードのコンポーネント（kubeletとkube-proxy）もアップグレードが必要なため、1つのバージョンをアップグレードするのに少し時間がかかります。そのため、Kubernetesクラスタを運用する際には、バージョンのアップグレードスケジュールを作成して運用することをおすすめします。

筆者の知るかぎり、Kubernetesクラスタをバージョンアップする際は次のような点が課題として挙げられることが多いように思います。

- バージョンアップにより既存のマニフェストが利用できなくなること
- アップグレード中にアプリケーションを無停止に保つこと
- 永続ストレージを利用したアプリケーションの扱い

「バージョンアップにより既存のマニフェストが利用できなくなること」については、最近のKubernetesではリソースのバージョニングが落ち着いてきたので、既存のマニフェストが利用できなくなるようなケースは少なくなってきたと考えています。

また、「アップグレード中にアプリケーションを無停止に保つこと」という課題については、「PodDisruptionBudget」という機能[注20]で無停止移行が可能となっています。そのため、永続ストレージを利用している場合以外は、しっかりと設定とアップグレードのテストさえ行っていればKubernetesのアップグレードはかなり安全で簡単に行えるようになってきていると感じています。

4ヵ月ごとにKubernetesをアップグレードするのか、14ヵ月に一度最新のKubernetesバージョンまでアップグレードするのかは運用方針しだいだとは思いますが、スケジュールを作り、アップグレードテストをしっかりと行えば大きな心配をせずとも継続的にアップグレードできるのではないでしょうか。

Kubernetesについてもっと知るには

ここまででKubernetesの概要やKubernetesが提供してくれる基本的な機能について紹介しました。さらにKubernetesについて詳しく学びたい場合はどのようにするのが良いでしょうか？

4-2節の最後に「本章の内容を理解した後どのようにKubernetesを学んでいけば良いか？」と「Kubernetesに関する情報の集め方」について、筆者の考える方法について紹介します。

Kubernetesの基本的な使い方を学ぶ

まずは実際にKubernetesを本番環境で利用できるようなレベルまで学ぶための方法について紹介します。もしあなたが実際に利用している（あるいは使ったことがある）クラウドサービスが、KubernetesのマネージドサービスであるKubernetes as a Service（KaaS）を提供しているのであれば、そのクラウドサービスがKubernetesの使い方を学ぶためのチュートリアルやトレーニングメニューがあるケースが多いので、まずはそちらを一通り触ってみることをおすすめします。

たとえば、GCP（Google Cloud）を利用しているのであれば「Google Cloud Skills Boost」という学習ツール[注21]が提供されているので、そこでGCPのKaaSであるGKEを使用した学習プログラムを探せます。AWSを利用しているのであれば「Introduction to Amazon EKS[注22]」や「Amazon EKS Workshop[注23]」というワーク

[注20] https://kubernetes.io/docs/tasks/run-application/configure-pdb/

[注21] https://www.cloudskillsboost.google/

[注22] https://catalog.us-east-1.prod.workshops.aws/workshops/f5abb693-2d87-43b5-a439-77454f28e2e7/ja-JP

[注23] https://www.eksworkshop.com/

第4章 なぜ、Kubernetesを使うのか？

Dockerコンテナだけで大丈夫？ 一から学ぶコンテナ・オーケストレーション

ショップでAWSのKaaSであるEKSの使い方を学ぶことができます。ほかのクラウドサービスでKaaSを利用している場合でも、上記のようなトレーニングコンテンツが用意されていることが多いと思うので探してみて触ってみると良いと思います。

Kubernetesの基礎を固める

実際にKubernetesクラスタを触りながらKubernetesの基本的な使い方を学んだ後は、書籍などであらためてKubernetesのさまざまな機能について学んでみるのがおすすめです。

Kubernetesの基礎についてしっかり学びたいのであれば『Kubernetes実践入門』[注24]を、Kubernetesが提供する細かな機能についてひとつずつしっかりと把握したいのであれば『Kubernetes完全ガイド 第2版』[注25]を、セキュリティ周りについてとくにしっかりと理解したいのであれば『Docker/Kubernetes開発・運用のためのセキュリティ実践ガイド』[注26]をそれぞれおすすめします。

また、少し費用が高いですが、Kubernetesに関する資格試験がLinux Foundation[注27]から提供されているので、そちらの資格取得のための学習を行ってみるのも良いかもしれません。

Kubernetesに関する情報収集を行う

上記までの内容でKubernetesに関する基礎についてはしっかりと学べるはずです。しかし、実際にKubernetesを利用した事例や最新の情報などKubernetesに関する情報は、どのように集めるのが良いでしょうか？ ここでは、Kubernetesの情報を集めるための情報源についても紹介します。

Kubernetes公式ドキュメント[注28]

何かKubernetesの個別の機能の使い方や設定の仕方がわからないとなった場合、まずはKubernetesの公式ドキュメントから探してみましょう。Kubernetesの各種機能の使い方や、Kubernetesのアーキテクチャについてなどさまざまな情報が書かれています。

Kubernetes Slack[注29]

Kubernetesコミュニティの主な交流の場としてKubernetes公式のSlackが提供されており、誰でも無料で参加できます。Kubernetesについて疑問などがある場合は、「#jp-users-novice」（日本語）や「#kubernetes-novice」（英語）といったチャンネルで質問すると、参加者からヒントをもらうことができるかもしれません。

Kubernetes Enhancement Proposals (KEPs)[注30]

Kubernetesに新たな機能の追加や変更が行われる場合、Kubernetes Enhancement Proposals (KEPs) というデザインドキュメントをベースとしたディスカッションを経て機能変更が行われます。ある機能が追加された背景などが知りたい場合は、該当するKEPを探して読んでみることで対象機能について深く理解するきっかけになるかもしれません。

Kubernetes Meetup Tokyo[注31]

日本でのKubernetesに関する最大のコミュニティとしては「Kubernetes Meetup Tokyo」という勉強会があります。

Kubernetesに関する最新情報を日本語で知りたい場合は、まずこの勉強会のセッション情報を見てみるのがおすすめです。 **SD**

注24) 須田 一輝、稲津 和磨 ほか著、技術評論社、2019年
注25) 青山 真也 著、インプレス、2020年
注26) 須田 瑛大、五十嵐 綾、宇佐美 友也 著、マイナビ出版、2020年
注27) https://www.linuxfoundation.org
注28) https://kubernetes.io/
注29) https://kubernetes.slack.com/
注30) https://github.com/kubernetes/enhancements/tree/master/keps
注31) https://k8sjp.connpass.com/

第4章 なぜ、Kubernetesを使うのか？
Dockerコンテナだけで大丈夫？／一から学ぶコンテナ・オーケストレーション

4-3 Kubernetesでコンテナをデプロイするには？
マニフェストファイルベースのコンテナ実行を体験

Author 須田 一輝（すだ かずき）　株式会社Preferred Networks
Twitter @superbrothers

Kubernetesの機能を一通り学んだら、次は実際に動かしてみましょう。4-3節では、Kubernetesによるコンテナのデプロイを実践的に解説します。マニフェストファイルの変更、適用によるコンテナ実行を体験したうえで、その裏で何が起こっているのかを併せて押さえましょう。

Kubernetesにコンテナをデプロイするうえで考慮すべきこと

Kubernetesは、4-2節で紹介したとおり、コンテナを用いたアプリケーションのデプロイを管理するためのオーケストレーションツールです。アプリケーションを自動的にスケールさせたり、障害が発生した場合に自動的に修復したりできます。Kubernetesを使用することで、アプリケーションのスケールや保守が容易になることが期待できます。

そのためには、アプリケーションが「The Twelve-Factor App」注1に従っていることが重要です。「The Twelve-Factor App」は、Webアプリケーションをスケーラブルで保守しやすいように設計するためのベストプラクティスを定義したものです。Kubernetesの機能を最大限活用するためには、アプリケーションがこのベストプラクティスに従っている必要があります。

「The Twelve-Factor App」には12のベストプラクティスがありますが、ここではその中から筆者がとくに重要だと考える3つを紹介します。

注1）"The Twelve-Factor App"（日本語訳）
　　 https://12factor.net/ja/

アプリケーションをステートレスなプロセスとして実行する

「Twelve-Factor App」では、プロセスはステートレス注2なアプリケーションでなければならないとされています。永続化する必要のあるすべてのデータは、ステートフルなバックエンドサービス（データベースなど）に保存しなければなりません（図1）。

これは、Kubernetesにコンテナをデプロイする場合も同様です。Kubernetesクラスタは複数のノード群から構成されており、コンテナをクラスタにデプロイするとKubernetesが最適なノードに自動的にスケジュールして実行します。そのため、コンテナがどのノードで実行されても正しく処理を開始できる必要がありま

注2）ステートレスなアプリケーションは、リクエストを処理するたびに状態を保持しません。ステートフルなアプリケーションはその逆で、状態を保持します。一般に、ステートレスアプリケーションはスケーラビリティに優れています。

▼図1　永続化するデータは、ステートフルなバックエンドサービスに保存する

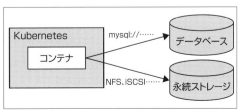

第4章 なぜ、Kubernetesを使うのか？

Dockerコンテナだけで大丈夫？　一から学ぶコンテナ・オーケストレーション

す。もしコンテナが特定のノードへの依存を持つようであれば、セルフヒーリング（Self-healing、4-2節を参照）をはじめKubernetesの強力な機能の恩恵を享受できなくなります。

　Kubernetesは、ユーザーが利用できるデータストアを提供しないので、別途用意する必要があります。パブリッククラウドの場合には、マネージドなデータストアでデータを永続化するとよいでしょう。コンテナの再起動後も同じファイルを引き続き利用したい場合には、永続化ボリューム[注3]をコンテナでマウントして利用できます。オンプレミスの場合には、データストア自体もKubernetesにデプロイもできます。ただし、データストアのようなステートフルなアプリケーションのKubernetesでの運用はステートレスなものと比較して難易度が高くなります。最初は仮想マシンを使ってデータストアを運用しつつ、Kubernetesの利用に自信が付いてきたらKubernetesでの運用に挑戦してもよいでしょう。

高速な起動とグレースフルなシャットダウン

　「Twelve-Factor App」ではプロセスは即座に起動・終了し、またグレースフル（優雅）にシャットダウンできなければならない（処理中のリクエストやタスクを完了させてから終了すること）とされます。これらはKubernetesを含むどのような環境においてもアプリケーションのすばやいロールアウトやスケールアウトを実現するために必要不可欠です。

　開発者は開発した成果をいち早く本番まで届けたいモチベーションがあり、それには頻繁にデプロイできる必要があります。Kubernetesではアプリケーションがデプロイされるとコンテナが書き換えられる、つまりアプリケーションが終了されてしまいます。そのため、グレースフルにシャットダウンできていないと、せっかく頻繁にデプロイできる体制が構築できたとしてもデプロイのたびに少なからずユーザーにエラーが返ることになり、アプリケーションの堅牢性が低下してしまいます。

　図2を確認してください。コンテナ内のプロセスはSIGTERM（終了）のシグナルを受け取ったらシャットダウンプロセスの開始ができる必要があります。それ以外にKubernetesではSIGTERMシグナルの送信前に任意のコマンド実行、またはHTTP GETリクエストの送信ができます。これらの機能を使いこなせるかどうかが重要です。

ログは標準出力・標準エラーに出力する

　「Twelve-Factor App」ではアプリケーションのログはファイルに書き込んだり管理したりしようとせずに、代わりに標準出力／標準エラー（stdout/stderr）に出力すべきだとされます。

　Kubernetesでもそれは同様で、コンテナはログを標準出力／標準エラーに書き込むようにしましょう。そうすれば開発者は、Kubernetesの機能を使ってコンテナが出力したログを閲覧できます。ただし、Kubernetesにはログを永続化するしくみがなく、コンテナが終了すると

注3) https://kubernetes.io/ja/docs/concepts/storage/persistent-volumes/

▼図2　グレースフルなシャットダウンの開始に利用できる機能

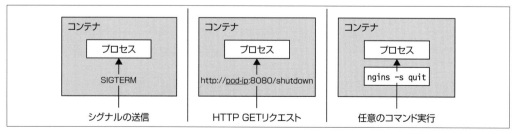

4-3 Kubernetesでコンテナをデプロイするには？
マニフェストファイルベースのコンテナ実行を体験

閲覧できなくなります。永続化したい場合、パブリッククラウドなら、Kubernetesが集約したログをクラスタ管理者がマネージドなモニタリングサービスに送信することを検討できます。オンプレミスならGrafana Loki[注4]といったツールを使ってログ集約システムを構築し、ログを送信することで永続化できます。いずれの場合も開発者がわざわざログの送信先を意識する必要はありません。

Kubernetesでコンテナをデプロイする

本節では、詳細な流れの説明はいったん後に回し、まず実際にKubernetesクラスタにコンテナをデプロイします。詳細を先に知りたい方は、p.126「Kubernetesでコンテナが実行されるまでの流れ」項を確認してください。

ここでは、ローカル環境でKubernetesクラスタを簡単に作成できるkind[注5]というツールを使用します。通常、Kubernetesクラスタは仮想マシンやベアメタルマシンを使って構成されますが、このツールはコンテナを使います。そのため、ローカル環境にDockerをインストールしておく必要があります。Dockerのインストール方法はDocker公式サイト[注6]を参照してください。

kindとkubectlのインストール

kindは、macOSとGNU Linuxではパッケージ管理ツールのHomebrew[注7]を使って次のコマンドでインストールできます。

```
$ brew install kind
```

本稿ではバージョン0.17.0を使用しています。

バージョンはkind versionで調べられます。

```
$ kind version
kind v0.17.0 go1.19.2 linux/amd64
```

そのほかの環境におけるインストール方法についてはkind公式サイト[注8]を参照してください。

続いて、コマンドラインツールのkubectlをインストールします。kindと同様に、macOSとGNU LinuxではHomebrewを使ってインストールできます。ここではクラスタのバージョンに1.26を利用します。そのため、次のようにバージョンを指定してインストールします。

```
$ brew install kubectl@1.26
```

そのほかの環境におけるインストール方法についてはKubernetes公式サイト[注9]を参照してください。

kindでKubernetesクラスタを作成する

kindではkind create clusterでKubernetesクラスタを作成します。クラスタバージョンは1.26を指定します。

```
$ kind create cluster --image docker.io/⏎
kindest/node:v1.26.0
```

バージョンを確認するには、次のようにkubectl version --shortを実行します。

```
$ kubectl version --short
Client Version: v1.26.0
Kustomize Version: v4.5.7
Server Version: v1.26.0
```

ここでは、kubectlとクラスタのバージョン

注4) https://grafana.com/oss/loki/
注5) "kind"
     https://kind.sigs.k8s.io/
注6) "Get Docker | Docker Documentation"
     https://docs.docker.com/get-docker/
注7) https://brew.sh/
注8) "kind – Quick Start"
     https://kind.sigs.k8s.io/docs/user/quick-start/#installation
注9) "Install Tools | Kubernetes"
     https://kubernetes.io/docs/tasks/tools/

Special Issue - 121

▼図3　Kubernetesノードの一覧を確認する

```
$ kubectl get node
NAME                  STATUS   ROLES           AGE   VERSION
kind-control-plane    Ready    control-plane   17m   v1.26.0
```

がともに1.26であることが確認できます。なお、時期によってインストールされるkubectlのバージョンが異なる場合があります。

また、kubectl get nodeを実行すると、Kubernetesノードの一覧が確認できます（図3）。ここではkind-control-planeという名前のノードが1つ確認できます[注10]。

今までの手順により、ローカル環境に1つのノードで構成されたKubernetesクラスタが作成できました。作成したクラスタをkubectlツールで操作できることも確認できたのでKubernetesクラスタを使用する準備ができました。

nginxコンテナをデプロイする

さっそくコンテナをクラスタにデプロイしてみましょう。今回は、Webサーバであるnginx[注11]コンテナをデプロイしてみます。

Kubernetesでコンテナをデプロイするにはマニフェストファイルを作成する必要があります[注12]。ここではリスト1のようなDeploymentリソースのマニフェストファイルをmyapp.yamlという名前で作成します。

（1）のspec.replicasフィールドには、Podレプリカ数を指定します。すなわち、nginxコンテナを含むPodをいくつ実行するかです。ここではPodレプリカ数に1を指定しているため、Podが1つ作成されることを期待できます。

（2）の spec.template.spec.containers フィールドは、Podに含むコンテナのリストを指定します[注13]。ここではnginxコンテナ1つを指定しています。コンテナイメージにはdocker.io/

注10）クラスタ作成時に設定ファイルを使うことで複数ノードで構成されたクラスタも作成できます。
https://kind.sigs.k8s.io/docs/user/configuration/#nodes

▼リスト1　Deploymentリソースのマニフェストファイル（myapp.yaml）

```
apiVersion: apps/v1
kind: Deployment
metadata:
  name: myapp
spec:
  replicas: 1    # (1) Podレプリカ数
  selector:
    matchLabels:
      app: myapp
  template:
    metadata:
      labels:
        app: myapp
    spec:
      containers:    # (2) コンテナの設定
      # コンテナイメージ
      - image: docker.io/nginx:1.23
        name: nginx
```

注11）https://www.nginx.co.jp/
注12）マニフェストファイルの書き方に関する詳細は、公式ドキュメントを参照してください。
https://kubernetes.io/docs/reference/kubernetes-api/
注13）Podは複数のコンテナで構成できます。

Column　Kubernetesリソースにどんなフィールドがあるのかをどう調べる?

マニフェストファイルを書くにあたって、Kubernetesリソースがどんなフィールドを持っているかすべて覚えておくのは困難です。

kubectl explainコマンドを使用すると、Kubernetesリソース名と対象のフィールドへのパスを指定して、フィールドの詳細とそのフィールドが持つ子のフィールドを調べられます。たとえばリスト1（2）のコンテナの設定でほかにどんなフィールドを持つかを調べるには次のコマンドを実行します。

```
$ kubectl explain deployments.spec.
template.spec.containers
```

4-3 Kubernetesでコンテナをデプロイするには？
マニフェストファイルベースのコンテナ実行を体験

nginx:1.23を指定しています。このイメージは、nginxがデフォルトで80番ポートで待ち受け、HTMLファイルを配信します。

マニフェストファイルをクラスタに反映しましょう。kubectl applyコマンド（後述）で、次のようにマニフェストファイルをクラスタに適用できます。

```
$ kubectl apply -f myapp.yaml
deployment.apps/myapp created
```

Deploymentリソースの状況を確認するにはkubectl get deploymentsコマンドを使用します（図4）。

先ほど確認したとおり、myappというDeploymentはPodを1つ作成するはずです。作成したPodはkubectl get podsコマンドで確認できます。図5のとおりmyappから始まる名前のPodが1つ実行されていることが確認できました。

次にkubectl logsコマンドを使用してPodのログを確認してみましょう（図6）。Podの名前が異なると思うので、手元の環境での名前に置き換えて実行してください。

Podにアクセスしてみましょう。nginxがデフォルトの状態のため、HTMLファイルが配信されるはずです。そのためには、まずkubectl port-forwardコマンドを使用します。これはPod名とポート番号を指定すればローカルのポートをPodのポートに転送してくれるコマンドです。nginxは80番ポートで待ち受けているはずですので、ここではローカルの8080番ポートをmyapp-5b998f9895-rlmprというPodの80番ポートに転送するようにします（図7）。

別のターミナルを開いて、図8のコマンドを実行すると、アクセスできることが確認できました。なお、kubectl port-forwardコマンドはCtrl-Cで停止できます。

ConfigMapリソースでnginxの設定を変更する

Kubernetesで設定情報を扱うにはConfigMapリソースを使います。ConfigMapは「ファイルとしてマウントする」「環境変数の値に使う」「実行時コマンドの引数の値に使う」の用途で、

▼図4　Deploymentリソースの状況を確認する

```
$ kubectl get deployments
NAME    READY   UP-TO-DATE   AVAILABLE   AGE
myapp   1/1     1            1           18s
```

▼図5　作成したPodを確認する

```
$ kubectl get pods
NAME                      READY   STATUS    RESTARTS   AGE
myapp-5b998f9895-rlmpr    1/1     Running   0          25s
```

▼図6　Podのログを確認する

```
$ kubectl logs myapp-5b998f9895-rlmpr
/docker-entrypoint.sh: /docker-entrypoint.d/ is not empty, ↵
will attempt to perform configuration
/docker-entrypoint.sh: Looking for shell scripts in ↵
/docker-entrypoint.d/
/docker-entrypoint.sh: Launching /docker-entrypoint.d/↵
10-listen-on-ipv6-by-default.sh
(..略..)
```

▼図7　ポートの転送設定を行う

```
$ kubectl port-forward myapp-5b998f9895-rlmpr 8080:80
Forwarding from 127.0.0.1:8080 -> 80
Forwarding from [::1]:8080 -> 80
```

▼図8　別のターミナルからアクセスする

```
$ curl -s http://127.0.0.1:8080/ | head -n 3
<!DOCTYPE html>
<html>
<head>
```

第4章

Docker コンテナだけで大丈夫?

なぜ、Kubernetes を使うのか？

一から学ぶ
コンテナ・オーケストレーション

設定情報をPodで扱えます。

ここでは**リスト2**のnginxの設定ファイルを
nginxコンテナでマウントします。これは、/
にアクセスするとテキストでHello $MY_ENV
を返す設定です。この$MY_ENVは、nginxコン
テナのMY_ENV環境変数の値で置換されます。
docker.io/nginxイメージは、バージョン1.19
から/etc/nginx/templatesに*.templateの名前
で設定ファイルのテンプレートを配置すると、
テンプレートに含まれる環境変数をその値で置
換し、/etc/nginx/conf.dに配置する機能[注14]が
あります。

リスト2のテンプレートを含むConfigMapの
マニフェストファイルをmyapp-config.yamlと
いう名前で作成します（**リスト3**）。

リスト3では、ConfigMapリソースのdata
フィールドに設定情報を記述します。ここでは
default.conf.templateというキーにnginx設定
ファイルのテンプレートを記述しています。キー
名がPodにマウントされた際にファイル名にな
ります（キー名とは異なるファイル名でマウン
トするように設定もできます）。

次に、**リスト4**のようにmyapp.yamlを編集し、
コンテナが**リスト3**のConfigMapを/etc/nginx/
templatesにマウントするように変更します。
このディレクトリに配置されたテンプレートファ
イルは、コンテナ実行時に/etc/nginx/conf.d
に展開されます。また、コンテナのMY_ENV
環境変数にWorldを設定します。

新たに作成したmyapp-config.yamlと編集し
たmyapp.yamlをクラスタにkubectl applyで
適用します（**図9**）。kubectl applyコマンド
はリソースがすでに存在すれば差分を反映、存
在しなければ新規で作成します。また、一度の
実行で、複数のマニフェストファイルを同時に
適用できます。ディレクトリを指定すれば、そ

注14) https://hub.docker.com/_/nginx

▼リスト2　nginxの設定ファイル

```
server {
    location / {
        return 200 'Hello $MY_ENV';
        add_header Content-Type text/plain;
    }
}
```

▼図9　マニフェストの変更をクラスタに適用する

```
$ kubectl apply -f myapp-config.yaml -f ↵
myapp.yaml
configmap/myapp-config created
deployment.apps/myapp configured
```

▼リスト3　ConfigMapリソースのマニフェストファイル（myapp-config.yaml）

```
apiVersion: v1
kind: ConfigMap
metadata:
  name: myapp-config
data:    # (1) 設定情報を含むデータ
  default.conf.template: |
    server {
        location / {
            return 200 'Hello $MY_ENV';
            add_header Content-Type text↵
/plain;
        }
    }
```

▼リスト4　コンテナの環境変数設定とConfigMapのマウントを追加したDeploymentマニフェスト

```
(..略..)
      - image: docker.io/nginx
        name: nginx
        env:    # (1) コンテナの環境変数設定
        - name: MY_ENV
          value: World
        volumeMounts:    # (2) コンテナのボリュームマウント設定
        - name: myapp-config
          mountPath: /etc/nginx/templates
      volumes:    # Podのボリューム設定
      - name: myapp-config
        configMap:
          name: myapp-config
```

124 - *Software Design*

Kubernetesでコンテナをデプロイするには？ 4-3
マニフェストファイルベースのコンテナ実行を体験

のディレクトリに含まれるすべてのマニフェストファイルを適用することもできます。

適用すると設定が変更された新しいPodが作成されます（**図10**）。問題なく実行したことをKubernetesが確認すると古い既存のPodが削除されます。

さて、新しいPodにアクセスしてみましょう。ここでも`kubectl port-forward`コマンドを使用します（**図11**）。

別のターミナルを開いて、curlでhttp://127.0.0.1:8080/にアクセスしてみましょう。

▼図10　新しいPodが作成されている
```
$ kubectl get pods
NAME                      READY   STATUS    RESTARTS   AGE
myapp-6c54f854ff-g6w8k    1/1     Running   0          8s
```

▼図11　新しいPodにアクセスする
```
$ kubectl port-forward myapp-6c54f854ff-g6w8k 8080:80
Forwarding from 127.0.0.1:8080 -> 80
Forwarding from [::1]:8080 -> 80
```

```
$ curl http://127.0.0.1:8080/
Hello World
```

ここまでで、nginxの設定が変更され、デフォルトのHTMLファイルが配信されなくなりました。また、MY_ENV環境変数にWorldと設定したため、テキストでHello Worldが返ることが確認できました。なお、ここまで完了したら、`kubectl port-forward`コマンドを Ctrl-C で停止してください。

Secretリソースで環境変数を設定する

Kubernetesで秘匿情報を扱う際は、Secretリソースを使います。Secretは、ConfigMapと同様に「ファイルとしてマウント」「環境変数の値」「実行時コマンドの引数」に使用できます。なお、ここで言う秘匿情報とは、たとえばデータベースのパスワードやTLSサーバ証明書とその秘密鍵などが相当します。

ここでは（秘匿情報ではありませんが）nginxコンテナのMY_ENV環境変数にSecretリソースに設定した値を使う例を考えます。Secretリソースのマニフェストファイルをmyapp-secret.yamlという名前で作成します（**リスト5**）。

（1）でSecretリソースのdataフィールドに秘匿情報を記述します。なお、Secretリソースは ConfigMapリソースと異なり、値をBase64エンコードしなければなりません。ここでは（2）でkubernetesという文字列をBase64エンコードしたものを設定しています。

次にnginxコンテナのMY_ENV環境変数にmyapp-secretという Secretのdata.MY_ENVフィールドの値（**リスト5**の（2））を使うようにmyapp.yamlを編集します（**リスト6**）。これで、nginxコンテナはHello kubernetesというテキストを返すようになるはずです。

続いて、`kubectl apply`でマニフェストファイルの追加、変更をクラスタに適用します（図

▼リスト5　Secretリソースのマニフェストファイル（myapp-secret.yaml）

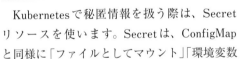

なぜSecretリソースではBase64でエンコードする必要がある？

"Secret"という名前から秘匿情報の難読化のためかと思われがちですが、そうではありません。SecretリソースはConfigMapと異なりバイナリデータ（TLSサーバ証明書など）を扱うためのものです。Secretでは、バイナリデータをテキストに変換することでマニフェストとして記述できるようにしています。

Special Issue - 125

第**4**章 Dockerコンテナだけで大丈夫？
なぜ、Kubernetesを使うのか？ 一から学ぶ
コンテナ・オーケストレーション

▼図12　リスト5の追加、リスト6の変更をクラスタに適用する

```
$ kubectl apply -f myapp-secret.yaml -f myapp-config.yaml -f myapp.yaml
secret/myapp-secret created
configmap/myapp-config unchanged
deployment.apps/myapp configured
```

▼図13　Podが置き換えられたかどうか確認する

```
$ kubectl get pods
NAME                     READY   STATUS    RESTARTS   AGE
myapp-6d7f6b9fdb-9wfqc   1/1     Running   0          10s
```

▼図14　置き換えたPodにアクセスする

```
$ kubectl port-forward myapp-6d7f6b9fdb-9wfqc 8080:80
Forwarding from 127.0.0.1:8080 -> 80
Forwarding from [::1]:8080 -> 80
```

12)。

　しばらくするとPodが置き換わります。先ほどと同様にkubectl get podsで確認してみましょう（図13）。kubectl port-forwardで置き換えたPodにアクセスしてみます（図14）。

　続いて、別のターミナルを開いて、curlでアクセスします。

```
$ curl http://127.0.0.1:8080/
Hello kubernetes   ←返ってきたテキスト
```

　期待した、Hello kubernetesというテキストがサーバから返ることが確認できました。

　なお、kindで作成したクラスタは次のコマンドで削除できます。

```
$ kind delete cluster
```

▼リスト6　MY_ENV環境変数にSecretリソースの値を使うDeploymentマニフェスト

```
(..略..)
      env:
      - name: MY_ENV
        valueFrom:
          secretKeyRef:
            name: myapp-secret
            key: MY_ENV
      volumeMounts:
      - name: myapp-config
```

Kubernetesでコンテナが実行されるまでの流れ

　Kubernetesにマニフェストファイルを適用すると、あとはKubernetesが自動的にコンテナを実行してくれることがわかりました。しか

Column　Secretリソースのマニフェストはどう管理すればよい？

　Secretリソースのマニフェストには秘匿情報が書かれるため、それをほかのマニフェストと一緒にリポジトリにコミットして管理できません。ここでは3つの選択肢を紹介します。

　まず、そもそも秘匿情報があまり更新されないのであればパスワードの付いた別の保管場所で保存するということができます。

　次に「Sealed Secrets」注A などを利用して、Secretリソースを暗号化しておく方法があります。秘匿情報は暗号化されるのでほかのマニフェストと一緒に管理できます。

　最後に「External Secrets Operator」注B などを利用して、外部のシークレットストアと連携する方法があります。マニフェストには外部シークレットストアのキーを参照する情報しかないため、これもほかのマニフェストと一緒に管理できます。

注A）https://github.com/bitnami-labs/sealed-secrets
注B）https://github.com/external-secrets/external-secrets/

126 - Software Design

4-3 Kubernetesでコンテナをデプロイするには？
マニフェストファイルベースのコンテナ実行を体験

し、Kubernetesの中で何が起きているのかわからず魔法のように思われた方もいるでしょう。本節の後半では、「KubernetesにDeploymentリソースのマニフェストファイルを適用してからコンテナが実行されるまで」にKubernetesの中で何が起きているのか、大まかな流れを説明します。

開発者がKubernetesにマニフェストファイルを適用する

開発者は、アプリケーションをKubernetesにデプロイする際にマニフェストファイルを記述してクラスタに適用します。ここではリスト7のような、1つのPodレプリカを作成するDeploymentリソースのマニフェストの作成・適用する場合を考えます。

マニフェストファイルの適用にはkubectl applyコマンドを使います。このコマンドはマニフェストに記述されたオブジェクトがすでに存在すれば更新し、存在しなければ新規で作成します（図15）。たとえば、図15（1）の場合は、オブジェクトが存在しなかったとしてKubernetesに作成をリクエストします。

そのリクエストを受け取るのが、KubernetesのAPIサーバである「kube-apiserver」[注15]です。kube-apiserverは受け取ったマニフェストを検証し、問題なければデータストアに保存してOKのレスポンスを返します。この時点でkubectl get deploymentsコマンドを実行すると作成したDeploymentがリストされますが、まだコンテナは実行されていません。Kubernetesは分散システムであり、オーケストラのように複数のコンポーネントがそれぞれ自律的に動くことで全体として機能します。

注15）https://kubernetes.io/ja/docs/concepts/overview/components/#kube-apiserver

▼リスト7　Deploymentリソースのマニフェスト

```
apiVersion: apps/v1
kind: Deployment
metadata:
  name: myapp
spec:
  replicas: 1    # (1) Podレプリカ数
  selector:
    matchLabels:
      app: myapp
  template:
    metadata:
      labels:
        app: myapp
    spec:
      containers:
      - image: docker.io/nginx:1.19
        name: nginx
```

▼図15　kubectl applyコマンドでマニフェストファイルをKubernetesに適用する流れ

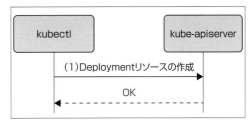

▼図16　Deploymentリソースが作成されてからPodが作成されるまでの流れ

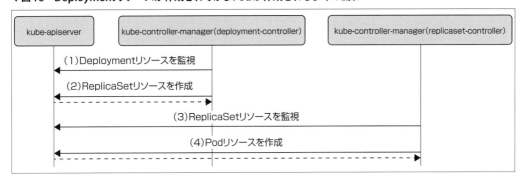

第4章 Dockerコンテナだけで大丈夫？ なぜ、Kubernetesを使うのか？ 一から学ぶコンテナ・オーケストレーション

ReplicaSetとPodが作成される

Deploymentリソースが新たに作成されたら、それを検知して動き始めるコンポーネントが「kube-controller-manager」[注16]です。kube-controller-managerは、kube-apiserverを監視してKubernetesリソースの作成、変更、削除のイベントを契機に処理を開始します（図16）。名前がmanagerなのは、本来別々のコントローラ[注17]が利便性の面から1つのバイナリにまとめられて提供されているためです。

図16では(1)でkube-controller-manager（ここではdeployment-controller）が、Deploymentリソースが新たに作成されたことを検知し、(2)で作成されたDeploymentのマニフェストを参照してReplicaSetリソースを作成します。作成されるReplicaSetは**リスト8**のマニフェストのとおりです。

kube-controller-manager（ここではreplicaset-controller）は、ReplicaSetリソースも監視しています。新たに先ほどのReplicaSetリソースが作成されたことを検知して（図16(3)）、ReplicaSetのマニフェストにあるPodテンプレート（**リスト8(b)**）から、望ましい数のPodリソースを作成します（図16(4)）。ここではPodレプリカ数（**リスト8(a)**）の値が1ですので、Podが1つ作成されます。作成されるPodリソースは**リスト9**のマニフェストのとおりです。

Podがスケジュールされてコンテナが実行される

Podが作成されると「kube-scheduler」[注18]というコンポーネントが動き始めます。kube-

注16) https://kubernetes.io/ja/docs/concepts/overview/components/#kube-controller-manager
注17) システムを望ましい状態に近づけるためのしくみ。詳細は4-2節をご確認ください。
注18) https://kubernetes.io/ja/docs/concepts/scheduling-eviction/kube-scheduler/

▼リスト8　kube-controller-managerが作成するReplicaSetリソースのマニフェスト

```
apiVersion: apps/v1
kind: ReplicaSet
metadata:
  (..略..)
  name: myapp-6d7f6b9fdb
  ownerReferences:
  # 親のリソースがDeployment myappであることがわかる
  - apiVersion: apps/v1
    blockOwnerDeletion: true
    controller: true
    kind: Deployment
    name: myapp
  (..略..)
spec:
  replicas: 1    # (a) Podレプリカ数
  selector:
    matchLabels:
      app: myapp
      pod-template-hash: 6d7f6b9fdb
  template:    # (b) Podテンプレート
    metadata:
      labels:
        app: myapp
        pod-template-hash: 6d7f6b9fdb
    spec:
      containers:
      - image: docker.io/nginx:1.19
        imagePullPolicy: IfNotPresent
        name: nginx
      (..略..)
```

▼リスト9　kube-controller-managerが作成するPodリソースのマニフェスト

```
apiVersion: v1
kind: Pod
metadata:
  (..略..)
  labels:
    app: myapp
    pod-template-hash: 6d7f6b9fdb
  name: myapp-6d7f6b9fdb-9wfqc
  ownerReferences:
  # 親のリソースがReplicaSet myappであることがわかる
  - apiVersion: apps/v1
    blockOwnerDeletion: true
    controller: true
    kind: ReplicaSet
    name: myapp-6d7f6b9fdb
  (..略..)
spec:
  containers:
  - image: docker.io/nginx:1.19
    name: nginx
  (..略..)
```

4-3 Kubernetesでコンテナをデプロイするには？
マニフェストファイルベースのコンテナ実行を体験

schedulerの責務は名前のとおりPodをノードにスケジュールする（割り当てる）ことです。図17を確認してください。(1)でPodリソースの作成を監視しており、(2)でPodが要求する条件を満たすノードを探し出して割り当てます。条件は特定のノード群の指定や計算リソースの要求量分の空きがあるかどうかなどです。PodがスケジュールされるとPodマニフェストのspec.nodeNameフィールド（**リスト10**の(c)）にノード名が追加されます。

Podリソースを監視するもう1つのコンポーネントが「kubelet」[注19]です。kubeletはPodの起動や管理を担うKubernetesノードのエージェントで、コンテナランタイムと連携してコンテナを管理します。ここでは、kubeletが新たに自身にPodがスケジュールされたことを検知して（**図17**(3)）、Podマニフェストに記述されたスペック（**リスト10**(d)）に一致するようにコンテナを実行します（**図17**(4)）。kubeletはコンテナランタイムをポーリングしており、コンテナのステータスに変化があるとPodステータス（**リスト10**(e)）にそれを反映します（**図17**(5)）。

注19）https://kubernetes.io/ja/docs/concepts/overview/components/#kubelet

Kubernetesを自分でも試してみよう

今回は、Kubernetesにアプリケーションをデプロイする際従うべきベストプラクティスとして「The Twelve-Factor App」を紹介し、その後ローカル環境に作成したKubernetesにコンテナをデプロイする流れを紹介しました。Kubernetesを利用する際の具体的なイメージを持ってもらえたでしょうか。

Kubernetesにはこのほかにも強力な多くの機能があります。ローカル環境のクラスタでいろいろ試してみましょう！ **SD**

▼リスト10　Podリソースをスケジュールする部分のマニフェスト

```
apiVersion: v1
kind: Pod
metadata:
  (..略..)
spec:                    # (d) Podスペック
  nodeName: mynode       # (c) スケジュールされたノード名
  containers:
  - image: docker.io/nginx:1.19
    name: nginx
status:                  # (e) Podステータス
  (..略..)
```

▼図17　Podリソースの作成からノードへのスケジュール、コンテナ実行までの流れ

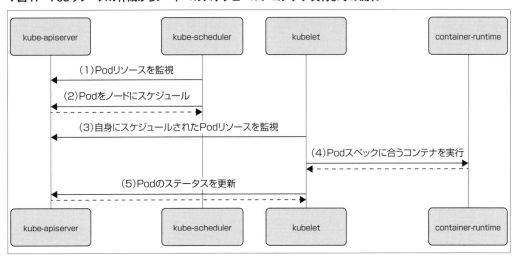

Special Issue - 129

第4章 なぜ、Kubernetesを使うのか？

Dockerコンテナだけで大丈夫？

一から学ぶ
コンテナ・オーケストレーション

4-4 Kubernetesでコンテナ間を連携する方法としくみ

整合性を担保するServiceリソースを押さえよう

Author 李 瀚（り はん）　株式会社インターネットイニシアティブ（IIJ）

Kubernetesが高い弾力性や高可用性を実現できるのは、コンテナ間の連携が容易だからです。そこで、本節ではコンテナ間の通信を行うServiceリソースについて、内部ロードバランサとしての基本の使い方を解説します。最後にはServiceのほかの使い方やServiceを使わないコンテナ間の通信も触れますので、さらなる学習につなげましょう。

　Kubernetes（以降K8s）はコンテナ・オーケストレーションツールとしてコンテナの起動、ヘルスチェック、停止などのライフサイクルを管理します。また複数のコンテナ間の連携を容易に実現します。なかでもK8sは、コンテナ間の連携を簡単にできるからこそ、特長である弾力性や高可用性を実現できます。

　本節では、コンテナ間の通信を行うためのServiceリソースに主眼をおいて、その使い方としくみを解説します。流れとしては、Serviceを使ったコンテナ間の接続を操作しながら確かめてから、K8sが裏で設定することで接続を可能にしているしくみを示します。最後にはServiceの少し変わった使い方をいくつか紹介します。本節を読むことで、K8sを使ってコンテナ間を連携できるようになり、またそれがどのように実現されているかをイメージする助けになれたら幸いです。

動的なKubernetesの課題を解決するService

　4-2節でも触れたとおり、K8sの特性として「高い自己修復能力」が挙げられます。この自己修復能力は、運用の省力化やスケールアウトするような大規模な利用には欠かせない性質です。なぜなら、個々の故障率が低くても、扱う構成要素の数が増えれば常にどこかが壊れてい

るようになるからです。これは純粋に確率の問題で、故障率0.1%のものを1,000個集めると、少なくとも1つが壊れる確率は50%を超えます。数が多いと、それだけで常にどこかで何かが壊れていて、壊れているものを修復する必要がある可能性に対応しなければなりません。

　K8sはシステム内の一部が正常に機能しない際に、コンテナのプロセスを再起動したり、別ノード上に再配置したりして修復するしくみを持っています。

　このようなしくみにおいて、K8sは1台のノードに閉じることなくクラスタ全体を制御します。つまり、ノード間のやりとりが生じるということです。同一ノード上であればファイルシステムやUNIXソケットなどを使えますが、異なるノード間のやりとりの場合、ネットワークを介して通信が発生します。K8sでは動的にPodの起動場所を決めながらシステムを制御し、ネットワークの整合性を担保する機能を内蔵しています。

　IPアドレスやDNSレコードなど複数ヵ所の整合性を1つのリソースとして管理するのが、K8sの主要なリソースの1つであるServiceリソース[1]です。公式ドキュメントのチュートリ

注1）https://kubernetes.io/docs/reference/generated/kubernetes-api/v1.26/#service-v1-core

130 - Software Design

4-4 Kubernetesでコンテナ間を連携する方法としくみ
整合性を担保するServiceリソースを押さえよう

アル[注2]を参照すると、ServiceはK8s上のPodを公開する際に利用されています。

"公開"の言葉のイメージに引っ張られて、外部からアクセスする際に使う印象がある人もいるかもしれません。しかし実際には、ServiceはK8sクラスタ内外を問わずに、コンテナ間の通信のために利用します。汎用的に通信において利用されるのは、Serviceを使うと内部ロードバランサとDNSサーバが宣言的に設定されるためです。

Serviceを活用することで、K8s内のさまざまなコンテナ間を連携させることができます。

内部ロードバランサとしてのService

K8sにはクラスタ内部の通信を行うためのロードバランサが内蔵されています。まずは簡単に動かしてみましょう。

アクセス先としてhttpbin[注3]をデプロイして、まずServiceを使わずにアクセスしてみます。図1のように操作するとPodが起動して、動いている状態を確認できます。

これでhttpbinのPodが起動できました。PodのIPアドレスは10.244.1.2です。デフォルトでは80番ポートでlistenしています。

PodのIPアドレスへのアクセス

次にnginx[注4]のPodを起動して、これをクライアント代わりにします。図2のようにクライアントPodを起動します。

nginxのPodが10.244.2.2というIPアドレスを持っていることを確認できます。ここでnginxのPodからhttpbinのPodのIPアドレス向けにcurlしてみましょう。図3、図4のよう

注2) https://kubernetes.io/ja/docs/tutorials/kubernetes-basics/expose/expose-intro/

注3) https://hub.docker.com/r/kennethreitz/httpbin/
注4) https://hub.docker.com/_/nginx

> **Column** 環境構築について
>
> 本節では、検証環境としてkind[注A]を利用してK8s v1.26.0の3台構成（コントロールプレーン1台、workerノード2台）を使っています。kindは、dockerを利用して1台のホストの中で複数ノードのK8sクラスタを構築でき、手軽に検証に利用できます。
>
> リストAに、複数ノードでK8sのバージョンを指定するための設定ファイルを示します。この設定ファイルを利用してK8sのクラスタを起動すると図Aのようになります。本節で解説されている内容は、すべてこのkindによって作成されるK8sクラスタで試すことができます。
>
> 注A) https://kind.sigs.K8s.io/
>
> ▼リストA　kindで複数ノードのK8sクラスタを構築するための設定ファイル（kind.config.yaml）
>
> ```
> kind: Cluster
> apiVersion: kind.x-K8s.io/v1alpha4
> nodes:
> - role: control-plane
>   image: kindest/node:v1.26.0
> - role: worker
>   image: kindest/node:v1.26.0
> - role: worker
>   image: kindest/node:v1.26.0
> ```
>
> ▼図A　kindでクラスタを起動する
>
> ```
> $ kind create cluster --config kind.⏎
> config.yaml    ←起動
> Creating cluster "kind" ...
> (..略..)
> Have a nice day! 👋
> 
> ↓動いていることを確認
> $ kubectl cluster-info --context kind-kind
> Kubernetes control plane is running at ⏎
> https://127.0.0.1:40911
> (..略..)
> ```

第4章 なぜ、Kubernetesを使うのか？

Dockerコンテナだけで大丈夫？　一から学ぶコンテナ・オーケストレーション

▼図1　httpbinのPodを起動する

```
$ kubectl create deploy httpbin --image=kennethreitz/httpbin:latest
deployment.apps/httpbin created

$ kubectl get po -owide
NAME                      (..略..)  AGE  IP          NODE         (..略..)
httpbin-568c5d66f-96c99   (..略..)  19s  10.244.1.2  kind-worker  (..略..)
```

▼図2　クラスタ内クライアント用のnginxのPodを起動する

```
$ kubectl create deploy curl --image=nginx:1.23.3
deployment.apps/curl created

$ kubectl get po -owide
NAME                       (..略..)  AGE  IP          NODE          (..略..)
curl-96b9784bb-hg9mm       (..略..)  11s  10.244.2.2  kind-worker2  (..略..)
httpbin-568c5d66f-96c99    (..略..)  74s  10.244.1.2  kind-worker   (..略..)
```

に操作することでクライアントPodを使ってcurlコマンドを実行します。

httpbinが確かに動いていることを確認できました。HostヘッダにhttpbinのPod IPアドレス10.244.1.2が入っており、originとしてクライアントのnginxのPod IPアドレス10.244.2.2が入っています。

さて、ここで何かしらの理由でhttpbinのPodが削除されたとしましょう。するとK8sの自動修復機能により新しいhttpbinのPodが立ち上がります。図5のように操作して起動中のhttpbinのPodを削除します。新しいPodの起動はK8sがやってくれるので操作は必要ありません。

新しくhttpbinのPodが起動している様子を

▼図3　httpbinをcurlするイメージ

▼図4　httpbinをcurlしてみる

```
$ kubectl exec -it deploy/curl -- curl
10.244.1.2/get
{
  "args": {},
  "headers": {
    "Accept": "*/*",
    "Host": "10.244.1.2",       ← httpbinのPod IP
    "User-Agent": "curl/7.74.0"
  },
  "origin": "10.244.2.2",       ← nginxのPod IP
  "url": "http://10.244.1.2/get"
}
```

▼図5　httpbinは自動修復されるがPodのIPアドレスが変化する

```
$ kubectl delete po httpbin-568c5d66f-96c99
pod "httpbin-568c5d66f-96c99" deleted

$ kubectl get po -owide
NAME                       (..略..)  AGE  IP          NODE          (..略..)
curl-96b9784bb-hg9mm       (..略..)  78s  10.244.2.2  kind-worker2  (..略..)
httpbin-568c5d66f-9z56j    (..略..)  14s  10.244.1.3  kind-worker   (..略..)

$ kubectl exec -it deploy/curl -- curl 10.244.1.2/get --connect-timeout 3
curl: (28) Connection timed out after 3001 milliseconds
command terminated with exit code 28
```

4-4 Kubernetesでコンテナ間を連携する方法としくみ
整合性を担保するServiceリソースを押さえよう

▼図6 Pod情報を直接使った接続と動的に払い出されるIPアドレスに関する課題

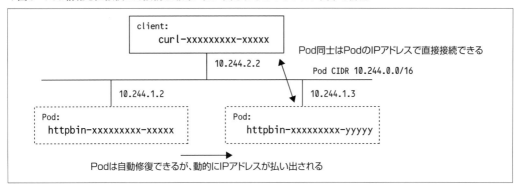

見ることができます。しかし、PodのIPアドレスを見ると、以前の10.244.1.2からは変わって、10.244.1.3になってしまいました。

このようにPodのIPアドレスは動的に変化します。当然ですが、元のPodはすでにないため、古いIPアドレスにアクセスしても成功しません。ネットワーク図で示すと図6のようになります。K8sの中ではPodのIPアドレスは動的なものであるため、PodのIPアドレスよりも安定してアクセスする方法が必要です。

▼図7 httpbin用のServiceを作成する

```
$ kubectl expose deploy httpbin --port ⏎
80 --dry-run=client -oyaml
apiVersion: v1
kind: Service
metadata:
  creationTimestamp: null
  labels:
    app: httpbin
  name: httpbin
spec:
  ports:
  - port: 80
    protocol: TCP
    targetPort: 80
  selector:
    app: httpbin
status:
  loadBalancer: {}

$ kubectl expose deploy httpbin --port 80
service/httpbin exposed

$ kubectl get svc httpbin
NAME      TYPE        CLUSTER-IP    EXTERNAL-IP   PORT(S)   AGE
httpbin   ClusterIP   10.96.99.59   <none>        80/TCP    8s
```

ServiceのClusterIPへのアクセス

そこで登場するのが、Serviceリソースです。さっそくServiceを使ってhttpbinを公開してみましょう。図7のように操作するとhttpbinというServiceが作成されます。

Serviceを作成するとアクセスするための仮想IPアドレス（ClusterIP）が払い出されます。ここでは10.96.99.59になっています。

では、このIPアドレスにアクセスしてみましょう。図8に従ってクライアントPodを使って動作を確認します。

図4のときとは異なり、ClusterIPがHostヘッダに入っています。このServiceのClusterIPはPodのIPアドレスには依存せず、Podが再作成されてもアクセスできます。

▼図8 ClusterIPへのアクセス

```
$ kubectl exec -it deploy/curl -- curl ⏎
10.96.99.59/get
{
  "args": {},
  "headers": {
    "Accept": "*/*",
    "Host": "10.96.99.59",       ← ServiceのClusterIP
    "User-Agent": "curl/7.74.0"
  },
  "origin": "10.244.2.2",
  "url": "http://10.96.99.59/get"
}
```

第4章 なぜ、Kubernetesを使うのか？

Dockerコンテナだけで大丈夫？ 一から学ぶ コンテナ・オーケストレーション

▼図9　ClusterIPへのアクセスはPodの再作成に依存しない

```
$ kubectl delete po httpbin-568c5d66f-9z56jpod "httpbin-568c5d66f-9z56j" deleted
$ kubectl get po -owide
NAME                       (..略..)  AGE    IP          NODE         (..略..)
curl-96b9784bb-hg9mm       (..略..)  5m58s  10.244.2.2  kind-worker2 (..略..)
httpbin-568c5d66f-4pj8g    (..略..)  21s    10.244.2.3  kind-worker2 (..略..)
$ kubectl exec -it deploy/curl -- curl
10.96.99.59/get
{
  "args": {},
  "headers": {
    "Accept": "*/*",
    "Host": "10.96.99.59",
    "User-Agent": "curl/7.74.0"
  },
  "origin": "10.244.2.2",
  "url": "http://10.96.99.59/get"
}
```

▼図10　Serviceによって動的なPodのIPアドレスがクライアントから隠蔽される

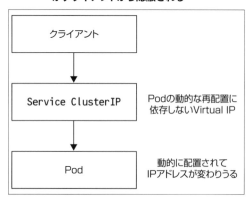

では、図9のように再度Podを削除してアクセスしてみましょう。

Podが再作成されても同じClusterIPでアクセスし続けることを確認できました。Serviceを挟むことによって、クライアントからアクセスする際に図10のような構成になり、PodのIPアドレスが動的に変化するという課題が解決されます。

Service名を使ったアクセス

Serviceを作成すると、K8sの内部DNSにはDNSレコードが自動的に作成されます。

では、Service名のほうでもアクセスできることを見てみましょう。図11のようにcurlの宛先としてIPアドレスではなくService名を使ってみます。

このようにService名でもアクセスできることで、動的に払い出されるClusterIPよりもさらに安定して接続をできます。なぜなら、Service名はServiceの作成時にユーザーが指定できるのに対して、一般的にはClusterIPは指定せずにPodのIPアドレスと同様、K8sに自動的に払い出してもらうためです。

次に、DNSレコードが引けることも確認しておきましょう。図12のようにDNSレコードを引けるコンテナイメージをデプロイしてDNSを引いてみます。

Service名でDNSを引くとClusterIPが返ってきていることがわかります。このように、K8sクラスタ内のPodは10.96.0.10[注5]にある内部DNS[注6]へ問い合わせをして、特定の命名規則[注7]に従って生成されるDNSレコードを引くことができます。

Serviceは、従来の冗長構成のシステムを作成する際に設定している内容を代わりに実施してくれます。つまり、次の設定をします。

注5）特別な設定をしない限りデフォルトではこのIPアドレスになります。設定については本稿では割愛しますが、詳細は次のコードを参照してください。
https://github.com/kubernetes/kubernetes/blob/v1.26.0/cmd/kubeadm/app/apis/kubeadm/v1beta3/defaults.go#L37
https://github.com/kubernetes/kubernetes/blob/v1.26.0/cmd/kubeadm/app/constants/constants.go#L636-L651

注6）内部DNSへのアクセスもServiceを使って実現しているのがおもしろいですね。

注7）ServiceのDNS命名規則については公式ドキュメントを参照してください。
https://kubernetes.io/ja/docs/concepts/services-networking/dns-pod-service/

Kubernetesでコンテナ間を連携する方法としくみ 4-4
整合性を担保するServiceリソースを押さえよう

▼図11　DNSとしてのService

```
$ kubectl exec -it deploy/curl -- curl ↩
httpbin/get
{
  "args": {},
  "headers": {
    "Accept": "*/*",
    "Host": "httpbin",         ← Service名
    "User-Agent": "curl/7.74.0"
  },
  "origin": "10.244.2.2",
  "url": "http://httpbin/get"
}
```

①ロードバランサ用の仮想IPアドレスを設定する
②仮想IPアドレスのためのバックエンドを設定する
③仮想IPアドレスのためのDNSレコードを設定する

K8sでは、上記の設定はServiceの作成時に行われるだけではなく、Podが再作成されたりした際に必要に応じて自動的に整合性が維持されます。

Serviceを構成するEndpoint

次にServiceと同時に自動的に作成されるEndpointリソースを見てみましょう。ServiceとEndpointは1対1で対応します。ここにロードバランサとしてのServiceの秘密があります。

Endpointには、Serviceにアクセスした際のバックエンドの情報が置かれています。図13のように、Serviceの作成に伴ってK8sによって自動的に作成されたEndpointを確認できます。

ここでENDPOINTS欄に注目すると、このServiceのバックエンドとして登録されているPodのIPアドレスを確認できます。これは、ServiceのClusterIPの10.96.99.59にアクセスすると10.244.2.3へルーティングされることを意味します。もしPodが増えた際には、バックエンドに登録されるIPの数が増えることが期待されます。

▼図12　network-multitoolを使ってService名でDNSを引く

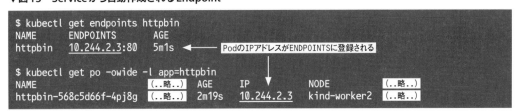

▼図13　Serviceから自動作成されるEndpoint

Special Issue - 135

第4章 なぜ、Kubernetesを使うのか？

Dockerコンテナだけで大丈夫？　一から学ぶコンテナ・オーケストレーション

▼図14　Podが増えた際にEndpointが増える様子

```
$ kubectl scale deploy httpbin --replicas=2
deployment.apps/httpbin scaled

$ kubectl get po -owide -l app=httpbin
NAME                      (..略..)  AGE    IP           NODE          (..略..)
httpbin-568c5d66f-4pj8g   (..略..)  2m39s  10.244.2.3   kind-worker2  (..略..)
httpbin-568c5d66f-mkl94   (..略..)  8s     10.244.1.5   kind-worker   (..略..)

$ kubectl get endpoints httpbin
NAME      ENDPOINTS                      AGE
httpbin   10.244.1.5:80,10.244.2.3:80    5m44s
```

さっそく試してみましょう。図14のように操作すると、Deploymentから派生するPodの数を2個に変えることができます。

Podが増えたことに伴い、Endpointへの登録も増えていることがわかりました。利用しているK8sのネットワークの構成にもよりますが、複数のバックエンドがある場合は、リクエストは等分配されてバックエンドへ転送されます。

Serviceのサービスディスカバリ

先ほど見たように、Serviceを作成すると"勝手"にPodのIPアドレスがバックエンドに登録されました。K8sでは、サービスディスカバリをするためのしくみとしてラベルを使います。Serviceに限らず、さまざまなリソースがラベルによってグルーピングされて集合として扱われます。

では、先ほど作成されたServiceについて見てみましょう。図15のようにServiceの情報を参照できます。

Serviceに対してdescribeをすると、Selectorという項目を見つけることができます。exposeコマンドを使ってServiceを作成した際に、このSelectorが自動的に代入されていました。ここではapp=httpbinとなっています。

これがServiceのバックエンドのPodが共通して持つラベルです。図16のように上記のラベルを持つPodをリストアップできます。

ここで、たとえばいたずらをしてapp=httpbinというラベルをnginxのPodに付けてみましょう。図17のようにlabelコマンドを使ってPodのラベルを書き換えます。

すると、nginxのPodもapp-httpbinのラベルを持つようになるので、そのIPアドレスもhttpbinのEndpointに登録されます。実際にcurlを何度か繰り返すと、httpbinではなくnginxへも接続される場合があることを確認で

▼図15　Serviceのdescribeの結果

```
$ kubectl describe svc httpbin
Name:                     httpbin
Namespace:                default
Labels:                   app=httpbin
Annotations:              <none>
Selector:                 app=httpbin
Type:                     ClusterIP
IP Family Policy:         SingleStack
IP Families:              IPv4
IP:                       10.96.99.59
IPs:                      10.96.99.59
Port:                     <unset>  80/TCP
TargetPort:               80/TCP
Endpoints:
10.244.1.5:80,10.244.2.3:80
Session Affinity:         None
Events:                   <none>
```

▼図16　app=httpbinのラベルを持つPodの一覧

```
$ kubectl get po -owide -l app=httpbin
NAME                      (..略..)  AGE    IP           NODE          (..略..)
httpbin-568c5d66f-4pj8g   (..略..)  3m21s  10.244.2.3   kind-worker2  (..略..)
httpbin-568c5d66f-mkl94   (..略..)  50s    10.244.1.5   kind-worker   (..略..)
```

4-4 Kubernetesでコンテナ間を連携する方法としくみ
整合性を担保するServiceリソースを押さえよう

▼図17 ラベルを付け替えるとサービスディスカバリされる様子

```
$ kubectl label po curl-96b9784bb-hg9mm app=httpbin --overwrite   ←ラベルを書き換え
pod/curl-96b9784bb-hg9mm labeled

$ kubectl get po -owide -l app=httpbin
NAME                       (..略..)  AGE    IP          NODE          (..略..)
curl-96b9784bb-hg9mm       (..略..)  9m32s  10.244.2.2  kind-worker2  (..略..)
httpbin-568c5d66f-4pj8g    (..略..)  3m55s  10.244.2.3  kind-worker2  (..略..)
httpbin-568c5d66f-mkl94    (..略..)  84s    10.244.1.5  kind-worker   (..略..)

                                   nginxのPodも同じラベルでgetされるEndpointにも登録されている
$ kubectl get endpoints httpbin
NAME     ENDPOINTS                                        AGE
httpbin  10.244.1.5:80,10.244.2.2:80,10.244.2.3:80        7m

$ kubectl exec -it deploy/curl -- curl httpbin/get
<html>
<head><title>404 Not Found</title></head>
<body>
<center><h1>404 Not Found</h1></center>
<hr><center>nginx/1.23.3</center>
</body>      ←Serviceへアクセスすると転送されることがある
</html>

↓最後にラベルと書き換えたPodを削除しておく
$ kubectl delete po curl-96b9784bb-hg9mm
pod "curl-96b9784bb-hg9mm" deleted
```

きます。

PodとServiceのネットワーク構成

　前述のPodとServiceの構成を従来のネットワーク図に示すと**図18**のようになります。前段としてServiceのClusterIPがあり、後段にバックエンドとしてのPodのIPアドレスがあります。一般の用途では、Podにアクセスするのに ServiceのClusterIPもしくはService名を使います。そこへ来たアクセスはロードバランスされてPodへと転送されます。

　ここで2つのネットワークセグメントが見えていますが、これらはK8sクラスタごとに設定されているものです。kindではkubeadmを使ってK8sクラスタを構築していて、ネームスペース kube-system にある ConfigMap を参照すると、情報を得ることができます。**図19**のように操作して参照します。

ロードバランシングを実現するしくみ

　Serviceによるロードバランシングを実現するために、各ノードで動いているkube-proxy

▼図18　Service関連のネットワーク図

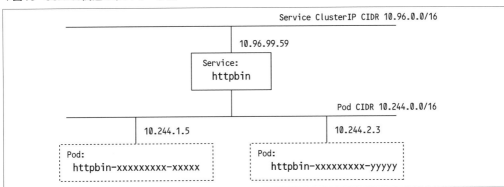

第4章 なぜ、Kubernetes を使うのか？

Docker コンテナだけで大丈夫？ / 一から学ぶ コンテナ・オーケストレーション

というコンポーネントが仕事をしています。図20のように、kube-proxyはすべてのノード上で1つずつ動いています。

ネットワークセグメントと同様に、kube-proxyの設定ファイルもネームスペースkube-systemで見つけることができます。図21で示すように、kindで作成されたK8sクラスタではiptablesモード[注8]を使っています。このモードでは、ServiceのClusterIPからPodのIPアドレスが転送されるしくみがiptablesによって実

注8) ほかにIPVSモードなどがあります。
https://kubernetes.io/ja/docs/concepts/services-networking/service/#proxy-mode-iptables

▼図19 ネットワークセグメントの確認方法（一部抜粋）

```
$ kubectl -n kube-system get cm kubeadm-⏎
config -oyaml
apiVersion: v1
data:
  ClusterConfiguration: |
    kind: ClusterConfiguration
    kubernetesVersion: v1.26.0
    networking:
      dnsDomain: cluster.local
      podSubnet: 10.244.0.0/16       <<<<<
      serviceSubnet: 10.96.0.0/16    <<<<<
    scheduler: {}
kind: ConfigMap
metadata:
  name: kubeadm-config
  namespace: kube-system
```

▼図21 kube-proxyの設定（一部抜粋）

```
$ kubectl -n kube-system get cm kube-⏎
proxy -oyaml
apiVersion: v1
data:
  config.conf: |-
    clusterCIDR: 10.244.0.0/16
    kind: KubeProxyConfiguration
    mode: iptables                <<<<<
kind: ConfigMap
metadata:
  name: kube-proxy
  namespace: kube-system
```

▼図20 kube-proxyのPodの情報

```
$ kubectl -n kube-system get po -l k8s-app=kube-proxy -owide
NAME              (..略..)  AGE  IP           NODE               (..略..)
kube-proxy-cf8h5  (..略..)  12m  172.18.0.4   kind-worker        (..略..)
kube-proxy-zrm4r  (..略..)  12m  172.18.0.3   kind-worker2       (..略..)
kube-proxy-zzzrh  (..略..)  12m  172.18.0.2   kind-control-plane (..略..)
```

▼図22 ServceからPodへ転送するためのiptablesの設定

```
$ docker exec -it kind-worker iptables-save | grep 10.96.99.59
-A KUBE-SERVICES -d 10.96.99.59/32 ★ -p tcp -m comment ⏎  ★ClusterIP
--comment "default/httpbin cluster IP" -m tcp --dport 80 -j KUBE-SVC-YPGXEEZOZAYQUY56 ①
(..略..)

$ docker exec -it kind-worker iptables-save | grep KUBE-SVC-YPGXEEZOZAYQUY56
(..略..)
-A KUBE-SVC-YPGXEEZOZAYQUY56 ① -m comment --comment "default/httpbin -> 10.244.1.5:80" ⏎
-m statistic --mode random --probability 0.50000000000 -j KUBE-SEP-Y6AJY6UWWU5B2EF4 ②
-A KUBE-SVC-YPGXEEZOZAYQUY56 ① -m comment --comment "default/httpbin -> 10.244.2.3:80" ⏎
-j KUBE-SEP-SSUHG2KSBMGAOKIF ③

$ docker exec -it kind-worker iptables-save | grep KUBE-SEP-Y6AJY6UWWU5B2EF4
(..略..)
-A KUBE-SEP-Y6AJY6UWWU5B2EF4 ② -p tcp -m comment --comment "default/httpbin" ⏎
-m tcp -j DNAT --to-destination 10.244.1.5:80   ←Podその1のIP
(..略..)

$ docker exec -it kind-worker iptables-save | grep KUBE-SEP-SSUHG2KSBMGAOKIF
(..略..)
-A KUBE-SEP-SSUHG2KSBMGAOKIF ③ -p tcp -m comment --comment "default/httpbin" ⏎
-m tcp -j DNAT --to-destination 10.244.2.3:80   ←Podその2のIP
(..略..)
```

Kubernetesでコンテナ間を連携する方法としくみ 4-4
整合性を担保するServiceリソースを押さえよう

装されています。kube-proxyの役割は、iptablesの設定をすることです。

では、どのようなiptablesルールでClusterIPの通信がPodのIPアドレスへ転送されているのかを見てみましょう（図22）。

ここでは、iptablesルールとしてClusterIP 10.96.99.59（★）宛の通信はKUBE-SVC-YPGXEEZOZAYQUY56（①）へ飛ばされ、そこから50％の確率でKUBE-SEP-Y6AJY6UWWU5B2EF4（②）とKUBE-SEP-SSUHG2KSBMGAOKIF（③）へ振り分けられます。これらは、それぞれ10.244.1.5と10.244.2.3へ転送されます。K8sでは、このような非常にシンプルな設定で整合性を取りつつ、ロードバランシングを実現しています。

Serviceで公開する方法のまとめ

今までの設定を振り返ってみると、次の操作をしました。

- kubectl createを使ってDeploymentを作成する
- kubectl exposeを使ってServiceを作成する

たったこれだけの操作でWebサーバがデプロイされ、ロードバランサによって負荷分散および冗長化されたシステムを作成できました。まとめると図23のようになります。

ロードバランサのヘルスチェック

通常のロードバランサには、ヘルスチェックの機能があります。前述のようにiptablesなどによって実装されているK8sでは、ロードバランサによって直接バックエンドへヘルスチェックすることはできません。その代わりに、K8s自体にはPodに対してヘルスチェックするReadinessProbe[注9]のしくみがあり、チェックに成功したもののみがEndpointに登録されます。この挙動を図24、図25で確かめてみます。

HTTP GETの結果が404の場合ReadinessProbeのチェックに失敗してPodはReadyにならず、その結果Endpointにも登録されません（図24）。HTTP GETの結果が200の場合、チェックに成功してPodがReadyになり、Endpoint

---

注9） https://kubernetes.io/ja/docs/tasks/configure-pod-container/configure-liveness-readiness-startup-probes/

▼図23　Serviceによる連携のまとめ

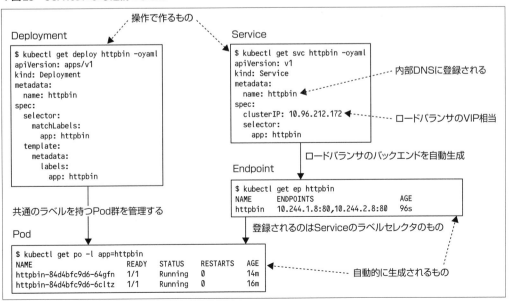

第4章 なぜ、Kubernetesを使うのか？

にも登録されます（図25）。

このように、K8sではPodごとにヘルスチェックするしくみがあり、内部のロードバランサと連携して正常なPodのみがロードバランサのバックエンドとして登録されます。またPodが削除されると自動的にEndpointから外されてリクエストが転送されなくなります。

Serviceのバリエーション

最も基本的なServiceの使い方とそのしくみについて見てきましたが、Serviceにはほかにも複数のバリエーションがあります。ここでは次の3つを見ていきましょう。

- Headless Service
- ラベルセレクタのないService
- ExternalName Service

▼図24　ReadinessProbeをパスしないとEndpointに登録されない様子

```
$ kubectl scale deploy httpbin --replicas=0        ←一度Podを消す
deployment.apps/httpbin scaled

$ cat <<EOF | kubectl apply -f -
apiVersion: apps/v1
kind: Deployment
  (..略..)
      containers:
        (..略..)
        ports:
        - containerPort: 80
          name: healthz
        readinessProbe:
          failureThreshold: 1          ┐404を返すエンド
          httpGet:                      │ポイントをヘルス
            path: /status/404           │チェックに使う
            port: healthz              ┘
          periodSeconds: 10
EOF
deployment.apps/httpbin configured

$ kubectl get po -l app=httpbin
NAME                       READY   STATUS    RESTARTS   AGE
httpbin-6b58c44848-2jkxp   0/1     Running   0          15s
                          ↑PodはREADYにならない
$ kubectl get ep httpbin
NAME      ENDPOINTS   AGE
httpbin               11m   ←ENDPOINTSに登録されない
```

Headless Service

Serviceは、ClusterIPを割り当てずに利用することもできます。これが**Headless Service**と呼ばれる使い方です。この利用方法はDNSの側面から見るとすっきりと理解できます。

図26のようにServiceを作りなおします。

ClusterIPがNoneとなっていることを除けば、先ほどとまったく同じように見えます。ここで図27のようにDNSを引いてみます。

HeadlessではないServiceの図12と比較すると、DNSレコードとしてClusterIPの代わりにPodのIPアドレスがすべて登録されています。ロードバランサによる負荷分散と比較するとDNSのラウンドロビンは、TTLぶんのキャッシュ時間があるため追従が遅くなります。

一方で、IPアドレスが動的に払い出される環境では、同じ性質（ラベル）を持つPodのIPアドレスを取得する用途でこのHeadless Serviceが用いられます。たとえば、データベースの冗長化では自分以外のすべてのレプリカのIPアドレスを取得してクラスタを組む際に使われたりします。

ラベルセレクタのないService

次に、ラベルセレクタを指定しなかった場合のServiceについてです。前述のように、ラベルセレクタはK8s内でサービスディスカバリをするために必要なものです。その結果、ラベルセレクタがないと、Endpointは自動的には作成されません。その代わりに、手動でEndpointを作成することで好きなバックエンドを設定できます。

図28のように、httpbin.orgに向けて内部エ

Kubernetesでコンテナ間を連携する方法としくみ
整合性を担保するServiceリソースを押さえよう
4-4

▼図25　ReadinessProbeをパスするとEndpointに登録される様子

```
$ kubectl scale deploy httpbin --replicas=0   ←一度Podを消す
deployment.apps/httpbin scaled

$ cat <<EOF | kubectl apply -f -
apiVersion: apps/v1
kind: Deployment
  (..略..)
      containers:
      (..略..)
        ports:
        - containerPort: 80
          name: healthz
        readinessProbe:
          failureThreshold: 1      ┐
          httpGet:                 │
            path: /status/200      ├ 200を返すエンドポイントをヘルスチェックに使う
            port: healthz          │
          periodSeconds: 10        ┘
EOF
deployment.apps/httpbin configured

$ kubectl get po -l app=httpbin

NAME                         READY   STATUS    RESTARTS   AGE
httpbin-84d4bfc9d6-cngx9     1/1     Running   0          10s
                             ↑PodはREADYになる
$ kubectl get ep httpbin
NAME      ENDPOINTS        AGE
httpbin   10.244.1.6:80    11m   ←ENDPOINTSに登録される
```

▼図26　Headless Serviceの作成

```
↓再作成するために一度Serviceを消す
$ kubectl delete svc httpbin
service "httpbin" deleted

$ kubectl scale deploy httpbin --replicas=2
deployment.apps/httpbin scaled   ↑Podを冗長構成にする

$ kubectl expose deploy httpbin --cluster-ip=None
service/httpbin exposed    ↑Headless Serviceを作るにはNoneを指定する

$ kubectl get svc httpbin
NAME      TYPE        CLUSTER-IP   EXTERNAL-IP   PORT(S)   AGE
httpbin   ClusterIP   None         <none>        80/TCP    25s
                      ↑ServiceにClusterIPが払い出されない
$ kubectl get ep httpbin
NAME      ENDPOINTS                       AGE
httpbin   10.244.1.6:80,10.244.2.6:80     33s
          ↑Endpointは作成される
```

▼図27　Headless ServiceのDNSレコード

```
$ kubectl exec -it deploy/multitool -- dig httpbin +search | grep "IN A"
httpbin.default.svc.cluster.local. 30 IN A    10.244.2.6
httpbin.default.svc.cluster.local. 30 IN A    10.244.1.6   ←PodのIPアドレスが登録される
```

第4章 なぜ、Kubernetesを使うのか？

Dockerコンテナだけで大丈夫？　一から学ぶコンテナ・オーケストレーション

▼図28　K8sクラスタ外のIPアドレスをSerivceに登録する

```
$ cat <<EOF | kubectl create -f -
apiVersion: v1
kind: Service
metadata:
  name: httpbin-external
spec:
  type: ClusterIP
  clusterIP: None
  ports:                      ← ラベルセレクタは設定しない
  - port: 80
    targetPort: 80
---
apiVersion: v1
kind: Endpoints
metadata:
  name: httpbin-external      ← Endpointリソースは
subsets:                        手書きする
- addresses:
  - ip: 54.163.169.210
EOF
service/httpbin-external created
endpoints/httpbin-external created

$ kubectl exec -it deploy/curl -- curl ↵
http://httpbin-external/get
{
  "args": {},
  "headers": {
    (..略..)
  },
  "origin": "34.146.146.255",
           ↑クライアントIPアドレスがグローバルアドレス
  "url": "http://httpbin-external/get"
}
```

イリアスのようにServiceを作成してアクセスしてみましょう。

K8s内でしか名前解決できないService名httpbin-externalへアクセスすることで、インターネット上にあるhttpbin.orgへアクセスできました。originのIPアドレスもグローバルIPアドレスに変わりました。なお、Endpointの直接の設定は脆弱性[注10]につながることがあるため、操作には特権が必要な場合があります。

ExternalName Service

Endpointを手動で設定しなくても外部へ参照する方法があります。それがExternalNameというタイプのServiceです。では先ほど同様httpbin.orgへアクセスするためのServiceを図29のように作ってみましょう。

ExternalName Serviceを作成すると、K8sの内部DNSにはCNAMEレコードが登録されて、アクセスできる様子を見ることができました。ExternalName Serviceは、外部DNSだけでなく内部DNSに対しても使うことができ、

注10) https://github.com/kubernetes/kubernetes/issues/103675

▼図29　ExternalName Serviceで外部へ参照する

```
$ kubectl create svc externalname httpbin-cname --external-name=httpbin.org --tcp=80
service/httpbin-cname created                    ↑external-nameを指定する

$ kubectl exec -it deploy/curl -- curl http://httpbin-cname/get
{
  "args": {},
  "headers": {
    (..略..)
  },
  "origin": "34.146.146.255",
  "url": "http://httpbin-cname/get"
}

$ kubectl exec -it deploy/multitool -- dig httpbin-cname +search | grep IN | grep -v "^;"
↓CNAMEレコードが登録される
httpbin-cname.default.svc.cluster.local. 21 IN CNAME httpbin.org.
httpbin.org.          21    IN    A    3.229.200.44
httpbin.org.          21    IN    A    52.45.51.124
httpbin.org.          21    IN    A    54.163.169.210
httpbin.org.          21    IN    A    3.220.55.57
```

エイリアス名が必要な際に利用されます。

同一Pod内のコンテナ間の通信について

これまでServiceを利用したコンテナ間の通信方法を紹介しました。アプリケーション用のローカルキャッシュデータベースを利用したい場合や、統計情報を取得したい場合でもServiceを利用しなければならないのでしょうか。実はそれ以外にも簡単に実現する方法があります。K8sの基本的なリソースであるPodには複数のコンテナを入れることができます。そして同じPod内のコンテナは同一ネットワークを共有しています。この性質を利用してコンテナ間をローカルホスト経由で接続できます。httpbinのコンテナの横にbusyboxを置いてローカルホスト経由で接続できることを図30で試してみましょう。

▼図30　Pod内ローカルホスト経由の接続

```
$ cat <<EOF | kubectl create -f -
apiVersion: apps/v1
kind: Deployment
metadata:
  name: multi-containers
spec:
  (..略..)
  template:
    (..略..)
    spec:
      containers:
      - image: busybox:1.36.0
        name: busybox
        command:
        - sleep
        - infinity                          busyboxのコンテナを同じPod内に置く
      - image: kennethreitz/httpbin:latest
        name: httpbin
EOF
deployment.apps/multi-containers created
                                            ↓busyboxからhttpbinへアクセスする
$ kubectl exec -it deploy/multi-containers -c busybox --wget localhost/get -O- -q
{
  "args": {},
  "headers": {
    (..略..)
  },
  "origin": "127.0.0.1",   ←localhost(127.0.0.1)経由でアクセスされている
  "url": "http://localhost/get"
}
```

同じPod内であれば、コンテナ間の連携はローカルホスト経由で実現できることを確認できました。

おわりに

本節では、K8sで複数のコンテナを連携させるための方法について紹介しました。K8sにおいて連携のための中心となるのはServiceリソースであり、K8sのラベルを介したサービスディスカバリのしくみによって異なるノード上にあるコンテナ同士の接続を実現します。K8sは、ロードバランサやDNSの機能をService経由で提供しており、動的に変化するPodのIPアドレスであっても、安定して接続できます。例としてはHTTPの場合だけ挙げましたが、任意のポートのTCP/UDP接続に対応でき、データベースの接続など広く利用されます。

K8s内のアプリケーションを外部に公開するためには、ServiceのうちLoadbalancerタイプのものやホスト名でアクセスするためのIngressを利用することになりますが、クラウドプロバイダなどより低いレイヤへの依存性があるため詳細は割愛します。**SD**

Software Design plus　　　　　　　　技術評論社

systemdの思想と機能
[Linuxを支えるシステム管理のためのソフトウェアスイート]

systemd（システムディー）はLinuxのサービス管理、ハードウェア管理、ログ管理などの機能を提供するソフトウェア群です。Linuxでシステム管理を行うときにはsystemdの知識が必要になります。

本書はsystemdの概要をつかみ、マニュアルなどを適切に参照できるようになることを目的としています。systemdの設定変更や、設定ファイル（unit file）の解釈／作成／変更、systemdが記録したログの読解などのシーンで役立つトピックを解説します。また、systemdの機能に対応するLinuxカーネルの機能を知ることができます。

森若和雄 著
B5変形判／216ページ
定価（本体2,800円＋税）
ISBN 978-4-297-13893-6

大好評発売中！

こんな方におすすめ
・Linuxユーザー
・Linuxシステム管理者

技術評論社

LangChainとLangGraphによる RAG・AIエージェント [実践] 入門

本書では、OpenAIによるAIサービスを利用するためのOpenAI API、オープンソースのLLMアプリ開発ライブラリLangChainを使って、LLM（大規模言語モデル）を活用したRAG（検索拡張生成）アプリケーション、そしてAIエージェントシステムを開発するための実践的な知識を基礎からわかりやすく解説します。

OpenAIのチャットAPI、プロンプトエンジニアリング、LangChainの基礎知識について解説したあと、RAGの実践的手法や評価のハンズオンを行います。今後の生成AIシステム開発で重要となるAIエージェント開発はLangGraphを使って行い、さらにAIエージェントのデザインパターンと、パターン別のAIエージェントハンズオンまで解説します。

西見公宏、吉田真吾、大嶋勇樹 著
B5変形判／496ページ
定価（3,600円＋税）
ISBN 978-4-297-14530-9

大好評発売中！

こんな方におすすめ
・LLMによる本格的な業務アプリ開発に取り組みたい方
・RAGアプリケーション開発の実践的な知識を習得したい方
・AIエージェントシステム開発に取り組みたい方

とりあえずで済ませない！

理想の コンテナイメージを 作る

Dockerfile のベストプラクティス

第**5**章

現代の開発現場では、Dockerなどのコンテナを使って開発を進めることがあたりまえになってきました。サーバサイドでもフロントエンドでも、コンテナの知識が必須と言えそうです。きちんとしたコンテナイメージをビルドできるようになるためには、Dockerfileの書き方のベストプラクティスは押さえておきたいところでしょう。
本章では、理想的なコンテナイメージはどういうものか説明し、公式ドキュメントにあるガイドラインの内容を深掘りします。さらに、悩みがちなベースイメージの選び方、イメージ作成に役立つツール、セキュリティ対策を押さえていきます。「とりあえず使えるものが書ければいいや」と済ませず、自信を持って理想的なコンテナイメージを作れるようになりましょう。

5-1 理想のコンテナを目指す基礎知識
3つの視点とDockerfileの基本を押さえる
P.146　Author 田中 智明

5-2 Dockerfile のベストプラクティス
公式ドキュメントのガイドラインをひも解く
P.153　Author 前佛 雅人

5-3 ベースイメージの選び方
セキュリティと効率のために意識したいポイント
P.167　Author 水野 源

5-4 コンテナイメージ作成に役立つツール
Docker Desktop や VS Code を活用しよう
P.171　Author 遠山 洋平

5-5 コンテナイメージのセキュリティ
フェーズ別セキュリティリスクと対策方法
P.179　Author 森田 浩平

第5章 とりあえずで済ませない！
理想のコンテナイメージを作る
Dockerfileのベストプラクティス

5-1
理想のコンテナを目指す基礎知識
3つの視点とDockerfileの基本を押さえる

理想のコンテナには再現性、セキュリティ、可搬性の3つの視点が欠かせません。本節では、コンテナイメージやDockerfileの基礎知識をおさらいするとともに、この3つの視点で理想のコンテナとは何かを見ていきます。

Author 田中 智明(たなか ともあき)
日本仮想化技術株式会社 **URL** https://virtualtech.jp/
Email ttanaka@virtualtech.jp

コンテナとは

コンテナはホストマシン上で実行されるサンドボックス化されたプロセスであり、ホストマシン上にあるほかのすべてのプロセスから分離されています。この分離は、Linuxカーネルが提供するプロセスのグループ化と名前空間の分離機能を活用して実現しています。

コンテナはホストマシンとカーネルを共有しているので、ホストマシンとOSやCPUアーキテクチャを一致させる必要があります。Linuxコンテナを実行するのであればLinuxホスト、またはLinux仮想マシン上で実行します。Windowsコンテナを実行するのであればWindowsホストが必要です。x86マシン用にビルドされたコンテナはx86マシンで、armコンテナはarmホストで実行します。

コンテナやそれに類似した技術は、古くからさまざまな実装で存在していますが、現在は「コンテナ」というとDockerコンテナを指すのが一般的です。本節では「コンテナ」と呼ぶ場合はDockerコンテナについて解説しています。

コンテナイメージとは

コンテナイメージは、コンテナを実行するためのテンプレートです。コンテナを実行すると、コンテナイメージからファイルシステムが提供されます。このファイルシステムはベースイメージと呼ばれるコンテナイメージのもととなるイメージを起点に、アプリケーションのソースコードやランタイムライブラリなどの依存関係のすべてをインストールしたものです。また、アプリケーションが読み込む環境変数やアプリケーションを実行するためのデフォルトコマンドなどのメタデータも含まれます。

ベースイメージから変更を加えるごとにレイヤが作成され、複数のレイヤを透過的に重ね合わせることで1つのファイルシステムを実現します。このファイルシステムを構成しているレイヤを**イメージレイヤ**と呼びます。

イメージレイヤは読み取り専用で、コンテナからこのレイヤに変更を加えることはできません。コンテナを何度実行してもコンテナイメージが作成された時点の状態が復元されるのはこのためです。

Dockerfileとは

Dockerfileは、コンテナイメージを構築するための命令が記述されたテキストファイルです。テキスト形式のファイルであるためバージョン管理システムと相性が良く、構成のレビューや変更の追跡がしやすくなっています。Dockerfileには、アプリケーションを実行するためのベースイメージや依存関係にあるパッケージのインストール、ファイルのコピーなどアプリケー

5-1 理想のコンテナを目指す基礎知識
3つの視点とDockerfileの基本を押さえる

ションを動作させるために必要なすべての手順を記述します。

Dockerfileは上から順に評価され、命令ごとにレイヤが作成されます。コンテナイメージの容量やセキュリティの観点からレイヤの数は少ないほうが好ましいとされているため、レイヤを意識したDockerfileの作成が重要です。

コンテナを操作するツールとしてDocker以外にもPodmanやBuildahなどが存在します。これらのツールはDockerfile以外にContainerfileを読み込むことができます。DockerfileとContainerfileは名前が違いますが、記述できる命令は同じです。

理想的なコンテナの3つの視点

ここでは、理想的なコンテナを実現するために必要なことを次の3つの視点から解説します。

- 再現性
- セキュリティ
- 可搬性

 ### 再現性

現代では、Dockerfileを共有しさまざまな環境でコンテナを使うアプリケーション開発が一般的となってきました。たとえば、ある環境では現行バージョンの開発を、また別のある環境ではアプリケーションで使用するライブラリのアップデートを開発作業と並行しながら行います。Dockerfileを共有することで、アプリケーション開発からコンテナイメージのメンテナンスまで、環境に依存することなく行えます。

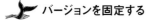 #### バージョンを固定する

環境に依存せずコンテナイメージをビルドするには、Dockerfileの書き方が重要になってきます。ベースイメージやパッケージ、ミドルウェアのバージョンがコンテナイメージをビルドするタイミングで変わってしまわないように固定しましょう。

コンテナイメージを作成する際、ベースイメージのバージョンをlatestやそのほか固定のタグで指定してしまうことがあります。初めてビルドする環境やキャッシュを無効化した環境では、常にそのタグの最新のバージョンが取得されます。活発に開発が進んでいるベースイメージは数日のうちにバージョンが上がってしまうこともあります。どの環境でも同じバージョンを使うにはイメージタグで固定する必要があります。

パッケージやライブラリも同様です。Linuxディストリビューションのパッケージマネージャを使ってインストールする際に、バージョンを指定しなければ最新のパッケージがインストールされます。パッケージやライブラリも同様にバージョンを固定することで、意図しないアップデートを防ぐことができます。

 ### セキュリティ

先述のように、コンテナはコンテナエンジンの上で動作し、ホストマシンとカーネルを共有しています。コンテナエンジンやカーネルに脆弱性があれば、そこを突いてコンテナからホストマシンにエスケープ（脱出）できます。これを**コンテナブレイクアウト**や**コンテナエスケープ**と呼びます。ホスト側にエスケープすることで任意のコマンドの実行や、ほかのコンテナへの攻撃にもつながってしまいます。

エスケープの難易度を上げておく

コンテナブレイクアウトを完全に防ぐことは難しいですが、エスケープするための難易度を上げておくことでリスクを低減できます。たとえば、コンテナ内で実行しているアプリケーションを非特権ユーザーで実行します。アプリケーションが非特権ユーザーで実行されていれば、攻撃を受けた際にエスケープするための権限昇格の手順が増えるため、エスケープの難易度は上がります。アプリケーションをrootで実行してしまうとこのひと手間がかからないため、

第5章 理想のコンテナイメージを作る
とりあえずで済ませない Dockerfileのベストプラクティス

エスケープしやすい環境と言えるでしょう。

不要なファイルを含めない

コンテナイメージに不要なファイルを含めないことで、セキュリティを高めることができます。不要なファイルというのは、アプリケーションのビルドに使ったランタイムライブラリやアプリケーションの動作には関係のないミドルウェアなどのファイルです。これらのファイルにも脆弱性が潜んでいる可能性があり、ここを突かれる可能性があります。

クレデンシャルファイルをコンテナイメージのビルド時に持ち込んでいる場合も危険です。COPY命令で持ち込んだクレデンシャルファイルをRUN命令で削除したとしても、COPY命令のレイヤにはクレデンシャルファイルが残った状態になります。これは、クレデンシャルファイルをCOPYしたレイヤと削除したレイヤが、それぞれ別のレイヤになっていることが原因です。

アプリケーションの動作に不要なランタイムライブラリやクレデンシャルファイルがアプリケーションのビルドに必要なら、マルチステージビルドを利用すると良いでしょう。マルチステージビルドなら、そのステージで加えた変更を最終ステージに含めることなく、成果物のみを取得できます。

distrolessにする

GoやRustなどのビルドしたバイナリが1つあれば動くようなアプリケーションなら、**distroless**という選択肢もあります。distrolessは必要最低限のファイルのみが含まれており、パッケージマネージャーやシェル、Linuxディストリビューションにあるその他のプログラムは含まれていません。最低限のコンポーネントで構成されているため、イメージサイズは軽量で、脆弱性の数もほかのコンテナイメージと比較して少なくなっています。

頻繁にビルドしなおす

頻繁にコンテナイメージをビルドしなおすことも重要です。ベースイメージやミドルウェア、ランタイムやライブラリにセキュリティパッチが適用されている可能性があります。このリビルドは脆弱性のあるキャッシュが使われないように--no-cacheオプションの使用が推奨されています。

 可搬性

コンテナはコンテナエンジンが動く環境であれば、パブリッククラウドやオンプレミス環境、開発者のローカル環境など実行する場所を選びません。アプリケーションとその依存関係のすべてをパッケージングすることで可搬性が担保されています。たとえば、CIでテストしビルドしたコンテナイメージがコンテナレジストリを経由してステージングやプロダクション環境で実行されることも珍しくありません（図1）。

環境依存をなくす

コンテナにパッケージングしたアプリケーションが環境に依存していると、可搬性が損なわれてしまう可能性があります。たとえば、アプリケーションの設定がビルド時にしか設定できないような作りになっている場合です。この場合、実行する環境ごとにコンテナイメージをビルドする必要がでてきます。アプリケーションの設

▼図1 CIでビルドしたイメージをほかの環境から使う

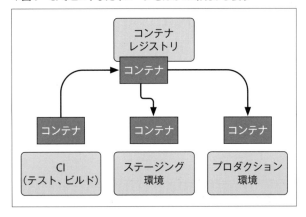

5-1 理想のコンテナを目指す基礎知識
3つの視点とDockerfileの基本を押さえる

定を環境変数やコンテナエンジン、コンテナオーケストレーションのシークレット機能から設定できるといいでしょう。外部から変更できることで、テスト環境や開発環境からプロダクション環境へと一貫して移動できます。

コンテナイメージを軽量に保つ

環境を移動するためには、コンテナイメージを軽量に保つことも重要です。「不要なファイルをコンテナイメージに含めず、まとめられる命令はまとめる」などのひと工夫でコンテナイメージサイズの削減が可能になります。コンテナイメージを軽量に保つことで、コンテナイメージのビルドやネットワークを経由したコンテナイメージの取得、コンテナのロード時間を短縮できます。

Dockerfileの書き方をおさらい

Dockerfileは、1行ごとに1つ命令を記述していきます。Dockerはこれを上から順に評価し自動的にコンテナイメージを構築します。ここでは、Dockerfileの書き方についておさらいしていきましょう。

Dockerfileのフォーマット

Dockerfileは次のフォーマットで記述します。

```
# コメント
命令 引数
```

命令は大文字小文字を区別しませんが、引数と区別しやすいように大文字にするのが慣例です。

DockerfileはFROM命令から始まることがほとんどですが、一部例外があります。後述するパーサディレクティブやコメント、グローバルスコープのARG命令は、FROMの前に記述できます。パーサディレクティブはすべての命令やコメントよりも前に記述する必要があり、ARG命令は外部から値を受け取ってベースイメージのタグを上書きするのに使うことがある

ためです。

Dockerは#で始まる行をコメントとして扱います。行内で行頭以外の場所にある#は引数として扱われます。次の例では#が引数として扱われているため「hello # world」と表示されます。

```
RUN echo 'hello # world'
```

コメントはDockerfileの命令が実行される前に削除されるため、次の2つの例は同等です。

```
RUN echo hello \
# comment
world
```

```
RUN echo hello \
world
```

コメントや命令の前にある空白は無視されるため、次の2つの例は同等です。

```
    # comment
    RUN echo hello world
```

```
# comment
RUN echo hello world
```

ただし、RUNに続くコマンドで引数内の空白は保持されます。次の例では、先頭に空白を付けた「 hello world」が出力されます。

```
RUN echo " hello world"
```

 パーサディレクティブ

#から始まる行をコメントと説明しましたが、Dockerfileにはパーサディレクティブというものが存在します。パーサディレクティブはコメント、空行、命令を処理する前に記述する必要があるため、Dockerfileの最上位に記述します。パーサディレクティブの記述方法は次のとおりです。

```
# パーサディレクティブ=値
```

第5章 理想のコンテナイメージを作る
Dockerfileのベストプラクティス
とりあえずで済ませない

執筆時点でサポートされているパーサディレクティブは次の2つです。

- syntax
- escape

syntax

syntaxはBuildKitを使用している場合に指定します。Docker v18.09以降では「export DOCKER_BUILD_KIT=1」を設定することでBuildKitモードが有効になります。Docker v20.10.7以降ではデフォルトで有効です。もしくはDockerコマンドのサブコマンドでbuildxを指定します。そうすることでBuildKitを有効化したままbuildxに続くコマンドを実行できます。

syntaxの記述方法は次のとおりです。

```
# syntax=docker/dockerfile:1
```

docker/dockerfileは、BuildKitを使用してDockerfileを構築するための公式のフロントエンドです。実体はhttps://hub.docker.com/r/docker/dockerfileにあります。

DockerfileフロントエンドはDockerfileの最新の記述方法をサポートしています。システムにインストールされているBuildKitにもDockerfileフロントエンドが組み込まれていますが、複数の環境でBuildKitが同じバージョンであるとは限りません。異なる環境で同じDockerfileフロントエンドを使用するため、docker/dockerfileを指定することで、どの環境でも同じDockerfileの記法を使ってビルドできます。

escape

escapeはDockerfile内で文字をエスケープするために使用される文字を設定します。escapeを設定しない場合は、デフォルトで「\（バックスラッシュ）」がエスケープ文字として設定されます。Windowsなどではディレクトリの区切り文字が\であるため、escapeを別の文字に設定することでDockerfileが書きやすくなります。

Dockerfileの記述で気をつけるべきこと

Dockerfileを記述していくには、次の点に気をつけましょう。

- ベースイメージの選択
- イメージサイズ、レイヤ数
- キャッシュ、ビルドの速度

ベースイメージの選択

コンテナイメージを構築するうえで、ベースイメージの選択は重要です。ベースイメージに脆弱性が多く含まれていればコンテナブレイクアウトのリスクは高まりますし、ベースイメージが巨大であれば可搬性を損ないます。ベースイメージは軽量かつセキュアなものが望ましいです。

Docker Hubにはさまざまなコンテナイメージが公開されていますが、その中でも公式イメージや認定パブリッシャーが公開しているイメージを使うことが推奨されています。

公式イメージとは、Docker社が公開している厳選されたコンテナイメージです。公式イメージにはUbuntuやAlpine LinuxなどのベースOSとなるイメージ、MySQLやRedis、プログラミング言語ランタイムなどを含んだイメージがあります。認定パブリッシャーは、パートナー組織がメンテナンスをしDocker社によって検証されています。コンテナイメージを選択する際には、Docker Hubのページから「Docker Official Image」や「Verified Publisher」のバッジが付けられたイメージを選択してください。

ベースイメージには、アプリケーションと同じプログラミング言語ランタイムを含んだイメージを選択します。ベースOSを利用して一から構築する必要はありません。たとえばアプリケーションがPython製だった場合、Ubuntuイメー

5-1 理想のコンテナを目指す基礎知識
3つの視点とDockerfileの基本を押さえる

ジにPythonをインストールするのではなく、Pythonの公式イメージを使用するのがいいでしょう。セキュリティは公式で担保されますし、少ないレイヤでイメージをビルドできます。

イメージサイズ、レイヤ数

アプリケーションの動作環境を構築する際、手順が増えることでイメージサイズやレイヤ数も増えていきます。イメージサイズが増えれば可搬性は損なわれますし、レイヤ数が増えることでセキュリティリスクが高まります。

たとえば、バイナリデータが1つあれば動作するようなアプリケーションでは、マルチステージビルドを使うことでイメージサイズを削減できます（**リスト1**）。1つめのステージは、GoアプリケーションをビルドするためベースイメージにgolangをGo指定しています。golangイメージはそれ単体で1GB以上あるため、golangイメージでアプリケーションを動かしてしまうとそれだけでイメージサイズが大きくなってしまいます。今回の場合、ビルドした成果物のみがあればアプリケーションは機能するので、2つめのステージで1つめのステージからバイナリデータだけをコピーしています。こうすることでイメージサイズを数十MBに削減できます。

マルチステージビルドは、セキュリティやレイヤ数の観点からも利用が推奨されています。イメージレイヤに含まれる変更は、最終ステージで行った変更のみです。つまり、アプリケーションのビルドに機密情報が必要な場合は、最終ステージ以外で使用することで、最終ステージに機密情報の痕跡を残す心配がなくなります。

コードを動かすためにランタイムやライブラリをパッケージからインストールする際は、キャッシュの削除を意識しましょう。たとえば、DebianやUbuntuはapt-getのHooksを利用して`apt-get clean`同様の処理を自動で実行しています。しかし、この処理だけではapt-get updateで取得したパッケージリストの削除ま

▼**リスト1　マルチステートビルドでイメージサイズを削減**
```
FROM golang:1.21 AS builder
WORKDIR /src
COPY . .
RUN go build -o /bin/server ./cmd/server

FROM scratch
COPY --from=builder /bin/server /bin/server
```

▼**リスト2　キャッシュの削除（DebianやUbuntuの場合）**
```
RUN apt-get upadte \
    && apt-get install -y nginx \
    && rm -rf /var/lib/apt/lists/*
```

▼**リスト3　キャッシュの削除（Alpine Linux）**
```
RUN apk update \
    && apk add --no-cache nginx
```

では担保されていません。パッケージリストを削除することで、数十MBの容量を削減できる可能性があります。apt-getを行ったら同じRUNの中で/var/lib/apt/lists直下のファイルを削除するとよいでしょう（**リスト2**）。

Apline Linuxを使う場合は、**リスト3**のようにすることでキャッシュを残さずパッケージのインストールができます。

そのほかのLinuxディストリビューションを使う場合は、そのディストリビューションが提供するパッケージマネージャーの作法に従ってキャッシュの削除を検討します。

キャッシュ、ビルドの速度

コンテナイメージをリビルドする際、変更のなかった命令についてはキャッシュが利用されます。つまり、更新の少ない命令をDockerfileの上のほうに書いておくことでビルドを高速化できます。

図2、**リスト4**の例では、Nodeモジュールに更新がなくアプリケーションコードのみが更新された場合でも`npm install`が実行されてしまいます。

`npm install`はNodeモジュールに更新のあったときだけ実行されればいいはずです。

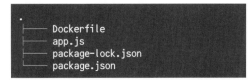

第5章 理想のコンテナイメージを作る
Dockerfileのベストプラクティス
とりあえずで済ませない！

▼図2　ディレクトリ構成

```
.
├── Dockerfile
├── app.js
├── package-lock.json
└── package.json
```

npm installよりも前にCOPY ..でアプリケーションコードがコピーされているため、COPYより下の処理でキャッシュが無効になってしまいました。Dockerは変更のあったレイヤ以下をすべてビルドしなおします（図3）。

Nodeモジュールが更新されたときだけnpm installを実行するように修正します（リスト5）。挙動のイメージは図4のとおりです。

npm installに必要なファイルのみをコピーするようにしました。こうすることで、Nodeモジュールに更新がなければDockerfileの大部分がキャッシュされビルドを高速化できます。

このように、Dockerfileの記述順を変更するだけでビルドを高速化できる可能性があります。ビルド速度に不満が生じたら積極的に見直してみましょう。

おわりに

本節では、コンテナやコンテナイメージ、Dockerfileの基礎的な部分について触れていきました。コンテナの活用が普及している今、既存のイメージをただ使い回したり、どこかから

▼リスト4　アプリケーションコードだけが更新されてもnpm installが実行されてしまう

```
FROM node:20-slim
WORKDIR /src
COPY . .
RUN npm install
ENTRYPOINT ["node", "app.js"]
```

▼リスト5　リスト4から修正（-/+は差分を示す）

```
  FROM node:20-slim
  WORKDIR /src
- COPY . .
+ COPY package.json package-lock.json
  RUN npm install
+ COPY . .
  ENTRYPOINT ["node", "app.js"]
```

コピーしてきたDockerfileを使ったりするのではなく、ベストプラクティスを理解したうえで効率的なDockerfileを作成していくことが重要となってきています。それぞれの命令やしくみを理解することで、コンテナイメージの軽量化やビルドの高速化、コンテナのセキュリティ強化につながっていきます。

本節ではコンテナのセキュリティについても軽く触れましたが、コンテナを実行するホストマシンでもセキュリティ対策は必要です。次節からはDockerfileのベストプラクティスやベースイメージを選択するにあたり考慮する部分、セキュリティを担保するためのツールや考え方について触れていきます。 ◼️SD

▼図3　アプリケーションコードのみ更新したのにキャッシュが効かない例

FROME node:20-slim	キャッシュ
WORKDIR /src	キャッシュ
COPY ..	
RUN npm install	
ENTRYPOINT ["node", "app.js"]	

▼図4　Nodeモジュールに変更がなければnpm installしない

FROME node:20-slim	キャッシュ
WORKDIR /src	キャッシュ
COOY package.json package-lock.json .	キャッシュ
RUN npm install	キャッシュ
COPY ..	
ENTRYPOINT ["node", "app.js"]	

第5章 とりあえずで済ませない 理想のコンテナイメージを作る
Dockerfileのベストプラクティス

5-2 Dockerfileのベストプラクティス
公式ドキュメントのガイドラインをひも解く

コンテナイメージの基本を押さえたところで、本節では公式ドキュメントの内容を徹底的にひも解きます。レイヤの考え方、マルチステージビルド、キャッシュの活用法も併せて押さえ、理想のコンテナイメージへ近づきましょう。

Author 前佛 雅人（ぜんぶつ まさひと）
さくらインターネット株式会社
X(Twitter) @zembutsu

はじめに

　Dockerイメージの構築には適切なDockerfileが欠かせません。より効率的にイメージを構築したり、スムーズに開発を進めたりするには、Dockerイメージのレイヤに対する理解と、Dockerfileの一般的なガイドラインの理解が役立ちます。本節では公式ドキュメントの内容をわかりやすくひも解き、理想とするイメージを作りやすくなるようなDockerfileの書き方や、レイヤの概念、マルチステージビルド、キャッシュ活用方法を紹介します。

Dockerイメージのレイヤと Dockerfileの関係

　適切かつ実用的なDockerfileを書くには、Dockerのイメージレイヤ（image layer）との関係性の理解が欠かせません。

　Dockerイメージの構築（ビルド）に非常に時間がかかったり、作成したイメージの容量が大きくて使いづらかったりした経験はありませんか。これらの問題は、適切なDockerfileを書けば回避できる場面があります。イメージの構築時間が短くなれば、おのずと開発時間の短縮につながります。

　言い換えますと、いかに効率的なDockerfileを書くかが、ストレスのない開発体験や、開発全体の効率化にもつながるでしょう。そのため

に役立つのが、経験則に基づく暗黙知が公式ドキュメントとして文章化された「Dockerfileのベストプラクティス」なのです。

　前提として、まずはDockerイメージとイメージレイヤの関係についての適切な理解が欠かせません。すでに5-1節でも扱った内容ですが簡単におさらいします。

 ### Dockerイメージと イメージレイヤ

　「Dockerイメージ」はイメージレイヤが抽象的な概念であり、仮想マシンやクラウドのシステムに慣れた方が想像される「仮想マシンイメージ」とは異なります。仮想マシンイメージは、少なくとも数GBを必要とする巨大なファイルを想像されるかもしれません。一方のDockerイメージは、実体として大きなファイルを持ちません。Dockerイメージには、アプリケーションを実行するために必要な最低限のファイルしか必要としないためです。極端な例では、hello-worldイメージのように、静的にコンパイルされたバイナリファイルがあれば、それだけでDockerイメージとして扱えます。

　図1はイメージ一覧を表示するコマンドを実行した結果です。実際にイメージとして必要な容量が小さいのがわかるでしょう。「SIZE」列がイメージの容量です。

　LinuxディストリビューションのUbuntu Dockerイメージは約80MBのイメージであり、Alpine Linuxにいたっては約7MBしか必要と

第5章 理想のコンテナイメージを作る
Dockerfileのベストプラクティス

▼図1 イメージ一覧を表示

```
$ docker images
REPOSITORY          TAG         IMAGE ID        CREATED         SIZE
ubuntu              latest      c6b84b685f35    4 weeks ago     77.8MB
alpine              latest      7e01a0d0a1dc    5 weeks ago     7.34MB
hello-world         latest      feb5d9fea6a5    24 months ago   13.3kB
```

▼図2 仮想化のマシンイメージとDockerイメージは概念が異なる

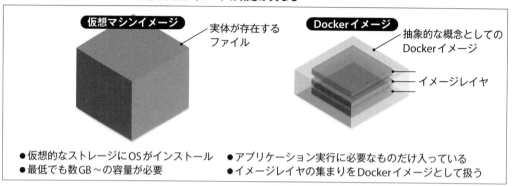

しません。hello-worldはバイナリファイルしか含みませんので、わずか13KBです。このように、Dockerイメージは単に容量が小さいだけでなく、「イメージレイヤ」という独自の概念を持ちます。

各Dockerイメージを構成するのは、複数のイメージレイヤ（層）の積み重ねです（図2）。各レイヤは、一般的にLinuxのファイルシステム階層（/bin、/etc、/varなど）と、ファイルやディレクトリに対する変更（たとえばファイルの追加、編集、削除）を含みます。さらに、Dockerイメージにはコンテナ実行時に処理するコマンドの指定や、公開するポート番号などのメタ情報も含みます。

これらの変更やメタ情報を「Dockerfile」という名前のファイル内に命令として記述しておけば、docker buildコマンドを使ってDockerイメージを構築できます。

このようにして構築されたDockerイメージは、親子関係がある複数のイメージレイヤが積み重なり、あたかも1つのLinuxファイルシステムが存在しているかのように振る舞います。これはoverlay2ストレージドライバで実装されており、/var/lib/docker/以下にある複数の

▼リスト1 Dockerfileの例

```
# syntax=docker/dockerfile:1
FROM ubuntu:latest
RUN apt update && apt install -y (..略..)
COPY . .
RUN yarn install --production
CMD ["node", "src/index.js"]
```

ディレクトリやファイルを1つのマウントポイント上に存在しているかのように扱えます。

たとえば、リスト1のようなDockerfileを例にしたイメージの構築を考えましょう。

これは、FROM命令でUbuntu公式イメージをベースイメージとして利用します。続くRUN命令でパッケージ情報の更新とセットアップを行います。この命令の実行、中間コンテナがバックグラウンドで起動し、ファイルシステムの変更内容を新しいDockerイメージレイヤとしてコミット（作成）します。以降に続くCOPYやRUNでも、都度イメージレイヤが作成されます（図3）。

Dockerfileの準備が整えば、次にイメージを構築します。コマンドラインでdocker build -t myapp:latest .を実行すると、「.（カレントディレクトリ）」をDocker構築に使うコンテキストとして扱います。このパスにある

5-2 Dockerfileのベストプラクティス
公式ドキュメントのガイドラインをひも解く

▼図3　Ubuntuイメージをもとに構築するDockerfile例

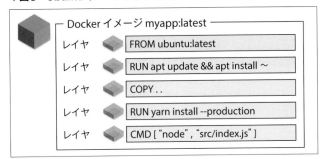

　Dockerfileの命令に基づきDockerイメージを構築し、myapp:latestという名前のイメージ名とタグが作成したイメージに付きます。

　このように、一般的にはUbuntuやNginxなどのベースイメージをもとに、必要なパッケージのセットアップや環境構築を行い、アプリケーションの実行環境を整えます。最終的に何らかのDockerイメージとして利用できます。

 ### イメージレイヤと構築時のキャッシュ

　DockerはDockerfileを使ってイメージを構築するとき、ファイルの上から命令を読み込み、1行ごとにイメージレイヤを構築します。命令に変更がなく、すでに構築済みのイメージレイヤがあれば、それをキャッシュとして利用できます。構築のたびにすべてのイメージレイヤを作りなおさないため、構築にかかる時間を短縮し、よりストレスが少ない開発体験をもたらしてくれます。

　考え方として近いのは、Dockerコンテナの実行時です。すでにローカル環境上にDockerイメージをダウンロード済みであれば、直ちにコンテナを起動できます。それと同じように、構築済みのイメージレイヤを再構築できるのです。

　キャッシュする／しないの判断は、レイヤの内容に変更があるかどうかです。わかりやすい例としては、一度イメージを構築してしまえば、以降何度docker buildコマンドで構築を試みても、一瞬で処理が終了します。これは、構築時に処理されるビルドコンテキストであるDockerfileの内容や必要なファイルなどに変更がないからです。そのため、新たにイメージレイヤの構築が行われないため、キャッシュを使った処理が行われます。

　覚えておくポイントは2つあります。1つは、Dockerfileの命令が変われば、以降のイメージレイヤはすべて再構築される点です。図4にあるように、WORKDIRディレクトリを変えるというささいな変更だとしても、以降のイメージレイヤはすべて構築しなおされます。

　もう1つのポイントは、ビルドコンテキスト内のファイルやディレクトリ情報に変更がある場合です。この例ではCOPY ..命令を使い、ローカルのディレクトリ内容をコンテナ内にコピーする処理があります。もし、ディレクトリで何らかの変更があれば[注1]、構築時にやはりキャッシュは破棄され、以降のレイヤはすべて

注1）COPYとADD命令で変更を検出するのは、チェックサムのみの確認です。アクセス時間や更新時間は見ていません。

▼図4　Dockerfileを変更すると、変更行以降のレイヤはすべて再構築

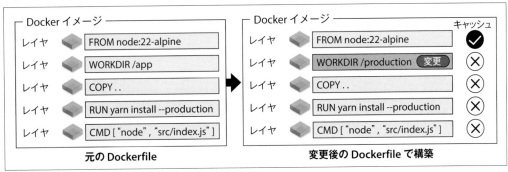

第5章 理想のコンテナイメージを作る
Dockerfileのベストプラクティス

再構築されます。

なお、キャッシュをいっさい使わずにDockerイメージを構築したい場合は、docker buildコマンドに`--no-cache=true`オプションを付けます。

なぜベストプラクティスを活用すべきか

そもそもDockerfileとは何でしょうか。一言で言うと「Dockerイメージを構築するための設計図（ブループリント）」です。しかし、単に（最終的な）イメージを自動的に構成するものや、コンテナ内でAnsibleのような構成管理ツールを使って構築するのと同じと考えていませんか。Dockerfileはサーバ内の環境を整えるのではなく、あくまで「アプリケーション実行環境を整えるのだ」という視点が重要です。

また、Dockerイメージの構築は、もともとあったファイルシステムの中に変更する情報を記録します。ここで覚えておくべき重要な概念が、「コンテナ内や構築過程でファイルシステム内からファイルを削除したとしても、実際には残り続けている」という点です。これには2つのリスクがあります。

1つは、イメージ容量の肥大化です。極端なところ、最終的なイメージが必要とするバイナリや設定ファイルが100KB程度だとしても、イメージ構築過程でインストールしたコンパイラや各種ツールがあれば、プロダクションでは使わないのにもかかわらず残り続けます。イメージ容量が大きければ、Docker Hubなどレジストリへのアップロードやダウンロードに時間がかかり、取り回しが面倒になります。せっかく手軽にアプリケーションをデプロイできるようにするためコンテナ化を試みたのにもかかわらず、少々もったいない使い方になっています。

もう1つは、深刻なセキュリティ問題です。たとえば、SSH接続を使うような秘密鍵やAPIキーやトークンなどの機微情報（シークレット）は、けっしてイメージレイヤに残してはいけません。ファイルが消えたかのように「見え」ますが、イメージレイヤ内には残り続けています。個人の検証環境であればまだしも、業務やプロダクション運用を想定した環境では、極めて深刻なリスクを引き起こしかねません。

これらの問題に適切に対処するためにも、Dockerを使って開発するのであれば、Dockerfileの内容は熟知すべきと言えるでしょう。加えて、Dockerイメージと、イメージを構成するイメージレイヤの特性を活かすためのノウハウが、Dockerfileのベストプラクティスなのです。

ベストプラクティスそのものは、Dockerの開発当初から明確なドキュメントはありませんでした。初期の段階では暗黙知的に利用されていたのですが、2018年のマルチステージビルド機能の導入を契機として文章化されました。この機能は、並列ビルドや構築ステージごとに別のイメージを作ったり、ステージ間でファイルをコピーできたりするようになり、より効率的なDockerイメージに欠かせないものとしてベストプラクティスにも記述されています。

Column

Dockerfileの名称は変更できる

docker buildコマンドでイメージを構築するとき、使用するDockerfileは、必ずしもDockerfileという名前である必要はありません。デフォルトで扱われるのがこの名前ですが、別のディレクトリにあるDockerfileの指定や、任意の名前も指定できます。いずれも-fまたは--fileオプションで指定します。1つのDockerfileで管理するのではなく、場所や用途に応じてファイルを分けても良いでしょう（図A）。

▼図A　Dockerfileを指定する

```
別のパスにあるDockerfileを指定する例
$ docker build -f ./foo/Dockerfile .

任意のDockerfile名を指定する例
$ docker build -f Dockerfile.prod .
```

5-2 Dockerfileのベストプラクティス
公式ドキュメントのガイドラインをひも解く

Dockerfileベストプラクティス

Docker公式イメージのDockerfileや、GitHub上に公開されているさまざまなリポジトリのDockerfileを眺めますと、特定のパターンが見受けられるのに気づくかもしれません。これは、Dockerイメージ構築時における課題をスムーズに解決するだけでなく、利用時の課題も考慮したDockerfileベストプラクティスが適用されているからです。

一般的な指針（ガイドライン）と推奨項目

ここでは公式ドキュメント[注2]に書かれたベストプラクティスを読み解きます。ベストプラクティスは一見するとDockerfileの記述に関するテクニックですが、目指すのはDockerイメージ容量の最適化と構築速度の改善です。結果として、扱いやすいDockerイメージの開発につながるため、Dockerを使った開発を行ううえで覚えておけば役立つでしょう。

一方でベストプラクティスは、あくまでも一般的な「ガイドライン」や「推奨」される項目です。これは、すべき・したほうがよい（SHOULD, MAY）項目であり、すべてを必ず達成しなければいけない項目（MUST）ではありません。詳細は後述しますが、たとえば、必ずしもすべての状況において「1コンテナ1プロセス」にこだわる必要はありません。また、概念が理解できず慣れていない段階から、マルチステージビルドに取り組むべきでもないと筆者は考えます。

エフェメラルなコンテナを作成する

前提として考えるべきことは、Dockerfileによって作成されるDockerイメージを「エフェメラル（ephemeral）」なコンテナにすることです。エフェメラルとは一般的に「一時的」や「短命」を意味します。Dockerコンテナのライフサイクルは、基本的に必要なときにコンテナを実行し、コンテナのアプリケーションが終了すると、コンテナも停止し、不要になったコンテナは削除されます。そのため、Dockerの文脈では、このようにコンテナとはエフェメラル（使い捨て）であるべきと考えます。

そもそも、なぜコンテナを導入するかといえば、開発者にとって開発しやすい環境やソフトウェアの可搬性（ポータビリティ）の確保、再利用性を高めるのが目的です。さらに、ステートレスの考え方[注3]の導入、CI/CDの効果的な活用、プロダクション環境でアプリケーションをスケールするためにコンテナという選択肢をする、クラウドネイティブのような考え方が生まれました。

しかし、これらの文脈をいっさい無視し、物理サーバや仮想サーバ上で動いているシステムやアプリケーションを、そのままコンテナに移行しようとしても、目的が合致しない場合があります。それどころか、エフェメラルを前提としたDockerfileのベストプラクティスとも相容れません。単純に表向きのテクニックを導入しても、期待する効果が得られない場面もあります。コンテナは停止や削除が簡単であり、ほかのコンテナに簡単に置き換えられるので、これらの利点を活用する場面を考慮すべきです。

公式イメージを使う

Dockerfileは、冒頭のFROM命令でどのDockerイメージを使うか指定します。Docker Hub上でイメージを検索するとさまざまな候補が表示されますが、まず第一に指定すべきは公式イメージ（Docker Official image）です。公式イメージには「OFFICIAL IMAGE」のマークが入っています（図5）。公式イメージはDocker社のアドバイスや協力のもと作成されており、各コミュニティのメンバーが協力・提供している場合もあります。

注2）Building best practices：URL https://docs.docker.com/build/building/best-practices/

注3）The Twlevefactor app：URL https://12factor.net/processes

第5章 理想のコンテナイメージを作る
Dockerfileのベストプラクティス

ほかにも信頼でき得るイメージとしては、Docker社のパートナー(認定パブリッシャー)によって作成・メンテナンスされているもの(「Verified Publisher」のマーク)や、Docker社が支援しているオープンソースプロジェクトのもの(「Sponsored OSS」のマーク)が挙げられます。

Docker公式イメージまたは認定パブリッシャーのイメージを使う利点は2つあります。1つはファイル容量、もう1つはセキュリティの対応です。

公式イメージにはalpineのタグを持つイメージが多くあります。これはベースイメージとしてAlpine Linux[注4]を採用しているものです。最終的なプロダクション向けに、容量が小さくデプロイしやすく扱いやすいイメージが提供されていますので、こちらを積極的に使うべきでしょう。とくにLinuxディストリビューションにおける依存関係がないのであれば、コンテナの再利用性を高めるという意味でも、Alpineイメージを使うと役立つシーンが多いです。現実的にソフトウェアの脆弱性が発見されたときも、Docker Hub上には比較的短時間で更新されたDockerイメージが提供されますので、適切にDockerfileを構築していれば、脆弱性対策を終えたコンテナのデプロイもスムーズに行えるでしょう。

一方で、公式イメージを使うこともあくまでガイドラインであり、必須の項目ではありません。確かに、このようなDockerfile文脈でAlpineイメージの利用が推奨されてはいますが、Docker Hub上で適切にメンテナンスされているものであれば、メリットが得られるという視点であり、やみくもに常にAlpineイメージを使うべきというわけではありません。

よくある誤解は、Alpine Linuxが推奨だからと常にAlpine Linuxをベースイメージに構築

▼図5　Docker Hubで信頼できるDockerイメージのみ表示

してしまうことです。Alpine Linuxコンテナのイメージは容量が小さいため、確かに、最終的には意図したとおり容量の小さなイメージができるでしょう。ですが、そのイメージは誰がメンテナンスをするのでしょうか。構築した自分で責任もって維持できる場合や、短期的な実験的環境で動かすだけであればそれほど考慮しなくてもいいかもしれません。ソフトウェアの世界は、常にバージョンアップや脆弱性の課題がありますので、Alpine Linuxの公式イメージのみならず、さまざまなイメージをもとに自分で環境構築する場合は、このあたりのリスクを考慮することが欠かせません。

たとえば、Nginxの公式イメージには「nginx:latest」と「nginx:alpine」という2つのタグがあります。前者はDebian 11をベースに構築されている環境ですが、容量は約140MBです。対して後者はAlpine Linuxをベースにしているため容量は約40MBです。どちらのイメージを使うかは、用途や目的によって異なります。Debian上の環境を活かして、追加で環境の構築をしたり開発に活かしたりする場合はDebianベースの前者のイメージが望ましいでしょう。aptに慣れていれば、パッケージ管理も過去のノウハウが活用できます。一方、純粋にNginxとしての機能しか使わず環境の変更を

注4) https://www.alpinelinux.org/

5-2 Dockerfileのベストプラクティス
公式ドキュメントのガイドラインをひも解く

伴わない場合は後者のAlpineベースのイメージが望ましいと言えます。Alpineベースは容量が小さいものの、パッケージ管理システムがAPK（Alpine Package Keeper）であり、aptコマンドは使えません。

ビルドコンテキストの概念を理解

　Dockerfileの準備が整えば、Dockerイメージをdocker buildコマンドで構築できるようになります。構築にあたっては「コンテキスト（context）」が必要です。コンテキストが意味するのは一般的には「文脈」ですが、Dockerの場合は構築に必要な概念を「ビルドコンテキスト」として定義しており、次の2つの区分があります。

- ファイルシステムコンテキスト（file system context）：ビルダー[注5]が構築中にアクセスするローカルのディレクトリ（のパス）やGitリポジトリやtarファイル。COPYやADD命令を使い、コンテナを構築中のイメージレイヤにコピーしたりアクセスしたりできる。通常はこのパスなどにDockerfileを含む
- テキストファイルコンテキスト（text file context）：ビルダーはテキスト形式のファイルをDockerfileとして認識する。この場合、ビルダーはファイルシステムコンテキストが存在しないと認識し、標準入力ストリームやリモートのテキストファイルのURLが指定できる

　通常であればファイルシステムコンテキストの利用が一般的です。しかし、Dockerfileの内容を動的に変更する場合はテキストファイルコンテキストをあえて選ぶ方法もあります。

　イメージを構築するには、docker buildコマンドでコンテキストを指定します。たとえば、カレントディレクトリをコンテキストとして使用するには、次のコマンドを実行します。

```
$ docker build -t イメージ名:タグ .
```

注5）Dockerイメージの構築プログラム。builder。

　行末にある「.」こそがコンテキストが存在する場所（パス）であり、このコマンドを実行している「カレントディレクトリ」を指します。このように、一般的なビルドコンテキストの理解としては、docker buildコマンド実行時、Dockerfileやイメージ（構築中のコンテナ）内からアクセスする必要があるファイルやディレクトリがある「パス」であると覚えても齟齬（そご）はありません。

　さて、なぜビルドコンテキストの理解が必要なのかというと、構築時に不要なメモリリソースの利用を避けるためです。docker buildコマンドの実行時、ビルドコンテキストとして指定されたパス以下に含まれるディレクトリやファイルを、すべてDocker Engineデーモンのメモリ上に取り込みます[注6]。たとえば、ビルドコンテキストで指定したパスに、まったく使用しない1GBの巨大なファイルがあるとします。Dockerfile内の命令ではいっさい必要としないファイルだとしても、メモリ空間上に1GBのファイルが無駄に読み込まれてしまうのです。

　このようなメモリの意図しない浪費を避けるためには、不用意なファイルを置かないのも1つの方法です。別の方法として、後述の.dockerignoreファイルを設置し、コンテキストに含ませない設定もできます。

.dockerignoreファイルの利用

　イメージ構築時、コンテキストとして使いたくないファイルやディレクトリを無視できるのが.dockerignoreファイルの利用です。これはテキスト形式のファイルで、コンテキストとして除外したいファイルのパターンを記述します。このファイル名から察した方もいらっしゃると思いますが、.gitignoreファイルと記述方法が

注6）2023年2月にリリースされたDocker Engine v23以降ではBuildKitが標準になりました。この新しいバージョンを使う場合や、オプションでBuildKitを有効化する場合は、必ずしもすべてのファイルやディレクトリを読み込まなくなったとされています。一方、古いバージョンでは同じ課題が残り続けており、ベストプラクティスの公式ドキュメントにも記述が残っているため、本記事ではそのまま紹介します。

第5章 理想のコンテナイメージを作る
とりあえずで済ませない Dockerfileのベストプラクティス

似ています。

利用場面としては、たとえば、構築時に使われているキャッシュや、環境に依存するような設定ファイルなど、Dockerイメージのコンテキストとして扱いたくないファイルを指定します。セキュリティの観点からも、COPYやADD命令の利用時に意図せず不用意にファイルをDockerイメージにコピーしてしまうのを事前に防止できます。

ファイルの記述方法は**リスト2**のとおりです。ひとつひとつ見ていくと次のとおりになります。

- `#`以降の同一行はコメントとして無視
- `*/temp*`は、`/hoo/temp.txt`のようなパターンで除外
- `*/*/temp*`は、サブディレクトリ以下の`/foo/bar/temporary.txt`のようなパターンで除外
- `temp?`は、ルートディレクトリ以下ファイル名やディレクトリを、`/temp1`や`/temp2`のようなパターンで除外

よく見かけるパターンとしては、特定のパターンは除外するものの、例外を設ける場合です。たとえば`*.md`ですべてのMarkdown形式のファイルを除外しつつも、README.mdだけはコンテキストとして扱うには、次のように記述します。

```
*.md
!README.md
```

記述方法の詳細なパターンは、公式ドキュメントのリファレンス注7をご覧ください。

 ### 不要なパッケージを入れない

「あったほうが良いかもしれない」ような拡張パッケージや不要なパッケージのインストールは避けるべきでしょう。データベース用のコンテナにはテキストエディタは不要です。不要

注7）.dockerignore file : URL https://docs.docker.com/build/building/context/#dockerignore-files

▼**リスト2** .dockerignoreの記述方法

```
# コメント
*/temp*
*/*/temp*
temp?
```

なパッケージを入れると、依存関係の複雑さが発生し、イメージの容量が増えたり、構築時に時間がかかったりする課題が発生します。

Debian環境でapt-getコマンドを使う場合、`--no-install-recommends`オプションを付けたイメージ構築を推奨します。このオプションを付けずにデフォルトのパッケージ名だけを指定する場合は、関係する推奨パッケージも自動でインストールされてしまいます。

 ### アプリケーションの分離

ベストプラクティスでは「コンテナごとに1つの役割を持たせるべき」と書かれています。この意図は、コンテナを簡単に水平スケールしたり再利用性を高めたりするため、アプリケーションを複数のコンテナに切り離すものです。たとえば、Webアプリケーションであれば、Webアプリケーション、データベース、キャッシュの3コンテナに分離できるでしょう。

一方で、あくまでもこれはガイドラインであり、必須ではないので留意が必要です。よくあるDockerコンテナに対する誤解として「常に1つのコンテナは1つのプロセスが存在すべきだ」という考えがありますが、これはマイクロサービスアーキテクチャを採用する場合の原則であって、Dockerコンテナやイメージを構築するうえで必須の項目ではありません。

水平スケールしたり再利用性を高めたりするのが目的であり、手段としての「1コンテナ1プロセス」であれば理解できます。先ほどとは逆に、ソフトウェアにスケーラビリティを求めているのに、役割ごとにコンテナが分けられていないと、コンテナの移動しやすい面や起動速度が速いといったメリットを活かしづらくなるでしょう。

5-2 Dockerfileのベストプラクティス
公式ドキュメントのガイドラインをひも解く

往々にして、理由なき「1プロセス1コンテナ」は無理無謀なイメージ構築や運用につながりかねませんので、ソフトウェアのアーキテクチャや特性を考慮したうえで、このガイドラインを検討すべきです。

レイヤの最小化

イメージレイヤ数の最小化を考慮したDockerfileの記述は、Dockerが登場した初期のころから必要と言われていました。これは初期の古いDocker Engineでは、レイヤ数の増加がコンテナ実行時のパフォーマンス低下に直結したり、レイヤ数の上限があったりしたためでした。そのため、レイヤの最小化が必須の考えであり、それに関連するテクニックも広まったという経緯があります。

現在のDocker Engineでは、レイヤ数の増加によりDockerイメージ全体の実容量を増やす命令はRUN、COPY、ADD命令のみです。ほかの命令は構築時の一時的な中間イメージで使われるものの、イメージ全体の容量に影響を与えません。

一方で、読みやすさやメンテナンス性の高さから、イメージ数が少なくなるようなDockerfileの書き方がベストプラクティスとして残っています。単純に過去のプラクティスそのままにレイヤ数を減らすより、マルチステージビルドを使って、最終的に利用するイメージの容量やレイヤ数が少なくなるのを目指すことも1つの手法でしょう。このベストプラクティスは基本的なマナーのような方法論として考慮しつつも、適時使い分けてはいかがでしょうか。

引数を並べ替えて書く

RUN命令では、パッケージや依存関係のインストール時、メンテナンス性を高くするため\記号を使って改行できます。かつてはイメージレイヤ数を減らすためのテクニックと認知されていましたが、現在ではどちらかといえば、不要なパッケージの重複インストールを避けたり、Dockerfileのレビューをしやすくしたりするため、このガイドラインが示されています。

たとえば、apt-get installコマンドなど複数の引数があるとき、アルファベット順で並び替えると可読性やメンテナンス性が高まります（リスト3）。

また、最近のバージョンではヒアドキュメントの記述も利用できます。リスト3の命令は、リスト4のように書き換えられます。

なお、この命令の最後の行に&&とあるのは、シェル上でよく見られる記法です。&&より前にあるコマンドの実行が正常終了したら、&&のあとのコマンドを実行します。つまりapt-get installの処理時にエラーがあれば、そこでDockerイメージの構築は終了し、以降のコマンドを実行しません。

標準入力とパイプの利用

あまり一般的に知られていないと思いますが、Dockerイメージを構築する方法として、前述のテキストファイルコンテキストに加え、Dockerfileを事前に準備しない標準入力のパイプやリダイレクトを使う方法があります。

たとえば、CIの過程や定期的な自動処理シェ

▼リスト3　引数を並べ替えて書く
```
RUN apt-get update && apt-get install -y \
    bzr \
    cvs \
    git \
    mercurial \
    subversion \
    && rm -rf /var/lib/apt/lists/*
```

▼リスト4　リスト3をヒアドキュメントの記述で書き換え
```
RUN <<EOF
apt-get update && apt-get install -y
    bzr
    cvs
    git
    mercurial
    subversion
    && rm -rf /var/lib/apt/lists/*
EOF
```

第5章 とりあえずで済ませない
理想のコンテナイメージを作る
Dockerfileのベストプラクティス

▼図6　パイプを使いDockerfileの内容を直接渡す

```
$ echo -e 'FROM busybox\nRUN echo "hello world"' | docker build -
```

▼図7　図6をヒアドキュメント記述で書き換え

```
$ docker build -<<EOF
FROM busybox
RUN echo "hello world"
EOF
```

▼図8　Dockerfileの内容を標準入力から渡す

```
$ docker build -t myimage:latest -f- . <<EOF
FROM busybox
COPY somefile.txt ./
RUN cat /somefile.txt
EOF
```

▼図9　GitHubリポジトリをコンテキストとして扱う

```
$ docker build -t myimage:latest -f- https://github.com/docker-library/hello-world.git <<EOF
FROM busybox
COPY hello.c ./
EOF
```

ルスクリプトの一部としてdocker buildコマンドを使いたいときを考えます。何らかのディレクトリを作成、移動し、Dockerfileファイルを作り、docker buildを実行するとします。図6のようなコマンドを実行すると、Dockerfileがなくてもイメージが構築できます。ポイントは、「-」を使いパイプとしてDockerfileの「内容」を直接渡す方法です。

あるいは、ヒアドキュメントの記述も使えます。図6のコマンドは、ヒアドキュメントを使えば見やすいものになるでしょう（図7）。

どちらも結果としては同じイメージが作成できます。

ほかに、知っておくと便利なものとして、リモートのWebサーバなどにあるDockerfileを使ってビルドする方法もあります。記述例は次のとおりです。

```
$ docker build https://raw.githubusercon ⏎
tent.com/dvdksn/clockbox/main/Dockerfile
```

前述の標準入力とパイプは手軽に扱える一方で、こちらはこのままではビルドコンテキストを使用できないので注意が必要です。COPY命令などでファイルやディレクトリにアクセスする必要がある場合、-fのDockerfileファイル名を指定するオプションと同時に、「-」を使ってDockerfileの内容を標準入力から渡す指示が必要になります（図8）。

この書き方であれば、実行するコマンドに「.」のコンテキストを示すパス（この場合はカレントディレクトリ）があるため、コマンドを実行したディレクトリの内容がビルドコンテキストとして扱えるようになります。

また、同様の書き方を使い、GitHubのリポジトリをコンテキストとして扱うこともできます。とくにリモートのリポジトリを中心にして開発している場合やCIの場面では、都度git cloneコマンドを実行するなど手間が発生しがちです。docker buildコマンドで、このリモートのリポジトリ全体をコンテキストとして扱えますので、面倒な手間を減らせます。実行例は図9のとおりです。先ほどの記述ではカレントディレクトリ（.）をコンテキストとして扱いましたが、今回はGitリポジトリをコンテキストとして扱います。

なお、このようなGitリポジトリを扱うには、このコマンドを実行する環境上にGitをインストールしている必要があります。

マルチステージビルド

通常のDockerfileはFROM命令が1つだけであり、docker buildコマンドは1つのDockerイメージを構築します。従来は最終的に利用す

162 - Software Design

5-2 Dockerfileのベストプラクティス
公式ドキュメントのガイドラインをひも解く

▼リスト5　マルチステージビルドのサンプル

```
# syntax=docker/dockerfile:1
FROM golang:1.20-alpine AS build  ←「build」構築ステージをgolangイメージで始める

RUN apk add --no-cache git  ←開発に必要なツールをインストール

WORKDIR /go/src/project/  ←作業ディレクトリを指定
COPY go.mod go.sum /go/src/project/  ←依存関係を定義したファイルをコピー
RUN go mod download  ←依存関係のインストール

COPY . /go/src/project/  ←ホスト上のソースコードなどをコピー
RUN go build -o /bin/project  ←バイナリを構築し/bin/projectに出力

FROM scratch  ←「FROM scratch」は親イメージが存在しない空っぽのイメージレイヤの構築ステージ
COPY --from=build /bin/project /bin/project  ←「build」ステージの/bin/projectを今回のステージにコピー
ENTRYPOINT ["/bin/project"]
CMD ["--help"]
```

るDockerイメージの容量を減らすため、開発用のDockerfileとテストやプロダクションのDockerfileを分けて開発する手法が広まりました。たとえば、開発用のイメージにはソースコードのみならず、バイナリを構築するためのさまざまな依存関係や開発ツール群が入るでしょう。一方のプロダクション用では、ソースコードや関連ツールは不要であり、必要なのはバイナリのみといった場面があります。適切にDockerfileを書くと、結果的に小さなDockerイメージが作成できます。

この考え方を1つのDockerfile内で扱えるようになったのが**マルチステージビルド**（multi-stage build）です。適切に利用すると、最終的に構築するDockerイメージの容量を劇的に減らす効果が期待できます。

マルチステージビルドを使うには、Dockerfile中に複数のFROM命令を記述し、それぞれに**as ステージ名**も記述でき、最終的に使う構築のステージ（処理段階）を通して複数のDockerイメージを構築できます。このマルチステージビルドは、並列にDockerイメージを構築できるだけでなく、ステージ間でのファイルのコピーも可能です。たとえば、コンパイル時やテストのみ必要なコンテナ実行環境のためのイメージ（ステージ）と、最終的に使うバイナリやランタイムのみがイメージに入っている

状態も実現できます。

リスト5はGoアプリケーションをマルチステージビルドで構築するためのサンプルです。このDockerfileには2つのステージがあります（**図10**）。「build」ステージでGo言語の環境構築とビルドを行い、次のステージの「COPY --from=build」命令によってステージ間でファイルをコピーしています。

このように、マルチステージビルドを使えばDockerイメージの肥大化を避けるために頭を悩まされることもなく、最終的に容量の小さなイメージを効率的に構築できます。

ちなみに、ステージの1つには「build」という名前が付いていますが、もう1つは名前を付けていません。ASでステージ名を付けなくても、複数のFROM命令があれば内部で自動的に0から番号が割り振られます。この例でAS buildの記述をしなければ、COPY --from=0としても動作しますが、ステージ名を付けたほうがわかりやすいでしょう。

なお、docker buildコマンドを実行するとすべてのステージを同時に構築します。オプションで**--target=ステージ名**を指定すると、そのステージしか構築しません。場合によって使い分けると便利です。

また、特殊な例としてCOPY --from=でステージ名を指定できるだけでなく、Dockerイメー

第5章 理想のコンテナイメージを作る
Dockerfileのベストプラクティス
とりあえずで済ませない

▼図10　2つの構築ステージがあり、ステージ間でファイルをコピーできる

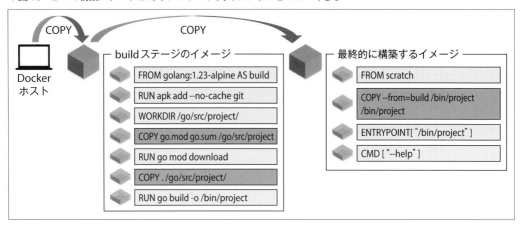

▼リスト6　nginx:latestイメージのnginx.confをコピー

```
COPY --from=nginx:latest /etc/nginx/nginx.conf /nginx.conf
```

ジをステージとして扱い、その中のファイルをコピーできます。リスト6の例はnginx:latestイメージのnginx.confをコピーする記述です。

その他のDockerfile命令とベストプラクティス

これまで見てきたような一般的なガイドラインのほかに、各Dockerfile内の各命令にもベストプラクティスがあります。

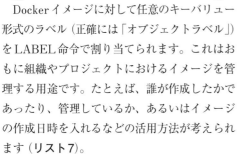
LABEL

DockerイメージにーLABEL命令で割り当てられます。これはおもに組織やプロジェクトにおけるイメージを管理する用途です。たとえば、誰が作成したかであったり、管理しているか、あるいはイメージの作成日時を入れるなどの活用方法が考えられます（リスト7）。

このLABEL命令は、1行にまとめて記述できます（リスト8）。レイヤ数を減らすという観点では、\記号で改行扱いにできます（リスト9）。

▼リスト8　LABELを1行にまとめる

```
LABEL com.example.version="0.0.1-beta" com.example.release-date="2015-02-12"
```

▼リスト7　LABELの活用例

```
LABEL com.example.version="0.0.1-beta"
LABEL vendor1="ACME Incorporated"
LABEL vendor2=ZENITH\ Incorporated
LABEL com.example.release-date="2015-02-12"
LABEL com.example.version.is-production=""
```

RUN

よくある例として、apt-get upgradeやdist-upgradeをRUN命令で使うとイメージが肥大しがちです。構築には、メンテナンスされている新しいDockerイメージをベースとするのを前提としましょう。また、apt-get updateとapt-get installは同時利用すべきです。そうしなければ、意図しないキャッシュが働き、パッケージを更新できなくなります。併せて、不要なパッケージのキャッシュを消すコマンドも各コマンドと組み合わせて次のように使うべ

▼リスト9　\記号でレイヤ数を減らす

```
LABEL vendor=ACME\ Incorporated \
      com.example.is-beta= \
      com.example.is-production="" \
      com.example.version="0.0.1-beta" \
      com.example.release-date="2015-02-12"
```

5-2 Dockerfileのベストプラクティス
公式ドキュメントのガイドラインをひも解く

きでしょう。

```
rm -rf /var/lib/apt/lists/*
rm -rf /var/cache/yum/*
```

あまり知られていませんが、RUN命令ではパイプ（|）が利用できます。加えてpipefailも使えますので、シェルスクリプト上のテクニックも活用しやすいです。

CMDとENTRYPOINT

CMDとENTRYPOINTは一見すると同じような機能に見えますが、組み合わせによって挙動が異なります。CMD命令しか存在しない場合は、コンテナ実行時のデフォルトのコマンドと引数になります。一方、CMDとENTRYPOINTが存在する場合、ENTRYPOINTは必ず実行するコマンドと引数で、CMDに書かれた項目はデフォルトの引数となります。

たとえば、**リスト10**のようなDockerfileで考えます。これで構築したイメージの実行時、何も引数を付けなければ1.1.1.1に対してpingを実行します。引数をたとえば8.8.8.8のように付けると、指定したところにpingを実行します。

このように、必ず実行するコマンドや引数をENTRYPOINTに記述し、デフォルトの引数をCMDに書くように使い分けると、使い勝手の良いDockerイメージになります。

EXPOSE

コンテナ実行時、自動でリッスンするポートを指定します。対象アプリケーションにとって一般的なポートを指定すべきです。

ENV

環境変数（PATHやTZなど）を指定できます。

ADDまたはCOPYの比較

ADDは多機能ですがCOPYを使うべきです。これはセキュリティ上の観点からです。COPY

▼リスト10　CMDとENTRYPOINTの挙動の違いの例
```
FROM alpine:latest
ENTRYPOINT ["ping","-c","3"]
CMD ["1.1.1.1"]
```

であればローカルのディレクトリやファイルからしかコピーできません。ADDはtarファイルやリモートのURLを指定できますが、ファイル中に何が混在しているかわからないリスクがあります。自分自身でファイルを置き、中身を熟知している場合であれば有用ですが、第三者が作成したDockerfileにADD命令とリモートのURLがある場合、信頼できる提供者であったとしても、内容を精査したうえで使うか、利用を控えるべきでしょう。

VOLUME

固定ではないデータを置く場所をVOLUME命令で指定します。Dockerコンテナ内で操作すべきファイルやディレクトリを明示するために使えます。

USER

コンテナの実行に「root」が不要であれば、USER命令でコンテナ実行時の、コンテナ内のユーザーを指定できます。

WORKDIR

作業ディレクトリを指定します。WORKDIRで指定したディレクトリを基準として、コマンドやファイルのパスを扱えるようになります。

一方、複雑になり過ぎる場合もあり、できればDockerfile内では常にWORKDIRからの絶対パスを使うとわかりやすいでしょう。また、意図しないセキュリティのリスクも避けられます。

ONBUILD

Dockerfileのひな形として、複雑な構築が行えますが、容量対策であればマルチステージビルドの利用が簡単でしょう。

第5章 理想のコンテナイメージを作る
Dockerfileのベストプラクティス

Column RUN命令の拡張

RUN命令で記述するコマンドは、イメージ構築時にバックグラウンドで起動する中間コンテナ内で実行されるものです。中間「コンテナ」の名前が示すとおり、実体としては`docker run`コマンドのようにコンテナ内で何らかのコマンドを実行しているのと変わりません。ベストプラクティスに記述はありませんが、より効率的なイメージ構築のために最近導入された拡張命令が役立つでしょう。

それぞれの機能を使うには、Dockerfileの冒頭にパーサディレクティブ[注A]として`# docker/dockerfile:1.2`のような記述が必要です。

★ RUN --mount

`RUN --mount`（docker/dockerfile:1.2で対応）により、ホストファイルシステム上や別の構築ステージをバインドマウントできます。COPY命令でコピーしなくても構築時にファイルが利用できるため、うまく活用できると構築時間の削減や作業の効率化が期待できます。

マウントの種類は複数あり、デフォルトではホスト上のファイルを読み込み専用でアクセスできる`--mount=type=bind`です。ほかにはパッケージマネージャ用のキャッシュとして使う`cache`、tmpfsを構築中に使えるようにする`tmpfs`、APIキー等の機微情報をイメージ内に保持させない`secret`、中間コンテナからSSHを可能とする`ssh`の各マウントタイプがあります。

注A）Parser Directiveは、おもにDockerfileのバージョンを示すときに使います。

★ RUN --network

`RUN --network`（docker/dockerfile:1.1で対応）により、中間コンテナが使用するネットワークを指定できます。指定がなければbridgeネットワークを使用します。`--network=`タイプの書式で指定ができ、`host`はホスト上のネットワーク環境を使用し、`none`はコンテナが通信を行えなくします。

★ RUN --security

`RUN --security=insecure`（docker/dockerfile:1-labsで対応）により、中間コンテナを特権状態として実行できます。コマンドライン上で`docker run --privileged`を指定してコンテナを実行するものと同じで、特別な権限を必要とする場合には有用ですが、セキュリティ上の考慮が欠かせません。

それぞれの詳しい仕様は、各ドキュメントをご覧ください。

- RUN --mount
  https://docs.docker.com/reference/dockerfile/#run---mount
- RUN --network
  https://docs.docker.com/reference/dockerfile/#run---network
- RUN --security
  https://docs.docker.com/reference/dockerfile/#run---security

まとめ

効率的なDockerイメージの構築は、開発者体験の向上だけでなく、CI/CDを含めた実運用面にも役立ちます。そのためにも、「テクニック」としてDockerfileの便利な書き方を丸覚えするのではなく、背景や効果を理解し、実際の利用シーンに応じて自分でDockerfileを書き換えられる能力が求められます。本節がみなさんのその力を養うために役立てば幸いです。 **SD**

【参考情報】
- Building best practices：https://docs.docker.com/build/building/best-practices/
- Dockerfile reference | Docker Docs：https://docs.docker.com/reference/dockerfile/

第5章 とりあえずで済ませない 理想のコンテナイメージを作る
Dockerfileのベストプラクティス

5-3 ベースイメージの選び方
セキュリティと効率のために意識したいポイント

Author 水野 源（みずの はじめ）
日本仮想化技術株式会社　URL https://virtualtech.jp/

ベースイメージは、コンテナイメージの土台となるイメージです。効率的なコンテナイメージを作成するためには、ベースイメージの軽量化を意識したいところですが、セキュリティをおざなりにしてしまっては本末転倒です。本節では、ベースイメージを選ぶ際に検討したいポイントを整理します。

ベースイメージとは

コンテナイメージの設計図となるDockerfileは、必ずFROM命令から始める必要があります。FROM命令は、そのDockerfileでビルドするコンテナイメージの土台となるイメージを指定する命令で、このイメージを「ベースイメージ」とも呼びます。

コンテナイメージのビルドプロセスでは、RUNやCOPYといった命令を実行して、イメージをカスタマイズしていきます。5-2節で解説したとおり、この際に実行されたカスタマイズの結果は、イメージレイヤという形で差分管理されています。そしてこうした変更内容のレイヤすべてを重ね合わせたものが、最終的なコンテナイメージとなります。つまり「docker build」で作られるコンテナイメージは、ベースイメージの上に、独自の変更レイヤを重ねたものになります。**リスト1**は、Ubuntu 22.04をベースイメージとして、helloパッケージをインストールしたコンテナイメージをビルドするDockerfileの例です。

ここで重要となるのが、ベースイメージの選定です。ベースイメージは何でも良いというわけではなく、自分が作りたいイメージの出発点として、最適なイメージを選択する必要があります。本節では、ベースイメージ選定のポイントを解説します。

信頼できるイメージを使う

Docker Hub[注1]を始めとする公開コンテナレジストリでは、個人、企業を問わず、さまざまなコンテナイメージが公開されています。公開されているイメージは誰でも自由に利用できるため、「docker pull」するだけで簡単にコンテナを動かすことができます。Dockerに一度でも触った経験があるのであれば、何らかの公開イメージを動かしたことがあるはずです。こうした便利なエコシステムの充実が、Docker普及の理由の1つでもあると言えるでしょう。

これら公開されているイメージは、単に動かすだけでなく、ベースイメージとして利用することもできます。とはいえ使えるからといって、ベースイメージを適当に選んで良いわけではありません。現代のITシステムにおいて、最も重要なのは、なんといってもセキュリティでしょう。ですが公開レジストリにあるコンテナイメージは玉石混交です。どこの誰が作ったのかすらわからないようなイメージを使うのは、言って

▼リスト1　ベースイメージを利用したDockerfileの例

```
FROM ubuntu:22.04

RUN apt update && apt install -y hello
ENTRYPOINT ["/usr/bin/hello"]
```

注1）　URL https://hub.docker.com/

第5章 理想のコンテナイメージを作る
Dockerfileのベストプラクティス
とりあえずで済ませない

みればネットで、怪しいリンクからバイナリをダウンロードするのと同じようなものだと考えてください。そのイメージは、きちんと継続的にメンテナンスされているのでしょうか？ また、悪意のあるツールなどはインストールされていないでしょうか？

▼図1　Docker Hub上のUbuntuのコンテナイメージのページ

変更履歴の確認だけでは不十分

コンテナイメージに対する変更の履歴は、「docker history」コマンドで確認できます。では履歴を見て、イメージに不審な点がないか確認すれば問題ないでしょうか？ 残念ながら、それだけでは十分とは言えません。

コンテナイメージの中身は、イメージレイヤのファイルシステムのアーカイブと、実行コマンドやパラメータなどのメタ情報で構成されています。そして「docker history」コマンドは、このメタ情報に記述された内容をもとに、変更内容を表示します。そのため、悪意のあるツールをコンテナイメージに埋め込んだ後で、メタデータを手動で書き換えることで、悪意のある変更を隠蔽したイメージを作成することも可能なのです。

第三者が作成したイメージを利用する前には、こうした点をきちんと精査する必要があります。ですがすべてのイメージに対して、こうしたチェックを都度行うのは現実的ではないでしょう。そのため究極的には、「そのイメージ制作者は信用するに足るのか」で判断する、というところに行き着きます。

信頼度を測る3つの指標

Docker Hub上でイメージを検索する「Search」[注2]を開くと、左ペインのフィルタに「Trusted Content」という項目があります。これは文字どおり「信頼できるコンテンツ」であり、その内容はさらに「Docker Official Image」「Verified Publisher」「Sponsored OSS」の3つに分かれています。

Docker Official Imageとは、Docker Hub上で最も信頼できるイメージ群です。多くのユーザーにとって、コンテナイメージをビルドする際の出発点となるのにふさわしい、ベースOSや各種プログラミング言語、ミドルウェアなどのイメージが含まれています。具体的な例を挙げると、Canonical社がメンテナンスしている「Ubuntu」の公式コンテナイメージは、Docker Official Imageとして扱われています（図1）。ほかにも「Debian」や「Alpine」といったLinuxディストリビューション、「Python」「Node」「Go」などのプログラミング言語、「MySQL」や「Redis」といったミドルウェアなど、多くの主要なツールのイメージが提供されています。独自のコンテナイメージをビルドする際には、自分の用途に合ったDocker Official Imageを第一候補とするのが良いでしょう。

Verified Publisherは、Dockerによって検証された発行者の手によるイメージ群です。たとえばAmazonが提供する「aws-cli」のようなツールや、各種エージェントプログラムなどが含まれています。Official Imageでこそありませんが、発行者が信頼されているという点において、安心して使用できるイメージ群と言えるでしょう。

Sponsored OSSは、Dockerがスポンサードするオープンソースプロジェクトによって公開され

注2）　URL https://hub.docker.com/search?q=

5-3 ベースイメージの選び方
セキュリティと効率のために意識したいポイント

ているイメージ群です。これらもDockerが検証し、信頼できるとしたオープンソースソフトウェアのイメージのため、安心して利用できます。

これらはいずれもDocker Hubの画面に特別なバッジが表示されるため、これを基準に判断すると良いでしょう。

イメージのサイズを意識する

コンテナの効率的な実運用を考えると、イメージのサイズにも気を配る必要があります。

Ubuntuのようなフル機能のOSのイメージをベースにすれば、独自イメージも一般的なサーバ構築と同じ感覚で作りやすいでしょう。ですがコンテナはあくまで、特定のプロセスを隔離して実行するための環境です。そのため、実行したいプロセスが依存している機能のみが含まれていればよく、OSとしての一般的な機能のほとんどは不要であると言えます。セキュリティ面を考えると、アタックサーフェスはなるべく少なくするのが原則です。そのためアプリケーションの動作に不要なソフトウェアは、イメージ内に含めないのが望ましいでしょう。また単純にイメージのサイズを小さくできれば、pushやpullにかかるコストも小さくできます。

イメージのベースとしてよく使われるLinuxディストリビューションに「Alpine Linux」があります。たとえばpullしたイメージのサイズを比較してみると、Ubuntu 22.04はだいたい70MB程度ですが、Alpineは8MB以下であり、なんと1桁オーダーが違います（図2）。イメージを最適化するためには、こうした軽量なイメージを選択してみる価値はあるでしょう。

ただし、Alpineがすべての面でUbuntuを単純に置き換えられるかと言えば、そうとも限りません。たとえばAlpineはBusyBoxをベースとしたディストリビューションです。そのため/bin/shを始めとするコマンド群の実体が、BusyBoxの単一バイナリになっています。また標準Cライブラリには、glibcではなくmuslが採用されています。こうした部分の違いにより、一般的なLinuxディストリビューションとは細かい挙動が異なっているため、トラブルの元となる可能性があります。

またUbuntuのイメージも、Alpineに比べれば大きいものの、今どきのネットワークを考えれば極端に大き過ぎるとも言えないでしょう。イメージ自体のサイズも、Ubuntu 10.04のころのイメージは180MBほどありましたが、現在ではその半分以下の70MBにまで軽量化が進んでいます。そのため、わざわざ使い慣れた環境を手放してまで、仕様の異なるディストリビューションを選択するメリットがあるのかは、きちんと吟味する必要があります。

イメージのサイズは常に意識するよう心がけましょう。ですが単にサイズのみに着目してベースを選択すればいいというわけではなく、アプリケーションの用途に合わせた選定が大切です。

distrolessとは

distroless[注3]とは、Googleが提供している軽量なコンテナイメージ群の名称です。Ubuntuのコンテナは、フル機能のOSが含まれる、いわば軽量な仮想マシンのような側面も持ち併せていました。対してdistrolessは、独自のアプリケーションをインストールして初めて動く、

注3) URL https://github.com/GoogleContainerTools/distroless

▼図2　イメージサイズの比較

```
mizuno@gacrux:~$ sudo docker image ls
REPOSITORY                            TAG       IMAGE ID       CREATED        SIZE
alpine                                latest    7e01a0d0a1dc   3 weeks ago    7.34MB
ubuntu                                22.04     01f29b872927   4 weeks ago    77.8MB
ubuntu                                10.04     e21dbcc7c9de   9 years ago    183MB
gcr.io/distroless/static-debian12     latest    f74634f8a5ac   N/A            1.99MB
```

第5章 とりあえずで済ませない 理想のコンテナイメージを作る
Dockerfile のベストプラクティス

▼表1 Debian 12 ベースの distroless イメージの一覧

イメージ名	概要
gcr.io/distroless/static-debian12	glibc を必要としない、最小限、最軽量のイメージ
gcr.io/distroless/base-debian12	glibc、libssl を含むイメージ
gcr.io/distroless/base-nossl-debian12	glibc を含むが libssl を含まないイメージ
gcr.io/distroless/cc-debian12	base イメージの内容に加え、libgcc1 を含むイメージ

▼図3 static-debian12:debug イメージ内でシェルを起動する例

```
$ docker run -it --rm --entrypoint=sh gcr.io/distroless/static-debian12:debug
```

空箱のようなイメージです。動作させたいアプリケーションと、その実行に必要な依存関係のみを入れて使うことを前提としているため、distroless自体には本当に最小限のファイルしか存在せず、シェルすら含まれていません。ですがイメージの中身を極端に限定することで、軽量化とセキュリティの向上が期待できます。

distroless には、用途に応じていくつかの種類のイメージが用意されています（**表1**）。その中でも、最も軽量な static-debian12 は、なんと2MB 以下のサイズで、Alpine と比較してもさらに軽量です。このイメージには glibc が含まれていないため、マルチステージビルドを使って静的リンクされた実行バイナリをビルドし、コピーして使うような用途に向いています。

glibc や libssl が必要な場合は、base-debian12を使うと良いでしょう。また glibc は必要だけれど libssl は不要だという場合は、base-nossl-debian12 が向いています。ただしこれらのイメージは、ライブラリの分だけサイズが大きくなってしまう点には注意してください。

前述のとおり、distroless はシェルを含んでいません。そのため問題が起きた際に、コンテナ内に入ってのデバッグがしづらいという問題があります。こういう場合は、名前に「debug」タグのついたイメージを使用してみてください。debugタグのついたイメージには BusyBox が含まれているため、コンテナ内でシェルを使えます（**図3**）。

distroless はシンプル過ぎるため、汎用 OSに比べると扱いづらい面もありますが、用途に

▼図4 debootstrap で Ubuntu のユーザーランドを作成し、Docker にインポートする例

```
$ sudo apt install -y debootstrap
$ sudo debootstrap jammy jammy > /dev/null
$ sudo tar -C jammy -c . | sudo docker import - my-image
```

よっては非常に効率のいいコンテナイメージを作成できます。とくに Go や Rust などで書かれたアプリケーションを動かしたい場合は、採用を検討してみる価値はあるでしょう。

イメージをゼロから自作する

誰かが作ったイメージをベースにするのではなく、自分でイメージをゼロから作ることもできます。コンテナイメージは、ファイルシステムを固めた tar アーカイブと、メタデータで構成されています。そのため自分で OS のユーザーランドを作成し、それをアーカイブしてイメージとしてインポートすることで、コンテナを動かすこともできるのです。そしてユーザーランドの作成には、Debian のベースシステムを、まっさらの状態から構築するツールである「debootstrap」が利用できます。**図4**では、debootstrap で Ubuntu22.04 のユーザーランドを作成し、my-image という名前で Docker にインポートしています。

とはいえソフトウェアを長期的に安定して動かすための基本は、独自カスタマイズを最小限にとどめ、メンテナンスコストを抑えることです。ベースイメージの自作は最後の手段として、なるべく標準で提供されているイメージを利用することを心がけるのが良いでしょう。**SD**

第5章 とりあえずで済ませない 理想のコンテナイメージを作る
Dockerfileのベストプラクティス

5-4 コンテナイメージ作成に役立つツール
Docker DesktopやVS Codeを活用しよう

Author 遠山 洋平（とおやま ようへい）
日本仮想化技術株式会社　URL https://virtualtech.jp/

本節では、イメージ作成時やイメージ作成後に役立つ機能や外部ツールについて解説します。脆弱性のスキャンやイメージサイズの分析など、普段からコンテナを扱うのであれば、日々の業務の効率化に直結することでしょう。

チェックしておきたいDocker Desktopの機能

Docker Desktop[注1]には標準でイメージの分析をする機能が備わっています。GUIとCLIが提供されており、さまざまな角度からの分析が可能になっています。まずは、標準で使えるGUIとCLIツールを紹介します。

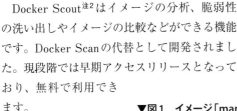

Docker Scout

Docker Scout[注2]はイメージの分析、脆弱性の洗い出しやイメージの比較などができる機能です。Docker Scanの代替として開発されました。現段階では早期アクセスリリースとなっており、無料で利用できます。

さまざまなコンテナイメージの中でも、オフィシャルのイメージは定期的に新しいバージョンがビルドされているため、イメージ作成の際はそういったメンテナンスがされているイメージをベースと

するのが基本です。しかし、最新のイメージであればすべての脆弱性が修正されている、というわけではなく、イメージビルドするタイミングによっては最新の脆弱性修正が適用されていない場合があります。そのため、このようなツールを使ったイメージスキャンは重要です。

Docker DesktopのDocker Scoutの画面からイメージを選択して［Analyze image］のボタンを押すと、選択したイメージの分析が始まり、分析の結果の概要が現れます。［View packages and CVEs］のリンクからより詳細な情報を確認できます。

図1は、［View packages and CVEs］をクリックすると表示される画面の例です。「Image

▼図1　イメージ「mariadb」をDocker Scoutでスキャン

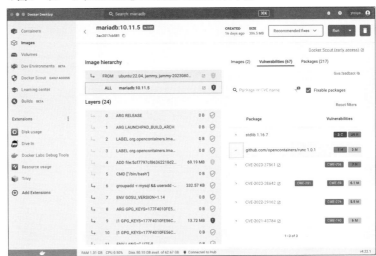

注1）URL https://www.docker.com/ja-jp/products/docker-desktop/
注2）URL https://docs.docker.com/scout/

第5章 理想のコンテナイメージを作る
Dockerfileのベストプラクティス

hierarchy」にはこのイメージを作ったときに使われたベースイメージが、「Layers」にはこのイメージのレイヤ全体が表示されます。アイコンの色でセキュリティの度合いが分類されており、緑色は安全、黄色は対策が推奨されるもの、赤は対策が必要なものです。

画面右側には3つのタブが表示されており、「Images」タブにはこのイメージとベースイメージの脆弱性の数がサマリーで表示されます。「Vulnerabilities」タブに切り替えると、イメージに含まれるパッケージごとの脆弱性の情報を表示できます。「Package」タブはインストールされているパッケージのインストールタイプ、作者、ライセンス、インストールパスなどの情報を確認できます。イメージによっては一部の情報が欠落している場合があります。

Docker ScoutにはCLIインターフェースも用意されています。docker scout quickviewコマンドで、指定したイメージやアーカイブをスキャンして、脆弱性の有無などの概要を表示できます（図2）。リモートレジストリに存在するイメージや、ローカルに存在するイメージのチェックができ、より詳細な情報が必要なときはdocker scout cvesコマンドを使って、脆弱性の詳細を確認することもできます。

今回誌面の都合で詳細には触れませんが、

Docker ScoutはDocker Hubと連携しており、Docker Hubにあるイメージのスキャンはバックグラウンドで定期的に行われています。イメージのページに、スキャンした結果が表示されています。自身で作成してDocker Hubにアップロードしたイメージは、イメージの「Vulnerabilities」タブを開くと現れる［Enable Docker Scout］にチェックを入れることでバックグラウンドでスキャンしてくれるようになります。

 ## Docker DesktopとSBOM

SBOM[注3]とは製品に含むソフトウェアコンポーネントやソフトウェアの依存関係、ライセンスなどの情報をリスト化した一覧表のことです。docker sbomコマンドで、このような一覧表を作成したり結果を画面に表示したりすることができます（図3）。

デフォルトではコマンドを実行すると結果を画面に表示しますが、オプションを指定するとさまざまな形式でファイル出力できます。ファイル形式は、SBOMでは一般的なCycloneDXとSPDX形式に対応しています。

出力したSBOMには、コンテナイメージに含まれるパッケージごとに、ソフトウェアのラ

注3) URL https://docs.docker.com/engine/sbom/

▼図2 脆弱性の概要をチェック

```
$ docker scout quickview docker-mysqlphp2-web:latest
INFO New version 0.23.3 available (installed version is 0.20.0)
    ✓ SBOM of image already cached, 253 packages indexed

  Your image    docker-mysqlphp2-web:latest  │   0C    0H    3M    39L
  Base image    php:8-apache                 │   0C    0H    3M    39L

What's Next?
    Learn more about vulnerabilities → docker scout cves docker-mysqlphp2-web:latest
```

▼図3 コンテナイメージのSBOMを作成

```
$ docker sbom alpine:latest --format spdx-json --output alpine-sbom.json
Syft v0.43.0
    ✓ Loaded image
    ✓ Parsed image
    ✓ Cataloged packages      [15 packages]
```

5-4 コンテナイメージ作成に役立つツール
Docker Desktop や VS Code を活用しよう

イセンス、バージョン、パッケージ作者と入手元の情報などがまとめられています。

日本ではSBOMを使う機会はまだ多くありませんが、コンテナベースのアプリケーション開発時にSBOMの提出を求められた場合、コンテナイメージのSBOMをDocker DesktopのScoutで作成できることを覚えておくと良いでしょう。

おすすめのDocker Extension

Docker Desktopはアップデートを重ね、初期のバージョンから多くの機能が追加されてきました。その中でもとくに強力な機能が「Docker Extension」です。名前から想像がつくと思いますが、これはDocker Desktopにサードパーティ製の機能を追加するものです。

Docker Extensionが実装されてから続々と増えている拡張機能の中から、イメージのチェックに役立つ拡張機能を2つ紹介します。

Aqua Trivy

Trivy[注4]は、Aqua Security社の開発するオープンソースのソフトウェアで、コンテナイメージの脆弱性やさまざまな設定ファイルのスキャンができます。Docker Extensionの「Aqua Trivy[注5]」は、指定したコンテナイメージのスキャニングが行えるようになります（**図4**）。同じような拡張機能はDocker Extensionにも複数ありますし、先に紹介したDocker Scout

注4) https://github.com/aquasecurity/trivy
注5) https://hub.docker.com/r/aquasec/trivy-docker-extension

でも同様のことができますが、アカウント登録することなく利用できるのがポイントです。スキャンしたイメージに脆弱性がある場合は、その脆弱性のサマリーと詳細情報のリンクが提供されます。また、SBOMも**図4**の画面から作成できます。

Copacetic

「Copacetic[注6]」はコンテナイメージに含まれる脆弱性に直接パッチを適用するソフトウェアです。イメージのスキャンにTrivyを使い、チェックで明らかになったコンテナイメージに含まれるコンテナイメージの脆弱性をTrivyのレポートを元としてパッチ適用できます。Docker Extension版のCopaceticではリモートもしくはローカル上のイメージを入力した後に、Trivyでスキャン（**図5**）、スキャン結果を確認（**図6**）、[Patch Image]ボタンを押す（**図7**）だけでパッチ適用済みのイメージを自動作成できます。あとはこのパッチ済みイメージをコンテナイメージレジストリにプッシュするだけで、プロジェクトで利用できます。

現時点のCopaceticは、あくまでaptやyum

注6) https://github.com/project-copacetic/copacetic

▼図4 Docker Extensionの「Aqua Trivy」の利用例
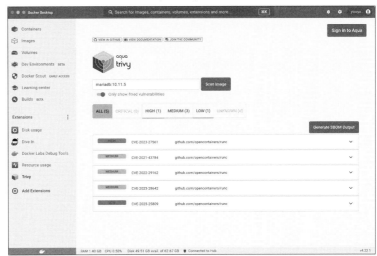

第5章 理想のコンテナイメージを作る
とりあえずで済ませない Dockerfileのベストプラクティス

といったようなパッケージ管理で提供されるパッケージをパッチ適用するだけであり、アプリケーション自体の脆弱性についてはパッチ適用できません。ただし、アプリケーションを組み込む前のベースイメージのメンテナンスソフトウェアととらえれば便利なツールと言えそうです。

「それならベースイメージを定期的に新しいものに差し替えればいいじゃないか」という声が上がりそうですが、イメージによってはメンテナンスが十分行き届いていないものがあったりもしますし、定期的に新しいものが提供されていたとしても、利用する時期によっては軽微な脆弱性が残ったままのイメージを使わざるを得ない場合があることもあります。そんなときにCopaceticを使うこともできることを頭の片隅に置いておくと、役立つときが来るかもしれません。

▼図5 ［Scan Image］ボタンを押すとスキャンが始まる

▼図6 ［Patch Image］ボタンを押すとパッチ適用済みイメージを自動で生成

▼図7 作成したイメージが安全な状態になる

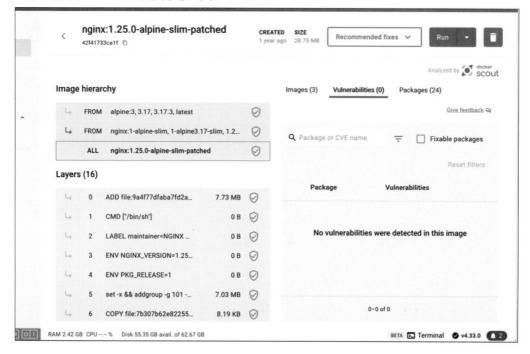

174 - Software Design

5-4 コンテナイメージ作成に役立つツール
Docker DesktopやVS Codeを活用しよう

おすすめの Visual Studio Code拡張機能

Visual Studio Code（以下VS Code）はMicrosoft社が開発するオープンソースのコードエディタです。実はこの原稿もVS Codeで書いています。アプリケーションコードをVS Codeで書いているという方も多いと思いますので、コンテナイメージ関連で使えるVS Codeの拡張機能を紹介します。

Docker

VS Codeの拡張機能「Docker[注7]」は、Docker Desktopなどと連携して動く拡張機能です。クライアントにDocker Desktopなどがインストールされている環境でVS Codeを起動すると、自動でインストールをおすすめされます。

この拡張機能を利用すると、VS CodeからDocker Desktopを制御できるようになります。たとえば、VS Code内でツリーの［Dockerfile］を右クリックして［Build Image］からコンテナイメージを作成できます（図8）。ほかにも、Docker Desktopで実行中のコンテナにアクセスしたり、イメージからコンテナを起動したり、イメージのInspectができたりと、コンテナのいろいろな操作ができるようになります。

また、VS Codeからの操作だけで、VS Codeから離れずに開発中のアプリケーションのDockerコンテナでの動作を確認できる点も便利です。コンテナで起動したアプリの確認・操作も可能で、そのコンテナを右クリックして［Open in Browser］を選択すると、ブラウザでアプリを表示できます（図9）。また、同じコンテキストメニューから、ログの確認やコンテナの作成、停止、再起動、コンテナに含まれるファイルやディレクトリの確認などができます。

この拡張機能は、Docker Desktop代替のソフトウェアであるRancher DesktopやPodman

▼図8 イメージ生成をVS Codeのコンテキストメニューから行う

▼図9 ブラウザで閲覧もコンテキストメニューから可能

Desktopなどでも、適切な設定をしておけば動作します。Docker Desktop以外のユーザーも安心ですね。また、今回誌面の都合で紹介しませんが「Dev Containers」というVS Codeの拡張機能を使うと、コンテナベースでアプリケーション開発できて便利です。

Hadolint

拡張機能「Hadolint[注8]」は、Dockerfileのバリ

注7） URL https://marketplace.visualstudio.com/items?itemName=ms-azuretools.vscode-docker

注8） URL https://marketplace.visualstudio.com/items?itemName=exiasr.hadolint

第5章 とりあえずで済ませない
理想のコンテナイメージを作る
Dockerfileのベストプラクティス

▼リスト1 良くないDockerfileの例

```
FROM docker.io/nginx:latest
MAINTAINER Youhei Tooyama

ADD index.html /usr/share/nginx/html/
EXPOSE 80
```

▼図10 Dockerfileのチェックが行われた画面の例

データーであるHadolint[注9]をVS Codeから利用できるようにする拡張機能です。この拡張機能を利用するには、事前にHadolintのインストールが必要です。VS Codeの拡張機能ですので普段VS Codeを使っている人向けですが、より理想的なDockerfileを作るならインストールしておきたい拡張機能です。

たとえばこの拡張機能が入った状態でリスト1のようなDockerfileを作成してファイルを保存すると、保存したタイミングでHadolintによるチェックが行われます。詳細は5-2節でも触れられていますが、コンテナイメージを作成

注9) **URL** https://github.com/hadolint/hadolint

▼リスト2 改善されたリスト1のDockerfile

```
FROM docker.io/nginx:alpine3.18-slim
LABEL org.tooyama.name="Youhei Tooyama"
LABEL org.tooyama.date="2023.9.1"
LABEL org.tooyama.version="1.0.0"

COPY index.html /usr/share/nginx/html/

EXPOSE 80
CMD ["/usr/sbin/nginx", "-g", "daemon off;"]
```

する場合は推奨されるルールがベストプラクティスとしてまとまっており、たとえば「ベースイメージを指定するときはlatestタグを使わない」などのルールがあります。

実際にリスト1のDockerfileをHadolintでチェックしてみると、latestタグのほか、いくつか問題がある部分にチェックが付きます（図10）。たとえば「MAINTAINERはずいぶん前に非推奨のオプションですので、LABELを使いましょう」や「ファイルやフォルダーをコピーするだけならADDではなくCOPYを使いましょう」といった指摘が表示されます。

項目にカーソルを合わせると、チェックされた原因とリファレンスガイドへのリンクが確認できます（図11）。標準のブラウザでリファレンスガイドにアクセスできます。チェックに利用したDockerfileの問題の一覧は、VS Codeのコンソールに表示されます（図12）。

▼図11 情報はポップアップ表示される

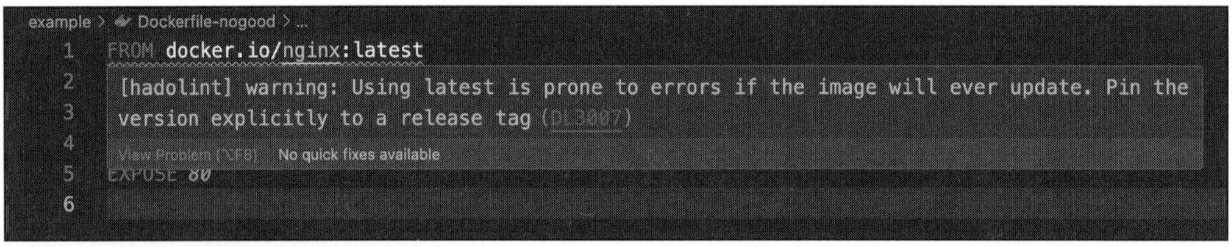

▼図12 指摘された問題は一覧で表示される

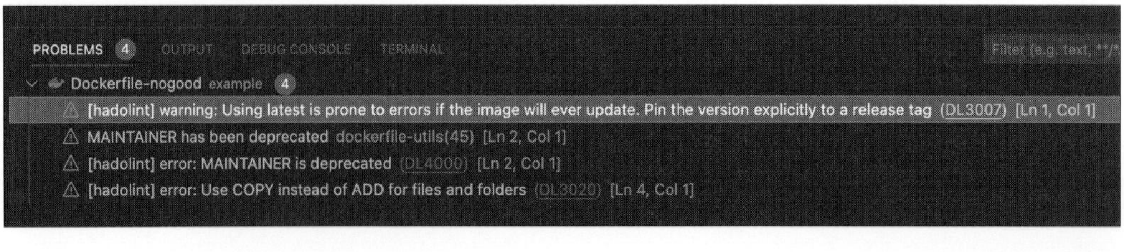

176 - Software Design

5-4 コンテナイメージ作成に役立つツール
Docker Desktop や VS Code を活用しよう

最終的に、このDockerfileを**リスト2**のような記述に改めることで、すべての警告がなくなりました。もちろん、想定どおり動作することも確認しています。

おすすめのCLIツール

最後に、CLIベースのツールを3つ紹介します。これらは前の項目と重複しているものもありますが、Docker DesktopやVS Codeを必要とせず単体で動くのが特徴です。イメージチェックするテスト用のツールとしてCI/CDに組み込む用途などでよく行われます。

Trivy

TrivyはDocker Extensionのところでも取り上げましたが、OSSのセキュリティースキャナーです。現在活発に開発されており、コンテナイメージの脆弱性のスキャンのほか、リモートのGitリポジトリ、シークレットのスキャンなどをCLIベースで実行できます。`trivy image YOUR_IMAGE_NAME`のようにコマンドを実行すると、コンテナイメージに含まれる脆弱性、Secret、ライセンスなどを確認できます。Trivyによる脆弱性検出についての詳細は5-5節で取り上げます。

また、**図13**のようにTrivyを実行すると、実行したパスと同じ階層のIaC関連のファイルを一括でスキャンします。DockerfileやContainerfileだけでなく、Kubernetesのマニフェストや、Terraformのテンプレートファイルなどもスキャンしてくれます。

TrivyはSBOMの作成にも対応しており、imageやfsといったtrivyのサブコマンドに`--format`を指定することで作成できます（**図14**）。

Dive

Dive[注10]は公式には「Dockerイメージやレイヤの内容を調査し、Docker/OCIイメージのサイズを縮小する方法を発見するため」のツールと説明されています。イメージレイヤ上のファイルひとつひとつをLinuxコマンドの`ls`や`dir`、`tree`などで確認するかのように閲覧できます。コンテナイメージに必要ないログや何かのアー

注10) URL https://github.com/wagoodman/dive

▼図13　同じ階層のIaC関連ファイルの脆弱性を一括で調査

```
$ trivy config .
(…略…)
Dockerfile (dockerfile)

Tests: 26 (SUCCESSES: 24, FAILURES: 2, EXCEPTIONS: 0)
Failures: 2 (UNKNOWN: 0, LOW: 1, MEDIUM: 0, HIGH: 1, CRITICAL: 0)

HIGH: Specify at least 1 USER command in Dockerfile with non-root user as argument

Running containers with 'root' user can lead to a container escape situation. It is a best
practice to run containers as non-root users, which can be done by adding a 'USER'
statement to the Dockerfile.

See https://avd.aquasec.com/misconfig/ds002

(…略…)
```

▼図14　TrivyによるSBOMの作成

```
$ trivy image --format spdx-json --output result.json alpine:3.15
$ trivy fs --format cyclonedx --output result.json /app/myproject
```

第5章 理想のコンテナイメージを作る
Dockerfile のベストプラクティス

カイブファイル、秘密ファイルが含まれていないかを確認する用途にも使えます。

Docker Extensionの「Dive In」は、このDiveをバックエンドに使っていますが、筆者個人としてはCLI版のDiveのほうが細かい部分まで見ることができるので好みです。

図15のようにdiveコマンドでイメージをスキャンすると、イメージのレイヤを図16のような画面で閲覧できます。イメージを共有する前に忘れずにこのツールを使ってチェックをしておきたいところです。

 ## Hadolint

HadolintはVS Code拡張機能のところでも触れましたが、Dockerfileの記述がベストプラクティスに沿っているかチェックするためのツールです。図17のように使います。基本的に出てきた結果はすべて修正することを推奨しますが、--ignoreオプションを使って除外することもできます。 🆂🅳

▼図15 diveコマンドでイメージをスキャン

```
$ docker image ls
REPOSITORY            TAG       IMAGE ID       CREATED       SIZE
sddockersho4          latest    19724d2687e5   2 days ago    12.5MB

$ dive sddockersho4:latest
```

▼図16 Diveコマンドでコンテナイメージを分析した結果

▼図17 CLIでHadolintを実行

```
$ hadolint Dockerfile-nogood
Dockerfile-nogood:1 DL3007 warning: Using latest is prone to errors if the image will ever
update. Pin the version explicitly to a release tag
Dockerfile-nogood:2 DL4000 error: MAINTAINER is deprecated
Dockerfile-nogood:4 DL3020 error: Use COPY instead of ADD for files and folders
```

第5章 理想のコンテナイメージを作る
Dockerfileのベストプラクティス

とりあえずで済ませない

5-5 コンテナイメージのセキュリティ
フェーズ別セキュリティリスクと対策方法

Author 森田 浩平（もりた こうへい）
X(Twitter) @mrtc0

理想のコンテナイメージの実現には、イメージの脆弱性やビルドの不備といった脅威を避けて通ることはできません。本節では、イメージの作成・管理・利用の各フェーズにおける脅威とその対策を紹介します。

イメージのセキュリティの概要

はじめに、コンテナイメージを作成・管理していく中でどういった脅威があるのかについて紹介します。NIST（米国立標準技術研究所）などの機関やコミュニティが公開しているコンテナのセキュリティに関するガイドラインには次のようなものがあります。

- NIST SP 800-190 Application Container Security Guide
- Docker CIS Benchmark
- OWASP Docker Cheat sheet

いずれのガイドラインでも、コンテナイメージのセキュリティについても触れられており、次のようなトピックが挙げられています。

イメージに含まれるソフトウェアの脆弱性

コンテナイメージは、作成後イミュータブルなものとして扱われるため、イメージに含まれるソフトウェアも更新されません。イメージ作成時には既知の脆弱性がなくても、時間の経過とともにセキュリティパッチの適用されていない脆弱性のあるソフトウェアを含むイメージとなってしまいます。

脆弱性を解消するには、イメージを再ビルドしてデプロイしなおすことが必要です。

イメージビルド時の不備

イメージはインストールするソフトウェアやコピーするファイルをDockerfileなどで宣言的に管理して作成されます。このとき、次のような不備とリスクが挙げられます。

- 機密情報をイメージ内にコピーしてしまうことで、イメージを取得できる第三者にその情報が漏洩してしまう
- 悪意のあるベースイメージの使用によるイメージの汚染
- Dockerfile内でUSER命令が使用されておらず、rootユーザーで実行される設定になっている

イメージを利用するときのリスク

コンテナイメージの利用においては、自分で作成したイメージだけでなく、第三者が作成したイメージを利用することがあります。これは容易にアプリケーションを実行できるという高い利便性を持つ一方で、**表1**のようなセキュリティリスクもあります。

このように、コンテナイメージのセキュリティにおいては、イメージの作成・管理・利用の各フェーズでさまざまな脅威が考えられます。以降は、ここで紹介した脅威の具体例と対策を紹介していきます。

第5章 理想のコンテナイメージを作る
とりあえずで済ませない Dockerfile のベストプラクティス

▼表1　コンテナイメージ運用におけるセキュリティリスクの例

セキュリティリスク	説明
マルウェアが含まれたイメージの利用	タイポスクワッティングなどを利用して正規のイメージに見せかけ、実態としてはマルウェアを含むイメージであるケースがある[注1]
改ざんされたイメージの利用	正規のイメージであっても、レジストリへの侵害によってマルウェアなどを含む不正なイメージに改ざんされ、それを利用してしまう可能性がある
latestタグの使用	一般にlatestタグは最新バージョンを意味する。そのため、コンテナを再作成すると、以前のlatestタグとは異なるバージョンがプルされて実行される可能性がある。もし後方互換性のない変更が入っていると、障害を引き起こすなどの可用性の問題につながることがある

イメージに含まれる脆弱性への対応

イメージに含まれる脆弱性を検出するためのソフトウェアとして、Trivy[注2] やgrype[注3] などのソフトウェアがあります。また、コンテナレジストリの一機能として脆弱性スキャンを実行できるものもあります。

ここではTrivyを使った脆弱性スキャンと、検出結果へのポリシーを使った対応方法を紹介します。

Trivyによる脆弱性のスキャン

TrivyはAquaSecurityで開発されているOSSの脆弱性スキャナです。コンテナイメージだけでなく、KubernetesのRBACリソースやAWSのクラウドリソース、Terraformなどの各種IaCリソースでの設定ミスなど、幅広い対象の脆弱性を検出できます。

公式ドキュメントに従ってインストールし[注4]、nginxの古いイメージ（v1.25.2）をスキャンしてみます。脆弱性データベースがダウンロードされ、コンテナイメージにインストールされているパッケージやライブラリを自動検出し、照合した結果が表示されます（図1）。

検出される脆弱性の中には、ディストリビューションの開発元によって「脆弱性による影響がない」と判断できたり、「影響があるか確認中」とされるものがあったりします。TrivyではFixed Version列が空文字で表示されます。このような脆弱性は多くの場合で無視してもよい

注1）　URL https://sysdig.com/blog/analysis-of-supply-chain-attacks-through-public-docker-images/
注2）　URL https://github.com/aquasecurity/trivy
注3）　URL https://github.com/anchore/grype

注4）　URL https://aquasecurity.github.io/trivy/v0.54/getting-started/installation/
　　　なお、本記事ではv0.54を使用しています。

▼図1　Trivyでnginx v1.25.2をスキャンする

```
$ trivy image nginx:1.25.2
(..略..)
nginx:1.20.2 (debian 11.3)

Total: 300 (UNKNOWN: 0, LOW: 105, MEDIUM: 106, HIGH: 70, CRITICAL: 19)

┌─────────┬──────────────────┬──────────┬────────┬───────────────────┬──────────────────┐
│ Library │  Vulnerability   │ Severity │ Status │ Installed Version │  Fixed Version   │
├─────────┼──────────────────┼──────────┼────────┼───────────────────┼──────────────────┤
│ apt     │ CVE-2011-3374    │ LOW      │ affected │ 2.2.4           │                  │
│         │                  │          │        │                   │                  │
│         │                  │          │        │                   │                  │
│         │                  │          │        │                   │                  │
│ (..略..)│                  │          │        │                   │                  │
│ curl    │ CVE-2021-22945   │ CRITICAL │ fixed  │ 7.74.0-1.3+deb11u1│ 7.74.0-1.3+deb11u2│
```

5-5 コンテナイメージのセキュリティ
フェーズ別セキュリティリスクと対策方法

と判断できる脆弱性ですので、--ignore-unfixedフラグを使うことで、検出から除外できます。

 脆弱性検出への対応とポリシー

Trivyによって検出された脆弱性はSeverity（脆弱性の深刻度）が定められていますが、それはシステムによって変化するため、目安として考えるべきです。たとえば、図1でCRITICALとして検出されたcurlの脆弱性CVE-2021-22945を考えてみましょう。この脆弱性は単体で見ると危険かもしれませんが、nginxイメージの使われ方として、そのコンテナ内でcurlコマンドが実行されることは考えられるでしょうか。nginxイメージに攻撃者が侵入した場合に、さらなる権限昇格の手段の1つとして利用されることは考えられます。ですが、それは「コンテナに侵入された場合」ですので、ほかのCRITICALな脆弱性と同列に扱うほど、対応の優先度は高くないとも言えます。このように、脆弱性データベースによって提供されているSeverityはCVSS（共通脆弱性評価システム）などによって算出された機械的な値でしかないため、システムに応じて個別に評価することが望ましいです。

システムに脆弱性の影響がない場合は、そのリスクを許容し、検出結果から除外してよいでしょう。Trivyではそういった場合に.trivyignoreファイルにCVE番号などを記述することで、結果から除外できます[注5]。

脆弱性を個別判断することは、攻撃手法やリスク評価の知識が求められますが、システムによっては一部の脆弱性を自動で評価することもできるでしょう。たとえば、脆弱性の悪用に物理アクセスやローカル環境から攻撃する必要がある場合、システムによってはリスクが低いことがあります。そのような評価基準の1つとしてCVSSのAV（Access Vector）[注6]が利用できます。TrivyではRego[注7]を使って除外ポリシーを記述することもでき、CVSSの値をもとに検出結果をフィルタできます。

たとえば、CVSSのAVがNetwork以外であれば除外したい場合、リスト1のようなポリシーを作成します。この除外ポリシーを使用してスキャンするには--ignore-policyオプションに指定して実行します（図2）。除外ポリシーを指定しない場合と比較すると、検出された脆弱性の総数が減少していることが確認できます。

 イメージをスキャンするタイミング

では、イメージのスキャンはいつ行うべきで

注6) 脆弱性のあるシステムをどこから攻撃可能であるかを評価する項目。 URL https://www.ipa.go.jp/security/vuln/scap/cvssv3.html

注7) URL https://www.openpolicyagent.org/docs/latest/policy-language/

▼リスト1　CVSSのAV値がNetwork以外の場合は除外するポリシー（ignore-cvss-av-network.rego）

```
package trivy

# Trivyで提供されているライブラリをインポート
import data.lib.trivy

default ignore = false

# NVDにおけるCVSSのデータをinputから取得
nvd_v3_vector = v {
    v := input.CVSS.nvd.V3Vector
}

# Red HatにおけるCVSSのデータをinputから取得
redhat_v3_vector = v {
    v := input.CVSS.redhat.V3Vector
}

ignore {
    # NVDにおけるCVSSのAVがNetworkでない場合は、除外する
    nvd_cvss_vector := trivy.parse_cvss_vector_ ⏎
v3(nvd_v3_vector)
    nvd_cvss_vector.AttackVector != "Network"

    # Red HatにおけるCVSSのAVがNetworkでない場合は、除外する
    redhat_cvss_vector := trivy.parse_cvss_vector_ ⏎
v3(redhat_v3_vector)
    redhat_cvss_vector.AttackVector != "Network"
}
```

注5) URL https://aquasecurity.github.io/trivy/v0.54/docs/configuration/filtering/

第5章 理想のコンテナイメージを作る
Dockerfileのベストプラクティス

▼図2　除外ポリシーを使用してスキャンする

```
$ trivy image --ignore-policy policy/ignore-cvss-av-network.rego nginx:1.20.2
(..略..)
nginx:1.20.2 (debian 11.3)

Total: 222 (UNKNOWN: 0, LOW: 76, MEDIUM: 73, HIGH: 54, CRITICAL: 19)
```

しょうか。イメージの脆弱性スキャンの目的は「悪用可能な脆弱性をコンテナ実行環境から排除したり検知したりできる」ことです。ですので、コンテナ作成前にスキャンが実行され、違反しているコンテナを発見できる状態が望ましいと言えます。

　ここで、コンテナがデプロイされる経路を考えてみましょう。図3はCI/CD上でイメージをビルド／プッシュし、コンテナ実行基盤にデプロイされているシステムの場合に、コンテナがデプロイされる経路を表したものです。この図を見ると、「1. CI/CD上からのデプロイ」と「2. コンテナ実行基盤にアクセスできるユーザーからの手動デプロイ」の2つの経路があります。2を実行できるユーザーは一定の信頼があるためイメージのスキャンは不要かと思われますが、内部不正や外部からの攻撃なども考えられます。つまり、どちらの経路によるデプロイにおいても、必ずイメージスキャンが実施されることが望ましいと言えます。

　そのため、コンテナ実行基盤上でコンテナが作成されるタイミングでスキャンを行うのが適切と考えられますが、デプロイ時に脆弱性が発見されてから修正するのでは手間がかかります。ですので、イメージレジストリにプッシュする前にCI上でもスキャンを実行し、脆弱性が発見されればCIとして失敗扱いにするしくみがあるといいでしょう。

　つまり、スキャンが実行される場所は「1. CI」と「2. 実行基盤」の2段構えになっているのが望ましいと筆者は考えています。

イメージビルド時の不備

　イメージビルド時の不備にはいくつかありますが、ここでは「信頼できないベースイメージの使用」と「機密情報のコピー」について紹介します。ほかにどういったリスクがあるかについては冒頭で紹介した各種ガイドラインを参照してください。

信頼できないベースイメージの使用

信頼できるベースイメージとは

　Docker Hubなどのイメージレジストリでは、

▼図3　コンテナ実行基盤へのデプロイ経路

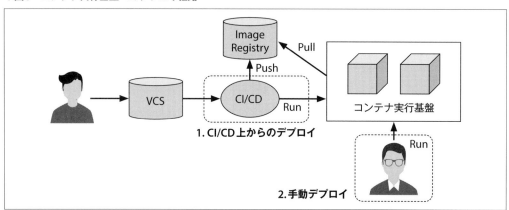

5-5 コンテナイメージのセキュリティ
フェーズ別セキュリティリスクと対策方法

誰もが自由にイメージを公開できます。このエコシステムによって簡単にアプリケーションを実行できますが、中には暗号通貨のマイニングツールやマルウェアを含んだコンテナイメージも公開されています。そのため、信頼できるイメージのみを使用することが推奨されます。

Docker Hubのイメージを使用している場合、信頼できるイメージかどうかの判断材料として「オフィシャルイメージ」もしくは「Verified Publisherによるイメージ」が挙げられます。

Docker Hubにおけるubuntu[注8]やnginx[注9]などのイメージは、内部的にはlibrary/ubuntuやlibrary/nginxとして扱われており、libraryというリポジトリのイメージです。これらのイメージはオフィシャルイメージと呼ばれ、Docker

---

注8) **URL** https://hub.docker.com/_/ubuntu
注9) **URL** https://hub.docker.com/_/nginx

Column
アタックサーフェスを減らす

堅牢（けんろう）なシステムを構築するには、攻撃可能な領域（アタックサーフェス）を減らすことが重要とされています。コンテナイメージにおける「アタックサーフェスを減らす」施策の1つに「不要なパッケージをインストールしない」ことが挙げられます。たとえば、アプリケーションの実行ファイルをコンテナで実行するにあたって、bashなどのシェルは不要です。そういった不要なソフトウェアをコンテナにインストールしないことで、仮にコンテナが侵害されたとしても、攻撃者ができることを減らせます。

アプリケーションを実行するのに必要最小限の依存ソフトウェアのみが含まれるイメージをdistrolessイメージと呼び、Googleなどが提供しています[注A]。

注A) **URL** https://github.com/GoogleContainerTools/distroless

---

社が中心となって管理しているイメージです。また、bitnami/postgresql[注10]のようにDocker Hub上で「Verified Publisher」と表示されているものはDocker Verified Publisher Programによって認定されたベンダーのイメージです。これら2つのイメージは信頼できるイメージと言えるでしょう。

実際の運用においては、各開発者に判断を委ねるだけでは統制がとれなくなることが懸念されます。そこで、「Dockerfileで信頼できるベースイメージを使用しているか」をTrivyで検査する方法を紹介します。

🕊 Trivyで許可されていない ベースイメージを検出する

Trivyはコンテナイメージだけでなく、Dockerfileもスキャンできます。Dockerfileを対象としたLinterやSAST（Static Application Security Testing）はいくつかありますが、筆者がTrivyを推奨している理由の1つは、ポリシーによる検出ロジックの追加ができることです。

TrivyはDockerfileのスキャンをするとその内容を、検出ロジックが記述されたRegoポリシーで評価します。これはTrivyにビルトインされているポリシーだけでなく、ユーザーが作成したポリシーも使用できます[注11]。

リスト2は、組織が許可しているリポジトリ以外のコンテナイメージを使用していることを検知するポリシーです。ポリシーにinputとして渡されるDockerfileの構造データはドキュメント[注12]に記載されています。このポリシーでは、ベースイメージが記述されているFROM命令の値を取得して、allowed_repositoriesに含まれている文字列から始まっているものがあれば、違反として評価しています。

このポリシーをpolicy/trusted_repository.

注10) **URL** https://hub.docker.com/r/bitnami/postgresql
注11) **URL** https://aquasecurity.github.io/trivy/v0.54/docs/scanner/misconfiguration/custom/
注12) **URL** https://aquasecurity.github.io/trivy/v0.54/docs/scanner/misconfiguration/custom/schema/

Special Issue - 183

第5章 理想のコンテナイメージを作る
Dockerfileのベストプラクティス

▼リスト2　policy/trusted_repository.rego

```
package user.dockerfile.ID001

# メタデータ
# 検出時のIDや説明などを宣言
__rego_metadata__ = {
    "id": "ID001",
    "title": "Deny anything other than the allowed image repository",
    "severity": "HIGH",
    "type": "Custom Dockerfile Check",
    "description": "Deny anything other than the allowed image repository.",
}

# 入力されるデータの指定。Dockerfileを検査するため、"dockerfile"を指定
__rego_input__ = {
    "selector": [
        {"type": "dockerfile"},
    ],
}

# 許可するイメージレジストリを指定
allowed_repositories = ["hub.example.com/", "library/"]

deny[msg] {
    op := input.Stages[_].Commands[_]
    op.Cmd == "from"
    satisfied := [good | repo = allowed_repositories[_] ; good = startswith(op.Value[_], repo)]
    not any(satisfied)
    msg := sprintf("This image repository is forbidden: %s", [op.Value[_]])
}
```

▼図4　違反しているDockerfileを検出する

```
$ cat Dockerfile
FROM evil.com/ubuntu:22.04

$ trivy conf --config-policy . --policy-namespaces user .
2023-09-03T12:21:31.610+0900    INFO    Misconfiguration scanning is enabled
2023-09-03T12:21:32.027+0900    INFO    Detected config files: 3

Dockerfile (dockerfile)

Tests: 27 (SUCCESSES: 23, FAILURES: 4, EXCEPTIONS: 0)
Failures: 4 (UNKNOWN: 0, LOW: 1, MEDIUM: 0, HIGH: 3, CRITICAL: 0)

HIGH: This image repository is forbidden: hoge.evil.com/ubuntu:22.04

Deny anything other than the allowed image repository.

(..略..)
```

regoとして保存し、実行すると、違反しているDockerfileが検出されます（図4）。

機密情報のコピー
機密情報をイメージにコピーするリスク

アプリケーションによっては、イメージビル ド時にパブリッククラウドのIAMクレデンシャルやSSHに使う秘密鍵、APIトークンなど、何らかの機密情報をコピーしたり環境変数として設定したりする必要があるかもしれません。このとき、クレデンシャルを使用後にそれを削除するような命令を実行しても、イメージのレ

5-5 コンテナイメージのセキュリティ
フェーズ別セキュリティリスクと対策方法

▼図5 イメージ内に含まれるクレデンシャルの復元

```
$ cat Dockerfile
FROM ubuntu:22.04

ENV AWS_ACCESS_KEY_ID=AKIAIOSFODNN7EXAMPLE

COPY secret.key /etc/secret.key
RUN rm /etc/secret.key

$ docker build -t insecure-secrets:latest .

# docker historyコマンドからENV命令で設定したクレデンシャルが漏洩する
$ docker history insecure-secrets | grep AWS_ACCESS_KEY_ID
<missing>        25 seconds ago    ENV AWS_ACCESS_KEY_ID=AKIAIOSFODNN7EXAMPLE        0B ⏎
buildkit.dockerfile.v0

# イメージを保存
$ docker save insecure-secrets -o insecure-secrets.tar

# イメージ内にあるレイヤのtarファイルを列挙
$ tar -tf insecure-secrets.tar '*/layer.tar'
361dc3af49875947c1dcf5fad95443a56342ee02420a426fecb772c87e16543c/layer.tar
66e3f491726705c8550133a27eb81168c72c3e3db166261b4d7c0e1ad1c6ed73/layer.tar
aa25772984f8059e46b576b3fafc6656d3842bd5105aff9d6b56df33c895d6a6/layer.tar

# いずれかのファイルにCOPY secret.key /etc/secret.keyが実行されたレイヤが確認できる
$ tar xf0 insecure-secrets.tar aa25772984f8059e46b576b3fafc6656d3842bd5105aff9d6b56df33c89 ⏎
5d6a6/layer.tar | tar -tf -
etc/
etc/secret.key
$ tar xf0 insecure-secrets.tar aa25772984f8059e46b576b3fafc6656d3842bd5105aff9d6b56df33c89 ⏎
5d6a6/layer.tar | tar xf0 - etc/secret.key
THIS_IS_SECRET
```

イヤとして残っているため、イメージにアクセスできるユーザーに漏洩してしまうことになります。また、環境変数として設定した場合も`docker history`コマンドなどから漏洩します（図5）。

機密情報をイメージに残さないための方法

イメージビルド時に扱った機密情報をイメージに残さないための方法として、マルチステージビルドやBuildKitの--mount=type=secretオプションを使う方法があります。

マルチステージビルドを使うと、最終イメージ以外の中間イメージは破棄されます。そのため、機密情報が必要な処理は中間イメージで行い、最終イメージに含まれないようにすれば、イメージに機密情報は残りません。

BuildKitは、Docker DesktopおよびDocker Engine v23.0からデフォルトで有効になっているビルドツールです。BuildKitには機密情報を安全にマウントするためのオプションがあり、図6のようにRUN命令で--mount=type=secretオプションを使用することで、イメージに機密情報が残らないようにビルドできます。

機密情報がイメージに残っていないかチェックする

意図せず機密情報をイメージに含めてしまった場合でも気づけるように、プッシュする前にイメージ内をスキャンすることも有効です。TrivyにはSecret Scanningという機能があり、Trivyにビルトインされた機密情報のパターンにマッチしたファイルを検出してくれます[注13]。

注13）**URL** https://aquasecurity.github.io/trivy/v0.54/docs/scanner/secret/

第5章 理想のコンテナイメージを作る
Dockerfileのベストプラクティス

▼図6 安全に機密情報をマウントしてビルドする

```
$ cat Dockerfile
FROM ubuntu:22.04
# 機密情報ID my-secretとして/etc/secret.keyにマウントする
RUN --mount=type=secret,id=my-secret,dst=/etc/secret.key cat /etc/secret.key

# docker buildのオプションでID my-secretのソースファイルとしてsecret.keyを渡す
$ docker build -t insecure-secrets:latest --secret id=my-secret,src=secret.key .
```

▼図7 TrivyのSecret Scanning機能で機密情報を検出する

```
$ trivy image --scanners secret insecure-secrets:latest

/etc/secret.key (secrets)

Total: 1 (UNKNOWN: 0, LOW: 0, MEDIUM: 0, HIGH: 0, CRITICAL: 1)

CRITICAL: AWS (aws-access-key-id)
━━━━━━━━━━━━━━━━━━━━━━━━━━━━━━━━━━━━━━━━━━━━━
AWS Access Key ID
━━━━━━━━━━━━━━━━━━━━━━━━━━━━━━━━━━━━━━━━━━━━━
 /etc/secret.key:1 (added by 'COPY secret.key /etc/secret.key # buildk')

   1 [ *******************
   2
```

ビルトインされたパターンだけでなく、ユーザーが定義した正規表現をパターンとして使用することもできます。

図7は/etc/secret.keyにAWSのIAMアクセストークンが含まれていることが検知されている出力例です。

イメージの
セキュアな運用

最後にイメージを利用したり、管理・運用したりするうえでのセキュリティ上の注意点と対策を紹介します。

latestタグを使用しない

多くのイメージには、最新のバージョンを表すlatestタグが付与されています。オートスケール時など、コンテナが作成・再作成されるタイミングは完全に把握することが難しいため、latestタグのイメージを指定している場合は、各コンテナでアプリケーションバージョンが異なってしまうことが考えられます。このとき、後方互換性がないバージョンだと障害につながってしまう可能性が考えられます。そのため、コンテナを作成する場合はlatestタグを使用しないことがベストプラクティスとされています。

また、v1.0などのバージョンのタグではなく、sha256:7ba6……のようなハッシュ値を指定することも推奨されています。Docker Hubなどのレジストリでは、同じタグに再プッシュできます。つまり、後から別のイメージをプッシュできてしまうため、レジストリのアカウントが侵害された場合など、悪意あるイメージに変わってしまい、意図せずそれを利用してしまう可能性があります。これを防ぐために、ハッシュ値を指定することが推奨されています。

イメージレジストリの設定

イメージを保管しているレジストリが侵害されると、イメージの改ざんや機密情報の取得につながる恐れがあります。レジストリのアカウントやトークンを安全に保つことも必要ですが、レジストリによってはプッシュやプルができる

5-5 コンテナイメージのセキュリティ
フェーズ別セキュリティリスクと対策方法

アクセス元IPアドレスを制限したり、同じタグに再プッシュできないようにしたりする機能を持つものもあります。こういった機能を活用することで、万が一レジストリが侵害されたとしても、影響を限定できます。また、プッシュ／プルを実行したアクセス元が想定している環境かどうかを監視することで、攻撃の検知もできるでしょう。

イメージの署名と検証

イメージが改ざんされている場合、利用者としてはそのイメージを使ったコンテナはデプロイされてほしくありません。イメージがどこで誰によって作成されたかの出どころを確認するために、コンテナに署名し、それを検証するしくみがあります。Docker Content Trust（DCT）注14やsigstore注15などのプロジェクトがそれに該当します。ここではsigstoreによる署名と検証を紹介します。

sigstoreは開発者がリリースするファイルやバイナリ、コンテナイメージなどに対して、安全にかつ容易に署名できるしくみを提供するオープンソースプロジェクトです。sigstoreでは次の3つのプロジェクトが進められており、それらを署名プロセスで組み合わせて利用することで、安全な署名と検証が可能になります。

- Cosign：コンテナイメージへの署名や検証に使用されるツール
- Fulcio：一時的な証明書を発行するルート認証局
- Rekor：Transparencyログ（証明書の発行や署名のログ）やメタデータを記録する

署名のハードルが高い理由として、検証のための鍵を安全に保管するという鍵管理の難しさや検証の手間などがあります。sigstoreはこの労力を減らすために、「OpenID Connectによって取得した署名者の認証情報をもとに短時間有効な署名用の鍵を発行し、署名できるしくみ」をKeyless Signingとして提供しています。Keyless Signingによる署名のしくみとしては次のとおりです。

1. OpenID Connectで署名者のIDトークンを取得する
2. 鍵ペアを生成、1のIDトークンと一緒にFlucioに送信し、証明書を取得する
3. 2の秘密鍵を使ってイメージを署名し、Rekorに証明書などを保存する注16
4. 秘密鍵などを破棄する

署名を検証する場合は、Rekorに保存されたエントリと比較して有効性を確認することになります。本節の趣旨から逸れるため、sigstoreによる署名と検証のしくみは簡単な説明となりましたが、詳細は公式ドキュメントなどを参考にしてください注17。

では、実際にコンテナイメージへの署名と検証をしてみます。ドキュメント注18を参考にCosignをインストールし、`cosign sign image`で署名します（図8）。このとき、OpenID Connectを使った認証に使用するプロバイダを選択できる画面がWebブラウザによって開かれます（図9）。プロバイダを選択して、アプリケーションの連携を許可すると、イメージに署名され、署名の記録や公開鍵がFulcioとRekorに登録されます。

署名を検証するには`cosign verify`コマンドを使います。`--certificate-identity`と`--certificate-oidc-issuer=`オプションにて「誰が署名したことを期待するか」というアイデンティティ情報も指定します。今回は筆者のGitHubをOIDC（OpenID Connect）プロバイダとして利用したいため、GitHubに登録して

注14） URL https://docs.docker.com/engine/security/trust/
注15） URL https://www.sigstore.dev/
注16）厳密にはイメージのmanifestに署名していますが、説明を簡単にしています。
注17）日本語だと@knqyf263さんの解説が参考になります。
　　　 URL https://knqyf263.hatenablog.com/entry/2022/02/06/213003
注18） URL https://docs.sigstore.dev/cosign/system_config/installation/

第5章 理想のコンテナイメージを作る
Dockerfileのベストプラクティス

▼図8 cosignでコンテナイメージに署名する

```
$ cosign sign mrtc0/ubuntu@sha256:67b535(..略..)
Generating ephemeral keys...
Retrieving signed certificate...

(..略..)

By typing 'y', you attest that (1) you are not submitting the personal data of any other
person; and (2) you understand and agree to the statement and the Agreement terms at the
URLs listed above.
Are you sure you would like to continue? [y/N] y
Your browser will now be opened to:
https://oauth2.sigstore.dev/auth/auth?access_type=online&client_id=sigstore&code_challenge=
(..略..)
```

いる筆者のメールアドレスmrtc0@ssrf.inとhttps://github.com/login/oauthを指定しています。出力結果を確認するとSubjectとIssuerが指定したアイデンティティ情報と一致しています（図10）。もし、指定したアイデンティティ情報と署名の内容が異なる場合は、検証に失敗します。

ここでは、Webブラウザを使って人間が認証を行いましたが、GitHub Actionsなどプログラムでトークンを取得できる場合は、人間が認証をする必要がないため、署名という行為を簡単に行えます。

▼図9 OpenID Connectを使用するプロバイダの選択画面

SBOMによるソフトウェアの管理

SBOMとは、ソフトウェアコンポーネントやそれらの依存関係の情報を機械的に処理可能なリストのことです。ソフトウェアサプライチェーンが複雑化した現代において、自社製品において利用しているソフトウェアの把握が困難な状況であるという背景から、普及が進められています。

コンテナイメージにおいては、インストールされているソフトウェアのバージョンの把握やライセンス管理が可能になります。また、脆弱性データベースと突合することで、脆弱性の有無を把握できます。TrivyやgrypeもSBOMをインプットとして脆弱性をスキャンする機能を持っています。また、VEX (Vulnerability Exploitability eXchange)[注19]というセキュリティアドバイザリのフォーマットとともに活用することで、影響のある脆弱性のみに対して対応コストをかけることができるようになるとされています。

経済産業省が導入に関する手引を公開[注20]したこともあり、SBOMは今後対応が求められるセキュリティ施策の1つであると言えます。その一方で、SBOM市場はまだ若いのもあり、とくに数多くの製品・ソフトウェアを抱える企業は、SBOMをどう管理・運用していくかが

注19) https://www.ntia.gov/files/ntia/publications/vex_one-page_summary.pdf
注20) https://www.meti.go.jp/press/2023/07/20230728004/20230728004.html

5-5 コンテナイメージのセキュリティ
フェーズ別セキュリティリスクと対策方法

▼図10　cosign verifyで署名を検証する

```
$ cosign verify --certificate-identity mrtc0@ssrf.in --certificate-oidc-issuer=https://
github.com/login/oauth mrtc0/ubuntu@sha256:67b535 | jq
[
  {
    "critical": {
      "identity": {
        "docker-reference": "index.docker.io/mrtc0/ubuntu"
      },
      "image": {
        "docker-manifest-digest": "sha256:67b535124c3586d0072a09f3b8e259e1bfe7ddc0d018bd7e
008d22b26bd55a0e"
      },
      "type": "cosign container image signature"
    },
    "optional": {
      "1.3.6.1.4.1.57264.1.1": "https://github.com/login/oauth",
      "Bundle": {
        "SignedEntryTimestamp": "MEQCIGwbWU/kPJK8v1FE1aTlADi4fBOo1yDOgFN2HAnd+onZAiB20ei/
BY8q/5M0or20FrovP2YM1DfBiAc+K4w0vx8C6g==",
        "Payload": {
          "body": "eyJhcGl(..略..)yJ9fX19",
          "integratedTime": 1694958890,
          "logIndex": 36897388,
          "logID": "c0d23d6ad406973f9559f3ba2d1ca01f84147d8ffc5b8445c224f98b9591801d"
        }
      },
      "Issuer": "https://github.com/login/oauth",
      "Subject": "mrtc0@ssrf.in"
    }
  }
]
```

手探りなところも多い印象を筆者は持っています。また、SBOMはフォーマットの一種であり、ライセンスや脆弱性管理を行うための手段の1つにすぎません。既存のSCA（Software Composition Analysis）でもその目的を達成できるケースもあるでしょう。

　コンテナイメージのSBOMを生成するツールにはTrivyやSyft[注21]があります。BuildKitやDocker DesktopでもSyftが組み込まれ、SBOMを生成できるようになりました。ここでは、Trivyを使ったSBOMの生成、脆弱性検出までを紹介します。

　TrivyでコンテナイメージからソフトウェアからSBOMを生成するには`trivy image`コマンドのオプション`--format`でSBOMの形式を指定します。図11はSPDXを指定して出力した様子です。イン

ストールされているソフトウェアのバージョンやライセンスなどが含まれていることが確認できます。出力したSBOMをインプットとして、脆弱性データベースと突合して脆弱性スキャンをしてみます。Trivyでは`trivy sbom`コマンドで実行できます（図12）。

　本稿を執筆中の最新バージョンであるTrivy v0.54では、Experimentalな機能ではありますが、VEXを使った脆弱性フィルタリングも可能になっています。

　SBOMもVEXもまだ活用が難しい点もありますが、今後の発展に期待ができるしくみです。たとえば、社内向けのライブラリやパッケージにSBOMやVEXを提供することで、各部署での脆弱性ハンドリングが行いやすくなるかもしれません。資産管理や脆弱性管理のためにも、SBOMやVEXなどの動向は注視しておくとよいでしょう。**SD**

注21) **URL** https://github.com/anchore/syft

第5章 とりあえずで済ませない 理想のコンテナイメージを作る
Dockerfile のベストプラクティス

▼図11 Trivyでnginx v1.20.2イメージのSBOMを出力

```
$ trivy image --format spdx-json --output nginx-1.20.2.spdx.json nginx:1.20.2
2023-09-03T22:13:02.735+0900    INFO    "--format spdx" and "--format spdx-json" disable ⏎
security scanning
2023-09-03T22:13:10.333+0900    INFO    JAR files found
2023-09-03T22:13:10.338+0900    INFO    Analyzing JAR files takes a while...

# 生成されたSBOMの内容。一部フィールドを省略
$ cat  nginx-1.20.2.spdx.json
{
  "spdxVersion": "SPDX-2.3",
  "name": "nginx:1.20.2",
  "creationInfo": {
    "creators": [
      "Organization: aquasecurity",
      "Tool: trivy-0.44.1"
    ]
  },
  "packages": [
    {
      "name": "adduser",
      "SPDXID": "SPDXRef-Package-ad1a11d112864df5",
      "versionInfo": "3.118",
      "supplier": "Organization: Debian Adduser Developers \u003cadduser@packages.debian.org ⏎
\u003e",
      "downloadLocation": "NONE",
      "sourceInfo": "built package from: adduser 3.118",
      "licenseConcluded": "GPL-2.0-only",
      "licenseDeclared": "GPL-2.0-only",
      "copyrightText": "",
      "externalRefs": [
        {
          "referenceCategory": "PACKAGE-MANAGER",
          "referenceType": "purl",
          "referenceLocator": "pkg:deb/debian/adduser@3.118?arch=all\u0026distro=debian-11.3"
        }
      ],
      "attributionTexts": [
        "PkgID: adduser@3.118",
        "LayerDigest: sha256:214ca5fb90323fe769c63a12af092f2572bf1c6b300263e09883909fc865d260",
        "LayerDiffID: sha256:fd95118eade99a75b949f634a0994e0f0732ff18c2573fabdfc8d4f95b092f0e"
      ],
      "primaryPackagePurpose": "LIBRARY"
    },
    (..略..)
```

▼図12 SBOMをもとに脆弱性スキャンを行う

```
> trivy sbom nginx-1.20.2.spdx.json
2023-09-03T22:18:40.013+0900    INFO    Vulnerability scanning is enabled
2023-09-03T22:18:40.017+0900    INFO    Detected SBOM format: spdx-json
2023-09-03T22:18:40.051+0900    INFO    Detected OS: debian
2023-09-03T22:18:40.051+0900    INFO    Detecting Debian vulnerabilities...
2023-09-03T22:18:40.068+0900    INFO    Number of language-specific files: 0

nginx-1.20.2.spdx.json (debian 11.3)

Total: 300 (UNKNOWN: 0, LOW: 105, MEDIUM: 106, HIGH: 70, CRITICAL: 19)
```

Library	Vulnerability	Severity	Status	Installed Version	Fixed Version	Title
apt	CVE-2011-3374	LOW	affected	2.2.4		(..略..)

```
(..略..)
```

190 - Software Design

GitHub CI/CD実践ガイド

本書はCI/CDの設計や運用について、GitHubを使ってハンズオン形式で学ぶ書籍です。GitHub Actionsの基本構文からスタートし、テスト・静的解析・リリース・コンテナデプロイなどを実際に自動化していきます。あわせてDependabot・OpenID Connect・継続的なセキュリティ改善・GitHub Appsのような、実運用に欠かせないプラクティスも多数習得します。

実装しながら設計や運用の考え方を学ぶことで、品質の高いソフトウェアをすばやく届けるスキルが身につきます。GitHubを利用しているなら、ぜひ手元に置いておきたい一冊です。

野村友規 著
B5変形判／400ページ
定価（本体3,400円＋税）
ISBN 978-4-297-14173-8

大好評発売中！

こんな方におすすめ
- CI/CDというキーワードは知っているけれど、自分で設計したことはない人
- GitHub Actionsには触れているけれど、正直雰囲気で運用している人

Web API設計実践入門

API仕様ファーストによるテスト駆動開発

本書では、ソフトウェアテストの変遷とWebサービスにおけるAPI仕様の関連を説明したうえで、API仕様とはどうあるべきか、API仕様に何を書くべきかについて説明します。具体例としてはgRPCを取り上げます。第4章で紹介するAPI仕様ファースト開発という開発プロセスは、筆者が日々実践していることですが、多くのソフトウェアエンジニアが実践できていないことです。そのために必要なE2Eテストフレームワーク、さらには、API仕様がきちんと書かれていないために生まれる技術負債の返済方法なども紹介します。

柴田芳樹 著
A5判／208ページ
定価（2,600円＋税）
ISBN 978-4-297-14293-3

大好評発売中！

こんな方におすすめ
- Webサービス開発者
- API設計を学びたい方
- テスト駆動開発に取り組んでいる方
- より良い開発手法を知りたい方

表紙・目次デザイン	トップスタジオデザイン室（轟木 亜紀子）
記事デザイン	トップスタジオデザイン室
	マップス（石田 昌治）

■お問い合わせについて

本書に関するご質問は記載内容についてのみとさせていただきます。本書の内容以外のご質問には一切応じられませんので、あらかじめご了承ください。
なお、お電話でのご質問は受け付けておりませんので、書面またはFAX、弊社Webサイトのお問い合わせフォームをご利用ください。

〒162-0846　東京都新宿区市谷左内町21-13
株式会社技術評論社 第5編集部
『Software Design別冊
　Docker＋Kubernetesステップアップ入門』係

FAX　03-3513-6179
URL　https://gihyo.jp/book/2025/978-4-297-14746-4

ご質問の際に記載いただいた個人情報は回答以外の目的に使用することはありません。使用後は速やかに個人情報を廃棄します。

SoftwareDesign 別冊

Docker＋Kubernetes ステップアップ入門
──コンテナのしくみ、使い方から、今どきのプラクティス、セキュリティまで

2025年3月21日　初版　第1刷発行

著者	徳永航平、宮原徹、濱田孝治、清水勲、田中智明、早川大貴、須田一輝、李瀚、前佛雅人、水野源、遠山洋平、森田浩平
発行者	片岡　巌
発行所	株式会社技術評論社
	東京都新宿区市谷左内町21-13
	電話　03-3513-6150　販売促進部
	03-3513-6170　第5編集部
印刷／製本	港北メディアサービス株式会社

定価はカバーに表示してあります。

本書の一部または全部を著作権法の定める範囲を越え、無断で複写、複製、転載、あるいはファイルに落とすことを禁じます。

©2025　技術評論社

造本には細心の注意を払っておりますが、万一、乱丁（ページの乱れ）や落丁（ページの抜け）がございましたら、小社販売促進部まで送りください。送料負担にてお取り替えいたします。

ISBN 978-4-297-14746-4 C3055
Printed in Japan